动画制作1+X证书丛书编委会 ◎ 主编 中级

动画制作

清華大学出版社
北京

内 容 简 介

《动画制作（中级）》是中国动漫集团 1+X 动画制作职业技能等级考试指定用书。本书讲解了动画制作全流程中分镜脚本、概念设计、影像采集、二维制作、角色模型、场景模型、角色动画、镜头剪辑、视效合成、引擎动画十个核心岗位的技能操作规范，使读者能根据项目制作流程规范，利用计算机和数位板等工具，在十个核心岗位中的任一岗位熟练进行常规内容的加工生产，掌握较为丰富的动画制作领域知识，具备较强的动画赏析能力和一定的项目协作能力。

全书由具有丰富教学经验的院校教师共同编写，得到国内多家知名动漫企业的技术支持。本书中的案例均为企业授权的实际项目案例，具有较强的实操指导意义。本书以产学研用一体化为特色，结合产业实际，依托院校教学，注重岗位导向，助力我国动画制作技能型人才的培养。

本书可作为院校动画制作相关专业的教学用书，也可作为动画制作相关行业从业人员的参考用书。

本书封面贴有清华大学出版社防伪标签，无标签者不得销售。

版权所有，侵权必究。举报：010-62782989，beiqinquan@tup.tsinghua.edu.cn。

图书在版编目(CIP)数据

动画制作：中级 / 动画制作 1+X 证书丛书编委会主编 . —北京：清华大学出版社，2023.4
ISBN 978-7-302-63000-5

Ⅰ .①动… Ⅱ .①动… Ⅲ .①动画制作软件－职业技能－鉴定－教材 Ⅳ .① TP391.414

中国国家版本馆 CIP 数据核字 (2023) 第 038354 号

责任编辑：杜　杨
封面设计：杨玉兰
责任校对：胡伟民
责任印制：丛怀宇

出版发行：清华大学出版社
　　　　　网　　址：http://www.tup.com.cn, http://www.wqbook.com
　　　　　地　　址：北京清华大学学研大厦 A 座　　　　邮　　编：100084
　　　　　社 总 机：010-83470000　　　　　　　　　　邮　　购：010-62786544
　　　　　投稿与读者服务：010-62776969, c-service@tup.tsinghua.edu.cn
　　　　　质 量 反 馈：010-62772015, zhiliang@tup.tsinghua.edu.cn
印 装 者：小森印刷（北京）有限公司
经　　销：全国新华书店
开　　本：188mm×260mm　　　印　　张：23.75　　　字　　数：580 千字
版　　次：2023 年 4 月第 1 版　　印　　次：2023 年 4 月第 1 次印刷
定　　价：118.00 元

产品编号：093146-01

1+X动画制作职业技能等级证书丛书编撰团队

丛书编撰工作组

组　　　长：宋　磊

副 组 长：张志鹏　杨为一　李　勇

牵头负责人：管郁生

编委会秘书：路苏渝　余鑫迪　常　倩

丛书编委会委员（按姓名拼音排序）

陈　战　程亚娟　崔文宇　管郁生　郭　峰　黄仓申　黄梅娟　金　琼
靳鹤琳　雷　涛　李立新　李子健　梁景红　林大为　刘婧婧　刘　敏
刘元臻　秦　奕　单学军　史文君　孙　睿　孙　准　汪　宁　王栋梁
王　峰　王　嵋　王庆茂　王　瑶　王　颖　王亦飞　吴伟峰　吴　潇
吴寅寅　肖寅爽　谢猛军　谢　彦　许陈哲　徐继峰　徐　健　杨　奥
杨春玉　杨明惠　杨　薏　叶维中　张　灿　张　锰　赵　彤　周　蔚
朱　伟　宗雪梅　邹满升

本书各章作者

第1章　分镜脚本——刘元臻　金　琼
第2章　概念设计——管郁生
第3章　影像采集——杨　奥
第4章　二维制作——吴伟峰
第5章　角色模型——刘婧婧
第6章　场景模型——吴　潇
第7章　角色动画——黄梅娟
第8章　镜头剪辑——张　灿
第9章　视效合成——许陈哲
第10章　引擎动画——李子健

序 言

动漫产业是一个朝阳产业。2019年，中国动漫产业产值达1941亿元，在动画电影、网络动漫等领域体现出巨大的市场空间和增长速度。《哪吒之魔童降世》获得超过50亿元的票房，引发社会关注。《斗罗大陆》网络动画在2021年6月正式突破300亿次点击量大关，这一数据超过了99%的真人电视剧。

一方面，动漫产品作为一种具有集成性艺术魅力的文化产品，正越来越受到市场认可；另一方面，动画技术作为一种具有共通性服务价值的技术功能，正越来越广泛地应用在影视、游戏、教育、医疗、建筑、旅游等其他行业中。选择动画作为神圣的职业追求，选择动漫产业作为人生奋斗的方向，是大有可为的。

当然我们也注意到，前几年有新闻说动画成了"红牌"专业，学生毕业很难找到工作。这不是动画行业本身出了问题，而是我们的动画专业教学内容与市场行业所需技能有所脱节，教育没有很好地培养出企业所需的人才造成的。中国动画行业每年的人才缺口实际很大。有数据统计，仅动漫行业内部就有近30万人的缺口，如果再加上游戏、影视等相关行业，就有近60万人的需求。

中国动漫产业主要需要三类人才：创意型人才、技术型人才、经营型人才。创意型人才需要一点天生的才华，这种才华有时候是教不出来的。经营型人才需要大量的市场项目积累，这种积累也不是通过在学校学习就能掌握的。但是技术型人才不同，这类人是完全可以通过职业教育培训出来的，是完全可以做到"即插即用"的。

现在国家大力发展职业教育，可以说动画职业教育正在迎来发展的历史机遇。动画制作是动漫产业中最基本的职业技能。中国动漫集团2020年申报教育部获批的1+X动画制作职业技能等级证书，就是集团在动画职业教育领域的新探索，是集团贯彻国家教育政策，助力动画职业教育人才培养的新起步。

为了开展好动画制作1+X证书的有关工作，半年多来，我们先后调研了七省（自治区、直辖市）的多家开设动画专业的院校，与院系领导沟通了解学校教育需求和难点、痛点所在。我们对动画制作1+X证书从教材编写到培训考证等方面都进行了有针对性的设计，特别是将企业项目前期深度植入进来。教材编的是实际的项目，培训教的是实际的项目，考核考的是实际的项目。这是一次创新。我们希望切实做到产教融合和课证融通，通过企业项目的引入使学生的职业技能更加对准市场所需，通过带项目进学校在动画领域探索新型学徒制。

我们将动画制作职业技能分为初级、中级、高级三个等级。每个等级均围绕分镜脚本、概念设计、影像采集、二维制作、角色模型、场景模型、角色动画、镜头剪辑、视效合成、引擎动画10个核心岗位的需求，明确了职业技能的要求。目前，经过修改的《动画制作职业技能等级标准》已经拓展到适合中等职业学校、高等职业学校、应用型本科学校、高等职业技术本科学校等超过50个专业的需求，使动画制作职业技能的服务面越来越宽，适用性越来越广。

  本教材按照动画制作不同核心岗位的职业技能要求编写，也分为初级、中级、高级三个等级，将为不同基础、不同能力、不同目标的人员提供学习参考。

  同时，我们也特别重视通识性知识在动画制作职业技能人才培养中的重要作用。好的动画制作人才不仅要掌握制作技术，也要理解动画艺术，具备鉴赏能力，了解产业知识。我们将通过《卡通形象营销学》《中国动漫产业评论》等十数本教辅系列图书来共同协助构建动画制作人员的知识体系。

  期待本教材能更好地助力动画制作职业技能人才培养，为我国动漫事业发展添砖加瓦。

中国动漫集团发展研究部主任
宋磊

前 言

1. 关于评价组织

中国动漫集团有限公司（以下简称集团）是由财政部代表国务院履行出资人职责、文化和旅游部主管的文化央企。

集团以"服务动漫产业、普及动漫文化"为使命，以"平台+内容"双轮驱动为战略，以"动漫+文旅"为主业。

集团成立于2009年，前身为文化部文化市场发展中心和中国演出管理中心。10年来集团培育聚集了一批专业人才，形成了"平台、资源、品牌、创意"的优势，建设运营了"国家动漫游戏综合服务平台"（国漫平台）和"国家动漫创意研发中心"项目，联合有关机构建设了沉浸式交互动漫文化和旅游部重点实验室；联合出品了《波鲁鲁冰雪大冒险》《彩虹宝宝》《二十四节气》《南丰先生》《甲午海战VR》《敦煌飞天VR》等动漫影视、VR和绘本产品，2011年起制作并在央视播出了三届动漫春节联欢晚会；承办由文化和旅游部主办的中国国际网络文化博览会，创办了中国卡通形象营销大会、数字艺术产业高峰论坛等特色活动；在北京、湖北和江西等地联合开展动漫科技产业园、文旅综合体建设；在文化艺术高端人才培训、艺术品展览等经营管理方面积累了丰厚经验；定期编发智库产品《国漫研究》（动漫行业月报）；2018年获"中关村高新技术企业"称号，2019年起连续4年获"中国VR 50强企业"称号。

2. 内容介绍

《动画制作（中级）》教材从强化培养动画制作操作技能，掌握实用制作技术与艺术创作技能的角度出发，较好地体现了当前新的实用知识与制作技术，对于提高从业人员基本素质，掌握动画制作中级制作岗位的职业核心知识与技能有很好的帮助和指导作用。

在编写中，根据本职业的工作特点，以能力培养为根本出发点，采用模块化的编写方式。内容共分为三大流程、10个章节，主要内容包括项目前期分镜脚本、概念设计、影像采集，中期二维制作、角色模型、场景模型、角色动画，后期镜头剪辑、视效合成、引擎动画。每一章着重介绍相关专业理论知识与专业制作技能，使理论与实践得到有机的结合。

为方便读者掌握所学知识与技能，本书每章后附有实操考核项目。更多线上学习资源可在1+X动画制作职业技能等级证书官方网站（www.asiacg.cn）获取。

本书可作为动画制作（中级）职业技能培训与鉴定教材，也可供全国中、高等职业院校相关专业师生，以及相关从业人员参加职业培训、岗位培训、就业培训使用。

作者简介

宋磊

文化和旅游部青年拔尖人才，中国文艺评论家协会会员，现任中国动漫集团发展研究部主任，在国内主流媒体和核心期刊上发表动漫方面文章140余篇，著有《卡通形象营销学》等6部学术专著。

刘元臻

合肥职业技术学院教师，电影与视觉文化方向硕士研究生，三级摄影师，现从事动漫制作技术和数字媒体艺术专业的教育教学工作，参与国家级教学资源库项目和多项省级教科研项目建设工作。动画片《巢湖漫游记》编剧、《反诈急先锋》镜头设计。

金琼

安徽巢湖人，副教授，动漫设计与理论研究方向硕士研究生，合肥职业技术学院艺术设计教研室主任，动漫制作技术专业负责人，省级动漫特色专业教学资源库项目负责人，巢湖动漫产业协会副会长，动画片《巢湖漫游记》《反诈小斗士》执行导演。

管郁生

国家艺术基金人才培养项目特约专家，上海市教委教育评估所行业评估专家，WACOM 中国数字教育委员会专家，世界图形图像协会上海分会副理事长，上海市教委园丁奖获得者，原上海美术电影制片厂场景设计师，北京人民大会堂国宴厅大型漆器壁画创作者。

杨奥

合肥师范学院艺术传媒学院动画系骨干教师，WACOM中国特约讲师，主编有《分镜设计》《角色设计》等多部动画专业教材，电影《玄灵界》美术指导，国际田联邀请赛北京站动画导演。

吴伟峰

无锡工艺职业技术学院传媒艺术与设计学院副院长，教育部职业院校艺术设计类专业教学指导委员会动漫数字专门委员会副秘书长，世界动画协会会员，中国电影电视技术学会会员。

刘婧婧

毕业于哈尔滨工业大学，主要从事三维教学。其作品获国际权威CG论坛CGTalk金奖等多项奖项并刊载于英国CG期刊*3D Artist*等；联合出版书籍《影视动画CG角色创作揭秘》；作为中国地区五位代表之一参加Vray官方全球线上活动。

吴潇

毕业于英国邓迪大学，天津中德应用技术大学艺术学院数字媒体专业教师。研究方向为三维模型、动画设计等，近年来，主持并参与省部级科研项目六项，编写"一流应用技术大学"建设系列规划教材一本，发表论文十余篇，入选天津市"131"创新型人才培养工程第三层次人才。

黄梅娟

安徽工商职业学院动漫专业带头人，副教授，省级教学名师、省级优秀教师、省级优秀共产党员。近年来，主参编教材八本，主持教科研项目十余项，其中主讲课程"Maya动画"是省级精品视频公开课程、省级课程思政示范课、省级"双基"示范课。

张灿

江苏南通人，硕士，任教江苏工程职业技术学院，研究方向为数字媒体艺术设计，学科带头人，专业负责人，Adobe（中国）认证教师，工艺美术师。

许陈哲

江苏南通人，硕士，任教江苏工程职业技术学院，研究方向为数字媒体艺术设计，短视频拍摄制作方向专业负责人，Adobe（中国）认证教师，室内软装设计师。

李子健

华中师范大学美术学院数字媒体艺术专业教师。研究方向为虚拟现实、游戏设计、交互设计等，相关作品入选全国美展，获国际游戏创意大赛一等奖、中国应用游戏大赛三等奖，主持设计多项大型工程数字三维仿真系统。

目 录

第1章 分镜脚本

1.1 岗位描述 …………………………… 1
    1.1.1 岗位定位 …………………… 1
    1.1.2 岗位特点 …………………… 2
    1.1.3 工作重点和难点 …………… 2
    1.1.4 代表案例 …………………… 2
    1.1.5 代表人物 …………………… 4
1.2 知识结构与岗位技能 ……………… 5
    1.2.1 知识结构 …………………… 6
    1.2.2 岗位技能 …………………… 6
1.3 标准化制作细则 …………………… 7
    1.3.1 四格或多格漫画制作流程 … 7
    1.3.2 条漫分镜制作流程 ………… 15
    1.3.3 短视频分镜制作流程 ……… 16
1.4 岗位案例解析 ……………………… 17
1.5 实操考核项目 ……………………… 22
1.6 评分细则 …………………………… 30

第2章 概念设计

2.1 岗位描述 …………………………… 31
    2.1.1 岗位定位 …………………… 32
    2.1.2 工作重点和难点 …………… 32
2.2 知识结构与岗位技能 ……………… 32
    2.2.1 知识结构 …………………… 33
    2.2.2 岗位技能 …………………… 33
2.3 标准化制作细则 …………………… 34
2.4 岗位案例解析 ……………………… 39
2.5 实操考核项目 ……………………… 40
2.6 评分细则 …………………………… 41

第3章 影像采集

3.1 岗位描述 …………………………… 42
    3.1.1 岗位定位 …………………… 42
    3.1.2 岗位特点 …………………… 43
    3.1.3 工作重点和难点 …………… 43
    3.1.4 代表案例 …………………… 43
    3.1.5 代表人物 …………………… 44
3.2 知识结构与岗位技能 ……………… 46
    3.2.1 知识结构 …………………… 46
    3.2.2 岗位技能 …………………… 48
3.3 标准化制作细则 …………………… 49
    3.3.1 数码单反相机和数码摄像机 … 49
    3.3.2 无人机 ……………………… 55
3.4 岗位案例解析 ……………………… 59
3.5 实操考核项目 ……………………… 71
3.6 评分细则 …………………………… 72

第4章 二维制作

4.1 岗位描述 ······ 73
4.1.1 岗位定位 ······ 73
4.1.2 岗位特点 ······ 73
4.2 标准化制作细则 ······ 74
4.2.1 运动规律之人的基本走路 ······ 74
4.2.2 运动规律之人的基本跑步 ······ 76
4.2.3 运动规律之人的基本跳跃 ······ 78
4.2.4 运动规律之四足动物基本走路 ······ 79
4.2.5 运动规律之四足动物基本跑步 ······ 81
4.2.6 运动规律之鸟类飞行 ······ 82
4.3 岗位案例解析 ······ 85
4.3.1 基础正面走路动画绘制 ······ 85
4.3.2 基础正面跑步动画绘制 ······ 87
4.4 实操考核项目 ······ 88
4.5 评分细则 ······ 90

第5章 角色模型

5.1 岗位描述 ······ 91
5.1.1 岗位定位 ······ 91
5.1.2 岗位特点 ······ 92
5.1.3 工作重点和难点 ······ 92
5.2 知识结构与岗位技能 ······ 93
5.2.1 知识结构 ······ 93
5.2.2 岗位技能 ······ 94
5.3 标准化制作细则 ······ 95
5.3.1 三维制作对象的视觉表现特征 ······ 95
5.3.2 三维制作的规范要求 ······ 101
5.3.3 三维制作的工作流程与技术要点 ······ 104
5.4 岗位案例解析 ······ 123
5.4.1 3D数字手办制作：二次元少女 ······ 123
5.4.2 次世代角色制作：犬神 ······ 147
5.5 实操考核项目 ······ 191
5.6 评分细则 ······ 194

第6章 场景模型

6.1 岗位描述 ······ 195
6.1.1 岗位定位 ······ 195
6.1.2 岗位特点 ······ 196
6.1.3 工作重点和难点 ······ 196
6.2 知识结构与岗位技能 ······ 196
6.2.1 知识结构 ······ 197
6.2.2 岗位技能 ······ 197
6.3 标准化制作细则 ······ 197
6.3.1 场景模型的规范要求 ······ 197
6.3.2 场景模型的视觉表现特征 ······ 199
6.3.3 场景模型的工作流程与技术要点 ······ 203
6.4 岗位案例解析 ······ 212
6.4.1 道具制作：电风扇 ······ 212
6.4.2 综合案例制作：幸存者项目 ······ 228
6.5 实操考核项目 ······ 239
6.6 评分细则 ······ 241

第7章　角色动画

- 7.1 岗位描述 ········· 242
  - 7.1.1 岗位定位 ········· 242
  - 7.1.2 岗位特点 ········· 243
  - 7.1.3 工作重点和难点 ········· 243
  - 7.1.4 代表案例 ········· 243
  - 7.1.5 代表角色 ········· 243
- 7.2 知识结构与岗位技能 ········· 243
  - 7.2.1 知识结构 ········· 244
  - 7.2.2 岗位技能 ········· 244
- 7.3 标准化制作细则 ········· 246
  - 7.3.1 角色绑定与蒙皮 ········· 246
  - 7.3.2 动作调试 ········· 246
- 7.4 岗位案例解析 ········· 247
  - 7.4.1 犬神骨骼架设 ········· 248
  - 7.4.2 犬神呼吸待机动画制作 ········· 257
  - 7.4.3 犬神走路动画制作 ········· 260
- 7.5 实操考核项目 ········· 264
- 7.6 评分细则 ········· 265

第8章　镜头剪辑

- 8.1 岗位描述 ········· 266
  - 8.1.1 岗位定位 ········· 267
  - 8.1.2 岗位特点 ········· 267
  - 8.1.3 工作重点和难点 ········· 267
- 8.2 知识结构与岗位技能 ········· 268
  - 8.2.1 知识结构 ········· 268
  - 8.2.2 岗位技能 ········· 269
- 8.3 标准化制作细则 ········· 270
  - 8.3.1 仪器设备使用 ········· 270
  - 8.3.2 Premiere技术应用 ········· 270
  - 8.3.3 Photoshop技术应用 ········· 272
- 8.4 岗位案例解析 ········· 272
- 8.5 实操考核项目 ········· 276
- 8.6 评分细则 ········· 278

第9章　视效合成

- 9.1 岗位描述 ········· 279
  - 9.1.1 岗位定位 ········· 279
  - 9.1.2 岗位特点 ········· 280
  - 9.1.3 工作重点和难点 ········· 280
- 9.2 知识结构与岗位技能 ········· 280
  - 9.2.1 知识结构 ········· 281
  - 9.2.2 岗位技能 ········· 281
- 9.3 标准化制作细则 ········· 282
  - 9.3.1 合成制作规范 ········· 282
  - 9.3.2 特效制作规范（后期、特效） ········· 283
  - 9.3.3 审核标准 ········· 284
  - 9.3.4 工作职责 ········· 284
  - 9.3.5 AE的主要功能 ········· 284
- 9.4 岗位案例解析 ········· 287
  - 9.4.1 3D化 ········· 287
  - 9.4.2 跟踪制作的规范要求 ········· 305
  - 9.4.3 中级调色的工作流程与技术要点 ········· 317
  - 9.4.4 抠像 ········· 325
- 9.5 实操考核项目 ········· 336
- 9.6 评分细则 ········· 337

第10章　引擎动画

- 10.1　岗位描述 ... 339
  - 10.1.1　岗位定位 ... 339
  - 10.1.2　岗位特点 ... 340
  - 10.1.3　工作重点和难点 ... 340
- 10.2　知识结构与岗位技能 ... 340
  - 10.2.1　知识结构 ... 340
  - 10.2.2　岗位技能 ... 341
- 10.3　标准化制作细则 ... 341
  - 10.3.1　基于物理的材质 ... 341
  - 10.3.2　材质表达式 ... 342
  - 10.3.3　粒子系统 ... 343
  - 10.3.4　动画 ... 344
  - 10.3.5　摄像机设置 ... 346
  - 10.3.6　过场动画 ... 346
- 10.4　岗位案例解析 ... 347
  - 10.4.1　材质表达式 ... 348
  - 10.4.2　粒子 ... 349
  - 10.4.3　摄像机设置 ... 350
  - 10.4.4　角色动画 ... 351
  - 10.4.5　动画编辑器 ... 352
- 10.5　实操考核项目 ... 352
- 10.6　评分细则 ... 355

附录A　职业技能等级证书标准说明

附录B　职业技能考核培训方案准则

第 1 章 分镜脚本

培养目标

本专业培养德、智、体、美全面发展，具有良好职业素养和艺术素养，具备分镜设计师的基本职业素质及岗位技能，熟悉掌握动漫制作的基本知识，能灵活运用表演、透视、视听语言等基本知识技能从事文字分镜编写、静态分镜绘制、动态分镜制作等工作，从事行业各个主要职业岗位和相关职业岗位的创新型高素质技能人才。

就业面向

就业主要面向动漫、影视、游戏、VR交互等领域，在影视、动画、艺术设计和数字制作等相关行业中的相关企业从事影视分镜设计、游戏脚本设计、引擎脚本设计、交互分镜设计等工作。

1.1 岗位描述

"分镜脚本"是动画影视类动态媒体工作的蓝图，是进行拍摄和制作的前期设计框架，在实际工作中发挥着举足轻重的作用。在影视动漫、游戏动画、交互动画、工业动画等不同领域中开展日常工作必不可少的工作环节，需要引起足够的重视。由于所涉及的工作任务、工作性质略有区别，因此其岗位要求、工作重点、工作流程等方面也有所不同。

1.1.1 岗位定位

本岗位适用于影视、动画、艺术设计和数字制作等相关行业。只有熟练掌握文字分镜编写、静态分镜绘制、动态分镜制作的知识及制作方法，充分了解导演的创作意图并传递有效信息，才可以胜任分镜师的工作。

1.1.2 岗位特点

- 能够根据文字要求进行脚本图像转化，准确无误地传达人物关系和主线核心信息；
- 有深厚的美术功底，手绘基础良好，能熟练使用Photoshop、Animate、Premiere等相关软件；
- 具备丰富的想象力及动画表演能力，熟悉动画、影视中的镜头语言和通用叙事手法，准确地绘制所表达的内容；
- 熟练地使用各种绘画表现技法和分镜符号来表现镜头内容，切换镜头准确流畅，构图合理美观；
- 具备优秀的创意能力和良好的画面感，能够准确把握影片的整体节奏与表现风格。

1.1.3 工作重点和难点

- 分镜脚本的基本概念；画分镜前的准备工作；不同类型分镜脚本的制作流程；
- 文字分镜、静态分镜、动态分镜制作的基本格式；镜头制作的内容和要求；
- 分镜中的人物表演：表演风格的确定；分镜中的关键动作；人物的表情设计；独角戏、对手戏、群戏的表演技巧；表演技巧的提高；
- 分镜中的透视应用：透视的基本原理；基本透视类型；特殊透视类型；
- 分镜中的色彩应用：通过黑白灰关系和简单的色彩，在动画分镜脚本中表现动画片的光影和色彩的基本感觉；
- 视听语言的分镜头应用：镜头的基础知识；镜头的内容；镜头的构图法则；镜头中的轴线法则；镜头的连贯性；镜头中的场面调度；镜头中的蒙太奇；镜头的组接技巧；镜头的时间掌握和节奏控制。

1.1.4 代表案例

代表案例如图1-1、图1-2、图1-3所示。

图1-1 《英雄》分镜示例，导演：张艺谋，取自《英雄电影剧本分镜头剧本》

图1-2 法国漫画分镜示例，作者：孙睿

图1-3 漫画分镜示例,作者:王栋梁

1.1.5 代表人物

1. 高畑勋

日本导演、编剧、制作人,1935年10月生,毕业于东京大学文化科。1964年执导个人首部动画片《狼少年》。1974年执导动画片《阿尔卑斯山的少女》。1984年担任动画电影《风之谷》的制作人。1986年担任奇幻动画电影《天空之城》的制作人。1988年执导灾难动画电影《萤火虫之墓》。1989年担任动画电影《魔女宅急便》的音乐制作。1991年执导爱情动画电影《岁月的童话》,获得第15届日本电影学院奖最具话题影片奖。1994年自编自导奇幻动画电影《百变狸猫》。1999年执导喜剧动画电影《我的邻居山田君》,获得第3届文部省文化厅媒体艺术祭动画部门优秀奖。2003年参演纪录片 *Paul Grimault, image par image*。2009年获得第62届洛迦诺国际电影节金豹奖。2010年执导儿童动画电影《红发少女安妮剧场版》。2015年凭借奇幻动画电影《辉夜姬物语》获得第42届安妮奖最佳动画电影导演奖。2016年获得第43届安妮奖温瑟·麦凯奖。

2. William Simpson

北爱尔兰人，漫画家、电影分镜师。经营独立动画公司Rogue Eocket。作为职业漫画师时，曾就职于DC和Marvel两大漫画巨头。参与过漫画《蝙蝠侠》《特警判官》《康士坦丁：阴间神探》以及《异型》的制作。2011年参加《权利的游戏》创作团队，担任故事板制作，并参加影片的人物和道具的概念规划。

3. 郑问

著名漫画家，本名郑进文，著作有《东周英雄传》《刺客列传》等。创作多以武侠、历史故事为题材，曾以《阿鼻剑》创下武侠漫画新典范，成为第一位在讲谈社连载的中国漫画家。1991年日本漫画家协会颁给郑问"优秀赏"，是20年来第一位非日籍得奖者，被日本漫画界赞叹为20年内无人能出其右的"天才、鬼才、异才"，誉为亚洲至宝。

4. 夏达

中国内地漫画家。1981年4月生，毕业于长沙理工大学。2002年凭借漫画《冬日童话》获得中国连环漫画短篇故事漫画优秀奖。2008年漫画《子不语》获得第五届金龙奖原创漫画动画艺术大赛最佳故事漫画少女组金奖。2010年出版的漫画《哥斯拉不说话》获得第六届动漫节"美猴奖"最佳中国漫画作品奖。2015年凭借漫画《长歌行》获第12届中国动漫金龙奖中国漫画大奖。2020年受邀担任第17届中国动漫金龙奖大赛终评评委。

1.2 知识结构与岗位技能

分镜脚本所需的专业知识与职业技能如表1-1所示。

表1-1 专业知识与职业技能（中级）

岗位细分	理论支撑	技术支撑	岗位上游	岗位下游
静态分镜	造型设计 构图学 色彩学 剪辑学	Photoshop ToonBoom Storyboard Moho	影像采集 文字脚本	动态分镜 概念设计 影像采集 引擎动画
动态分镜	造型设计 构图学 色彩学 剪辑学	Photoshop ToonBoom Storyboard Moho Premiere Unreal Unity	静态分镜 影像采集 二维制作 三维模型	影像采集 二维制作 三维模型 引擎动画

1.2.1 知识结构

分镜脚本是动画前期制作的关键环节，是整部动画作品制作的蓝图和依据。要成为一名动态分镜师，需要系统的理论知识体系的支撑，在静态分镜的基础上，掌握动态分镜的表达能力，结合视听语言相关知识技能，运用相关软件完成分镜脚本的绘制工作。

- 造型设计：对动画创作而言，必须为想法找到合适表现的特点、环境背景、时代因素等来丰富造型。掌握动画角色造型设计和动画场景造型设计两大块，以个性设计、画面氛围为中心进行理解和把握。角色造型要求掌握形态的设计、衣装的设计和个性的设计。场景造型要求把握主题、确定基调、体现特征、渲染气氛。
- 构图学：构图对于创造画面造型，表现主体、节奏、韵律，有着至关重要的作用。分镜构图需要注意构图类型、构图原则、场景匹配、关于主体这四点，构图原理与技法的合理应用能将画面表现得更加好看，使影片风格更加统一。
- 色彩学：画面当中的色彩经常能创造出一种空间感、时间感，还能营造气氛：明亮的颜色可以为画面增加更多的戏剧感；而灰暗的颜色则能传递出一种和谐而稳定的感觉。很多的动画片导演会利用颜色作为一种视觉或者象征意义上的主题。
- 剪辑学：动画是由一系列镜头按照一定的次序组接起来的，这些镜头之所以能够顺畅地延续，使观众能自然而然地将它们认作一个统一体，从而享受其所表达的剧情，是因为镜头的切换衔接服从了一定的规律。分镜表做得越细致，后期剪辑的思路也就越清晰。

1.2.2 岗位技能

不同的团队，根据项目的特性和技术表现需求，可以采用不同的软件进行制作。考生需要根据项目需求，掌握软件使用技能，才能完成相应的工作。

- Photoshop：一般静态脚本使用Photoshop较多，通过Photoshop的绘制工具、图层工具，配备手绘板完成绘制工作。具备一定的手绘功底和Photoshop软件技能，能更快地胜任该岗位的工作。
- ToonBoom Storyboard：一款专业电子分镜头制作软件，广泛应用于动画故事板、电影故事板、广告故事板等故事板创作，可以制作含音轨的动态脚本。具备一定的手绘功底和ToonBoom Storyboard软件技能，能更快地胜任动态分镜岗位的工作。
- Moho：一款基于节点关键帧制作2D动画的矢量软件。最基本的构成单元是

"节点模型",而骨骼系统则是重要辅助。在绘制动态分镜时,能够提升工作效率。具备一定的手绘功底和Moho软件技能,能更快地胜任动态分镜岗位的工作。

- Premiere:由Adobe公司开发的一款非线性编辑的视频编辑软件,可用于图像设计、视频编辑与网页开发,可与其他应用程序和服务无缝协作,可完成动漫、影视节目的剪切与编辑。
- Unreal:世界知名授权最广的游戏引擎之一,在制作动画方面是一个非线性流程,这个流程中的每个节点都可以在制作途中修改,可编辑性非常高,对其他环节影响小。具备一定的Unreal软件技能,能更快地胜任动态分镜岗位的工作。
- Unity:一款由Unity Technologies研发的跨平台2D/3D游戏引擎,被广泛用于建筑可视化、实时三维动画等互动内容的综合型创作。它可以加快传统制作流程的速度,在灵活的平台上提供更多的创作自由、快速反馈和美术迭代机会,为动画内容创作者设计了实时工作流程,让实时制作成为现实。

1.3 标准化制作细则

"分镜"一词源自于电影,在漫画中也可以将之称为"分格"。漫画分镜是打草稿阶段的重要工作,多指在剧本定型之后、绘制正稿之前所做的镜头设计草稿,是一个漫画的最初形态,也是整个创作过程中最重要的环节之一。分镜主要用于展示作者对情节以及画面的安排,包括分格比例、镜头剪辑、角色表演以及台词放置。分格是漫画的基本技巧,也是当代漫画和传统漫画联系最紧密的环节。

1.3.1 四格或多格漫画制作流程

(1)四格漫画,是以四个画面分格来完成一个小故事或一个创意点子的表现形式。它着重点子创意,画面不需要很复杂,角色也不需要太多,对白精简,让人容易阅读。在表现上的特点主要强调叙事,包含开头、发展、高潮、结尾,所以是四格。

四格漫画的格式有两种,分别是田字形和竖排,如图1-4、图1-5所示,图中数字表示视线顺序。

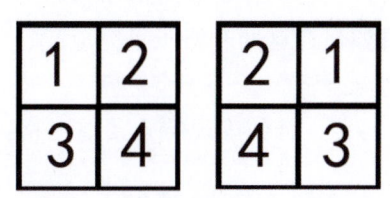

图1-4 四格漫画格式——田字形

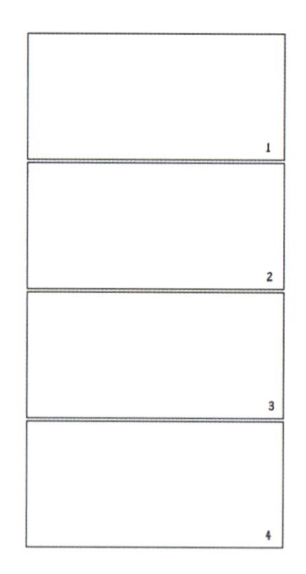

图1-5　四格漫画格式——竖排

四格漫画在表现上的特点主要强调叙事，如图1-6、图1-7所示。在第一幅画面中，通常交代场景、角色、角色和角色之间的关系、角色和场景等之间的关系；在第二幅画面中，通常交代发生的事情；在第三幅画面中，常常交代角色对于发生事件的反应；在第四幅画面中，表现故事情节的结局。

四格漫画从画面构图的表现上来看，主要有三种基本格式。

- 四幅画面均为全景：这种格式的特点在于每幅画面都很充分地展现各自的情节，强调画面中的人物动作和姿态的表现。动作和姿态处理不好，容易使画面生硬、呆板。
- 四幅画面有切入和切出：这种格式的特点是在于四幅画面有景别大小的变化。即第二幅画面为中景，强调人物的上半身动作表现。第三幅画面为特写，强调人物表情的表现。
- 四幅画面有角度的改变：这种格式的特点是不仅有景别上的变化，而且画面在角度上也有变化。即第二幅为中景，从一个角色的肩部后面去切换画面，强调另一角色的表情或动作。第三幅为特写，改变角度，切换画面，强调人物的表情。

四格漫画创作步骤：在进行四格漫画创作时，要仔细地阅读提供的故事或情节要素，了解主题含义、人物性格、人物动作、发生的事情、在什么地方，找出故事中的情节关系和趣味点等。然后构思如何在这四个格子里完成起、承、转、合，将趣味点描述清楚。创作时有以下几个关键点：

- 根据四格漫画起、承、转、合的表现特点，前三格铺陈蓄势，第四格揭底，让人意想不到。
- 使用的对白尽量精简，不用对白只靠表情跟动作表达最好。
- 利用画面表现出幽默、有趣的效果。

- 画面中角色的表情、动作、场景等细节要描述清楚、生动。
- 动作、表情、对白、情节安排必须符合各个角色设定的性格特征，具有一贯性。

图1-6 《三毛流浪记》，作者：张乐平

图1-7 《一周的朋友》，作者：叶月抹茶

四格漫画在绘制时应注意以下两点。
- 对话框的处理：常见对话框形状有两种：若是横排文字多用横扁圆形对话框；若是竖排文字，对话框最好使用竖扁圆形。交代故事背景多用矩形框，如图1-8

《海贼王》第1章的开头；心理活动多用圆圈形。此外，还有很多其他形状的对话框表现角色不同的情绪。

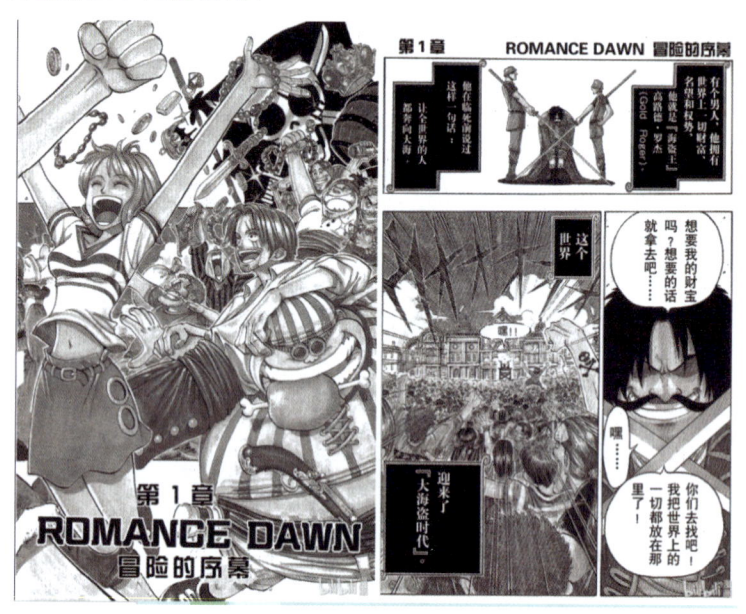

图1-8 《海贼王》，作者：尾田荣一郎

- 文字阅读顺序：若使用横排文字，那么阅读顺序应该从左往右（图1-9）；若使用竖排文字，那么阅读顺序是从右往左（图1-10）。不可出现既有横排又有竖排的情况，否则非常影响阅读感受，会打乱叙述节奏。

图1-9 《乌龙院》，作者：敖幼祥　　　图1-10 《小小茶会》，作者：猫十字社

（2）多格漫画，由多格图画组成，如图1-11、图1-12、图1-13所示。分格是漫画特有的一种形式，指在规定尺寸里进行平面切割，根据内容来合理安排格子数量和大小比例关系。不同的形式分格适用于不同的表达需求。最常见的有三格、四格、六格漫画，其余二格、八格、十二格等也很常见。多格漫画就是将一个故事分为多个分镜（格子），这种漫画一般都有连贯复杂的剧情，或对动作、神情的细节刻画。

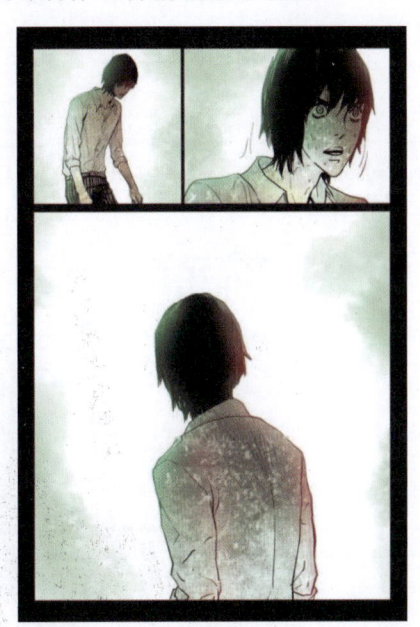

图1-11　两段分格

图1-12　三段分格　　　　　　　图1-13　四段分格

（以上图片素材取自《超质体》，作者：燕子青）

多格漫画每一页格子的编排很有技巧，基本上还是以画框的四等分为基准画出方块，不同的格子分割方式所产生的效果也是完全不同的。多格漫画从大类上分为竖幅和横幅：竖幅气氛相对比较紧张，轻松、快活、愉悦、律动都可以比较好地体现出来，视觉上有高度落差，也可以用于表达空间上的闭塞感；横幅比较平和、平缓，适合交代大场景，大气、宽阔、具备包容感，气氛相对不紧张。此外也可随需要适度地作歪斜变化，多用在强调画面动感的动作场面上，具备强烈的紧张、压迫感，画面对视觉的冲击感较大。

一页内有五格以上存在的情况，基本上已经是原有格子的拆分了，要注意的是无论是横向还是纵向，每一行或列中有四格以上就很不合理了。总之，无论格子有多少，最好一页中有一个主格，使观众留有印象，如图1-14所示。

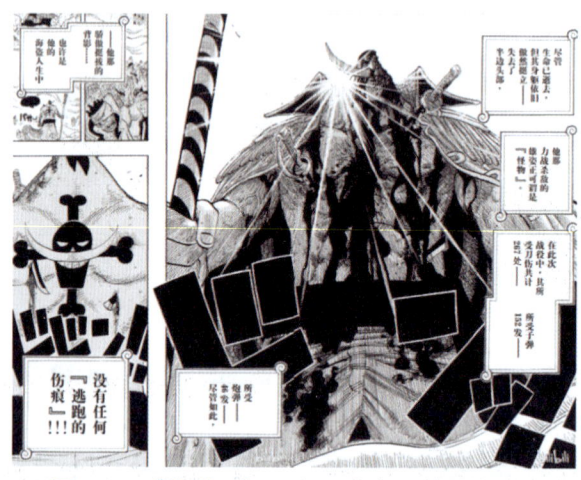

图1-14 《海贼王》576话，作者：尾田荣一郎

多格漫画中常见的分格方式有破格式、规则式、斜分式、全页式。

- 破格式：将某个镜头中的角色或者物体进行破出画格的处理。破格一般包括三种情况：画面内容破格、对话框破格和拟音字破格。角色破格多用在角色登场或者突出角色状态，如图1-15《妖精的尾巴》中男主人公纳兹的初次登场。

图1-15 《妖精的尾巴》，作者：真岛浩

- 规则式：整体是各种矩形组合的切割形式，画面平稳。这种规则的格子是漫画中使用频率最高的样式，如图1-16所示。

图1-16 《情书》，作者：安达充

- 斜分式：斜线切割画面，分格可呈梯形或者三角形。这种样式可以打破平衡，体现不稳定或者发生冲突的状态。如图1-17《灌篮高手》中，通过各种斜分格展现赛事的紧张。

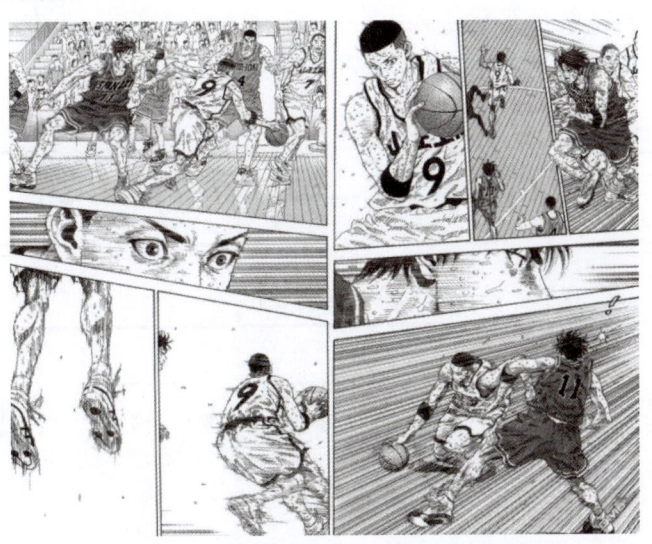

图1-17 《灌篮高手》，作者：井上雄彦

- 全页式：通过一整页来表现一个画面，一般用在感情渲染或者最重要的情节和事件上，突出情节的张力或者加强氛围的渲染。如图1-18《长歌行》中女主人公在朔州城用计巧妙化解了突厥的进攻的重要场面。

图1-18　《长歌行》，作者：夏达

多格漫画分镜具体作画步骤与四格漫画类似，也要遵循"起承转合"的基本法则，它的意义在于对画面要素的选择和分配。一般情况下，故事的起承转合是按顺序进行的，如图1-19所示。即使是倒叙，开头部分的小高潮也只是为了吸引观众、引起悬念设计的，其实小高潮结束以后故事还是得从"起"开始，否则观众无法了解故事的基本信息，如图1-20所示。"转"之所以被称为"转"，是因为好的故事高潮必有波折、转折、冲突等要素，可是转折不一定发生在"转"之上，也可以发生在结局上，如图1-21所示。

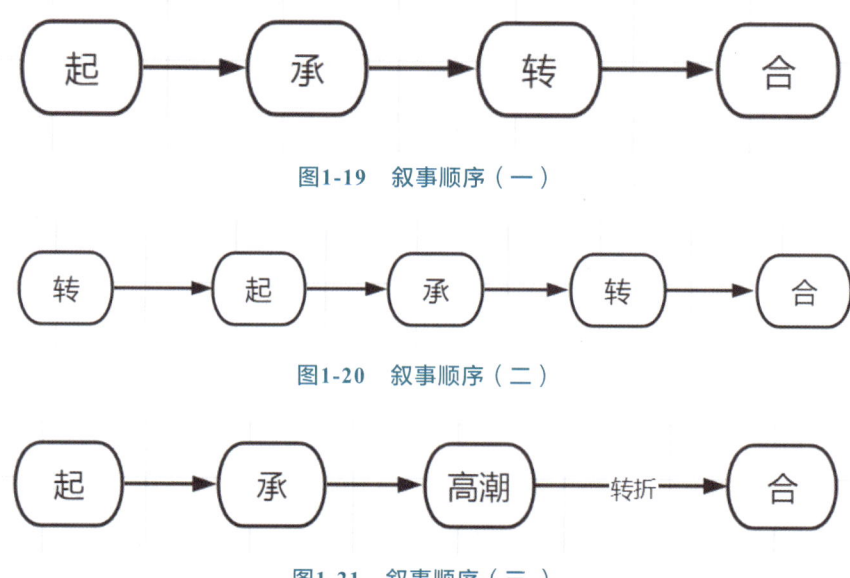

起 → 承 → 转 → 合

图1-19　叙事顺序（一）

转 → 起 → 承 → 转 → 合

图1-20　叙事顺序（二）

起 → 承 → 高潮 →转折→ 合

图1-21　叙事顺序（三）

具体制作时可注意以下几点：
- 一开始分镜不用画得太详细，先把脑海的故事画面以最直接的方式分格出来，此时大概画出人物位置、对话、基本表情、动作即可。
- 依据分镜的分格，把格内的简图画得更详细精确，顺便整理一下分镜时画面的不足处，这就是一般的草稿。
- 依据草稿的修正，使用工具做完稿的动作，会发现完稿与原先的分镜、草稿画面有所不同。
- 在画图的过程中，随时可以根据故事或画面所需做调整，因为已经有了基本的分镜做依据，所以可以很轻松地画出心中所想的故事情节。

1.3.2 条漫分镜制作流程

条漫是一种从四格漫画演变而来的，方便手机端阅读的漫画分镜形式。一般情况下，条漫在内容上继承了四格漫画的风格，也是文图结合，以单格（两格或以上数量并排出现）画格由上自下依次排序，通过连续画面叙述故事。其主要特点是画面满屏、阅读方式从上而下、长度不限、多为彩色漫画、可通过手机平台App刊登连载等。条漫依附于移动终端，伴随网络的发展，成为近年来异常火爆的一种漫画表达形式。

条漫的分镜格式变化如下。
- 去框型是指在条漫中大量使用去框画格的分镜方式。将画框去掉，以场景之间相似的明暗色调过渡衔接，因为失去边框的束缚，画面更加流畅，更有诗意。如图1-23《书中战争》这组镜头，鱼群、鹿、山岭、树木、草丛都浑然一体，像一组一镜到底的长镜头。
- S画格类型是现在常见的条漫格式，画格宽度一般比手机屏幕窄，在页面上从上至下呈S形排列分布，是一种较为秀气和清新的分镜格式，因画格间的留白而具有空气感。如图1-23的《渊之信》讲述的是校园题材的治愈系故事，就很适合这种分镜格式。
- 四格漫画延长版的画格宽度一般占满屏幕，叙事节奏稳定，情绪的变化主要依赖画格内景别等的变化。

图1-22 《大理寺日志》，作者：RC

- 四格漫画加强版是指画格宽度与屏幕相同，但长短具有明显区别，且画框有斜切等形式的类型，这种格式在条漫中也很常见。画格有主次之分，更具有动感。

图1-23　条漫分镜格式变化示例

图片素材依次取自CMJ（龚鼎）《书中战争》、赵贤娥《渊之信》、扬纸《治愈患者》

条漫的制作流程如下。
- 构思文字，确定主题，动笔之前先想好要画什么。
- 找参考图，角色的动作都可以参考照片素材画出来，但不可照搬照抄。
- 绘制灵魂草图，这个步骤可以随性一些，用一些简单的线条表达。例如人物故事可以用简单颜色搭配简单的线条，把想表达的内容画出来就行。
- 在确认过分镜草图后，直接在纸上进行修正，并做好标注。
- 使用手机把分镜草图拍摄下来，传送至计算机，并在Photoshop中作为参考图层绘制更精细的"精草"。
- 如果有需要可以绘制比较特殊的"超长格"。

1.3.3　短视频分镜制作流程

传统短视频制作过程很复杂，包括创作文案、视频分镜脚本、实景拍摄、剪辑配音等多个步骤。在短视频制作中，视频文案决定了视频内容，包括主题、故事和风格。分镜脚本又决定了视频画面的构图和元素、音效和配音，以图表的方式来说明影像的构成，要对每一个镜头进行细致设计。二者都不可或缺。

制作分镜脚本的步骤如下。

- 确定视频类型：首先应找准方向，了解"想给谁看""他们对什么感兴趣"后，就可以确定视频类型。通过持续输出某一种或几种内容，形成特定风格，加强辨识度和观众记忆。确定类型后，开始编写文案。
- 确定文案主线：确定故事是按照哪种形式发展，要表达什么样的中心思想。
- 划分文案段落：以标点符号划分文案，再根据分段构思法，把相同的主语和宾语归纳在一起，将文案分段，一段话讲述一件事。
- 归纳段落重点：名词代表画面的元素；动词代表画面或元素的动效、转场等；形容词可以代表用来修饰画面的动效。
- 设想画面构成及动画的运用形式：将内容、景别和台词表现出来，选用合适的景别、镜头运动方式等。

短视频中常见的景别有远景、全景、中景、近景、特写。拍摄时也需要简单运镜，即经过移动机位，或改动镜头，来拍出不同的画面。常用的有推拉镜头、摇镜头、跟镜头等，从俯拍、平拍、仰拍等不同角度进行拍摄。

具体的景别、镜头运动方式、取景角度的使用方法及效果同动画分镜、漫画分镜类似，这里就不再赘述。

- 按分段法绘制画面。

1.4 岗位案例解析

《小女孩采花》分镜绘制案例解析（案例中所有图片取自学生作业）。具体步骤如下。

（1）分解题目内容。题目没有给出环境，但是通过逻辑分析，可以先建立一个场景。该题目包含"采花"的动作，为了丰富效果，还应该加入角色对于花朵的反应。题目可分解如下：

一个小女孩来到一片花园。

小女孩向四处巡视。

草地中有一朵小野花。

小女孩跑过去蹲下探身摘花。

小女孩看着手中的花。

（2）根据镜头内容选择景别。根据之前分解的题目内容，选用合适的景别。

全景：一个小女孩来到一片花园。

近景：小女孩向四处巡视。
特写：草地中有一朵小野花。
全景：小女孩跑过去蹲下探身摘花。
中景：小女孩看着手中的花。

（3）绘制镜头画面。

用镜头描述女孩走、看、停、探、采花的动作。全景表达空间与人的关系，中景描写女孩顾盼的动作，特写则突出重点。在分解内容的基础上丰富情节，把人物、背景在Photoshop中用简单线条打好草稿，绘制分镜草图，如图1-24所示。

图1-24　绘制分镜草图

在分镜草图绘制好以后，在草稿的基础上清稿、描线、添加投影等画面细节，如图1-25所示。

除旁白外，还可在分镜格中用其他颜色标注角色的运动方向和动作持续时间，如图1-26所示。

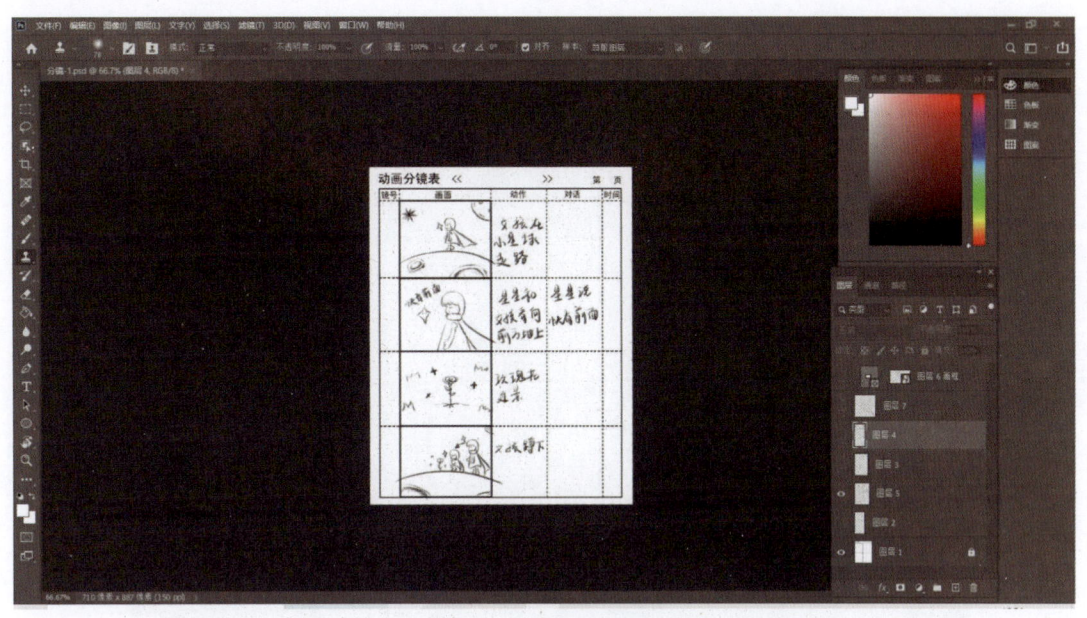

图1-25　添加画面细节

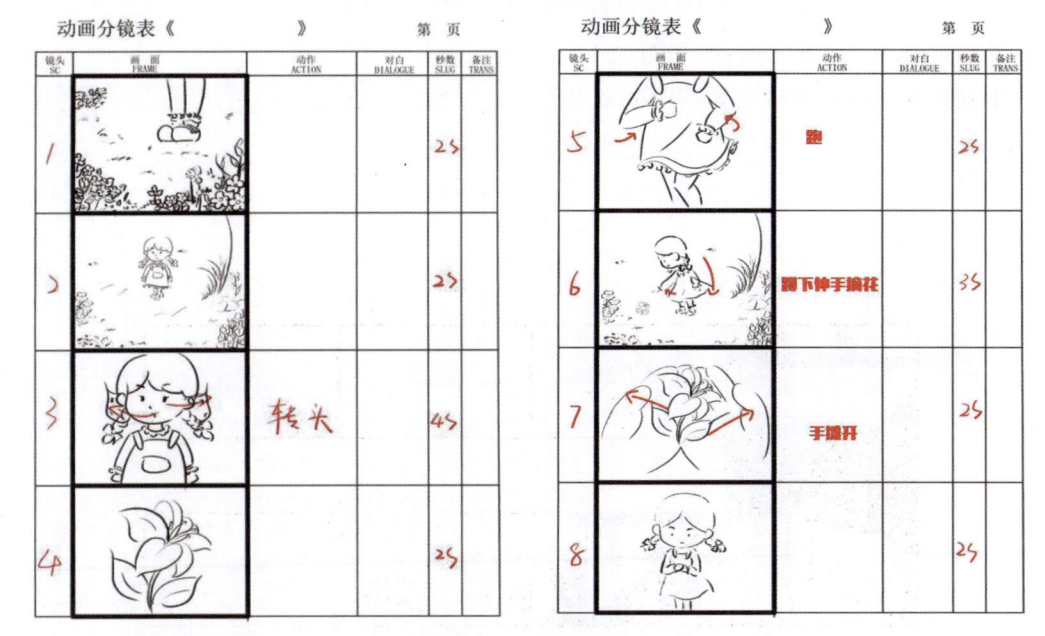

图1-26　标注示例

除用板绘的方式制作静态分镜以外，现在制作电子分镜的软件也很多，如Moho、Toon Boom Storyboard Pro等，这些软件广泛应用于动画、电影、广告等的分镜头创作。下面使用Moho演示绘制动态草图和动态分镜的方法。

使用Moho制作动态草图的思路如下（图1-27）。

①创建空白画布。

②创建空白帧。

③绘画逐帧画面，修改这些逐帧画面的节奏。
④输出视频。

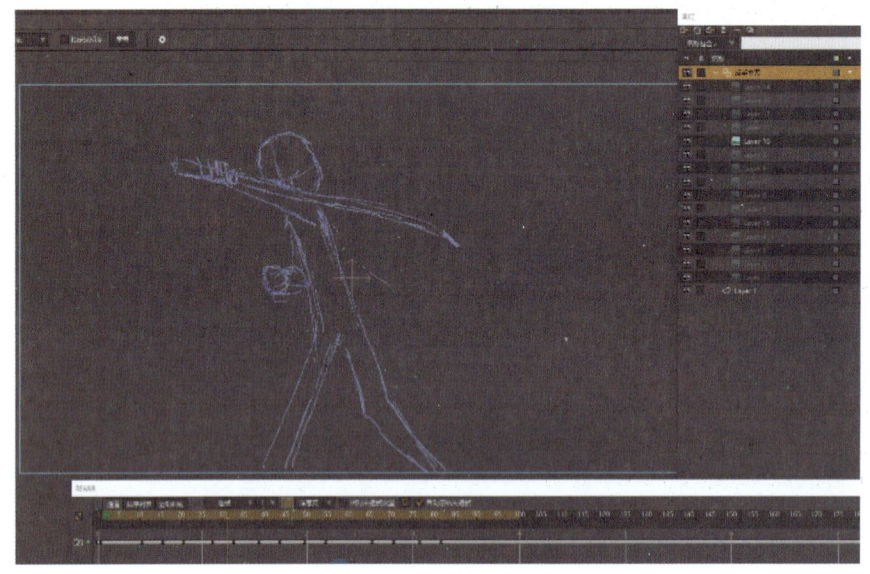

图1-27　使用Moho制作动态草图示例

使用Moho制作动态分镜的思路如下。

①动态分镜涉及比较复杂的绘画以及图层、时间轴、配音、特效，可以先把这些元素拆分处理，后期在合成软件汇总，输出最终效果。

②绘画部分在sai完成，把镜头画成整页排列的小格子，动态分解画在psd文件的图层里面（图1-28）。

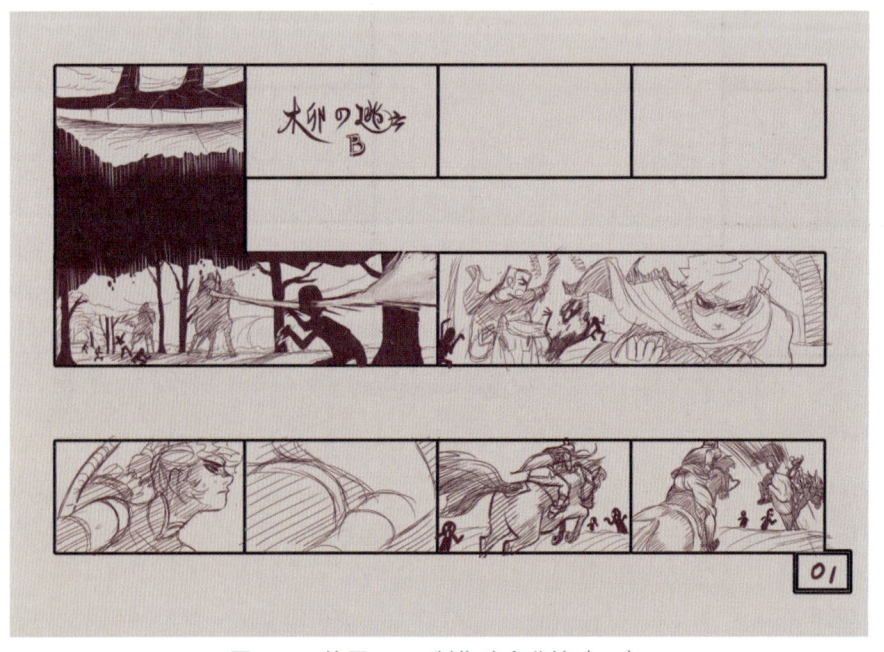

图1-28　使用Moho制作动态分镜（一）

③把这个包含镜头和动态分解的psd文件导入Moho,并使用镜头移动、图层移动制作镜头运动,调整镜头节奏,使用切换层制作动态分解的动画(图1-29)。

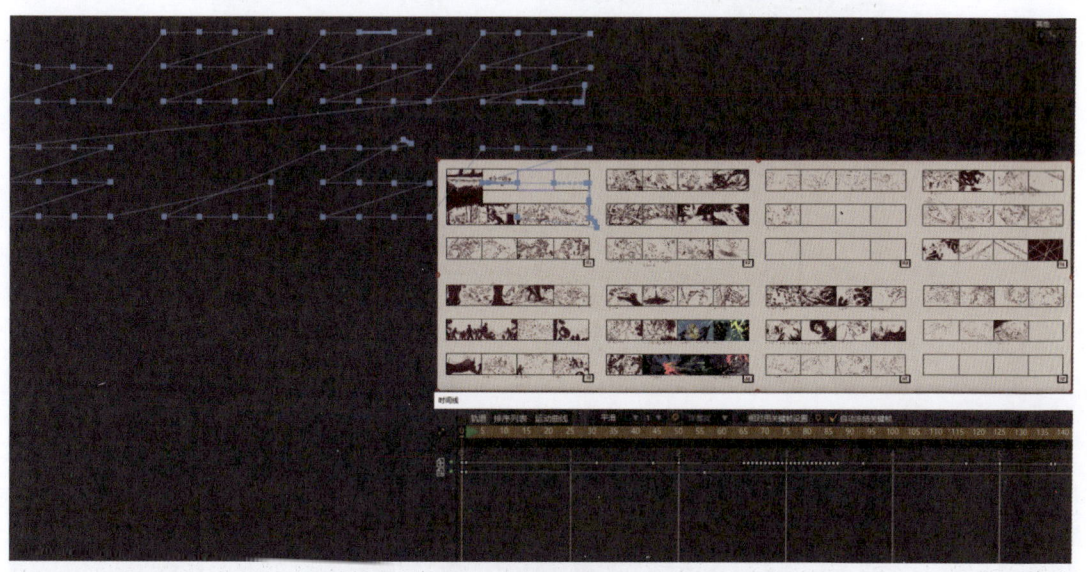

图1-29 使用Moho制作动态分镜(二)

④导入背景音乐、配音,使画面和声音的节奏匹配(图1-30)。

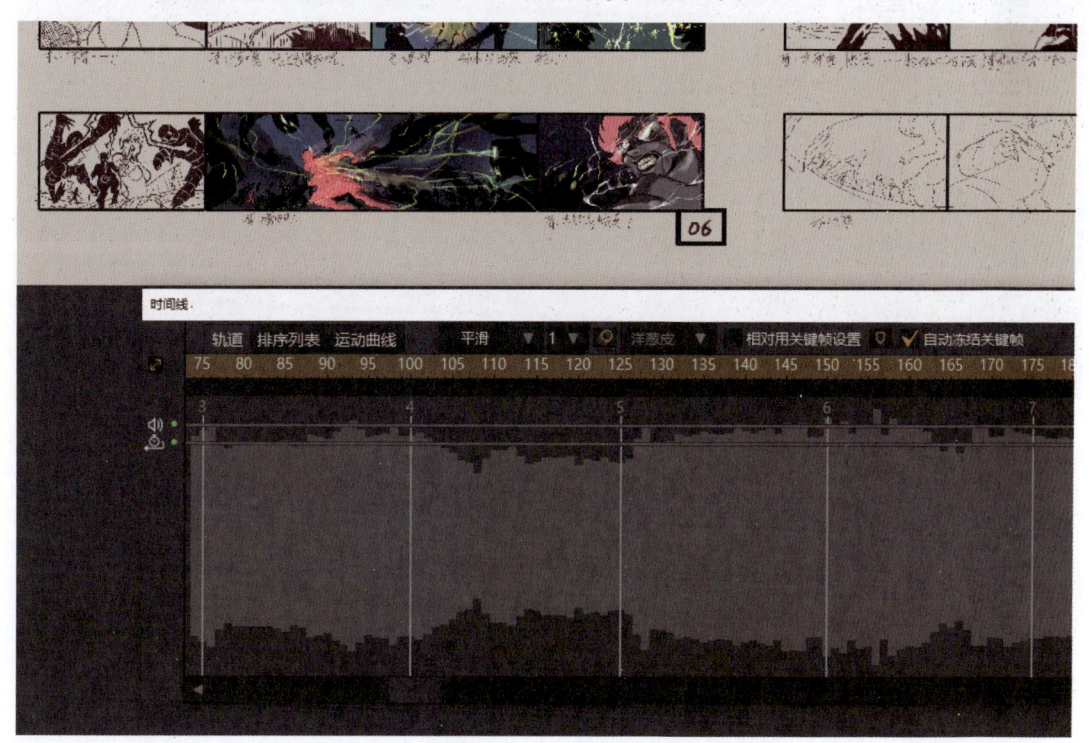

图1-30 使用Moho制作动态分镜(三)

⑤输出视频到后期软件并添加特效(图1-31)。

图1-31 使用Moho制作动态分镜（四）

⑥输出完整的动态分镜视频。

Moho在动态分镜层面，比较擅长做前期和后期的衔接，例如镜头运动和三维空间镜头运动的指示。使用Moho也可以制作三维空间的动态草图（图1-32）。

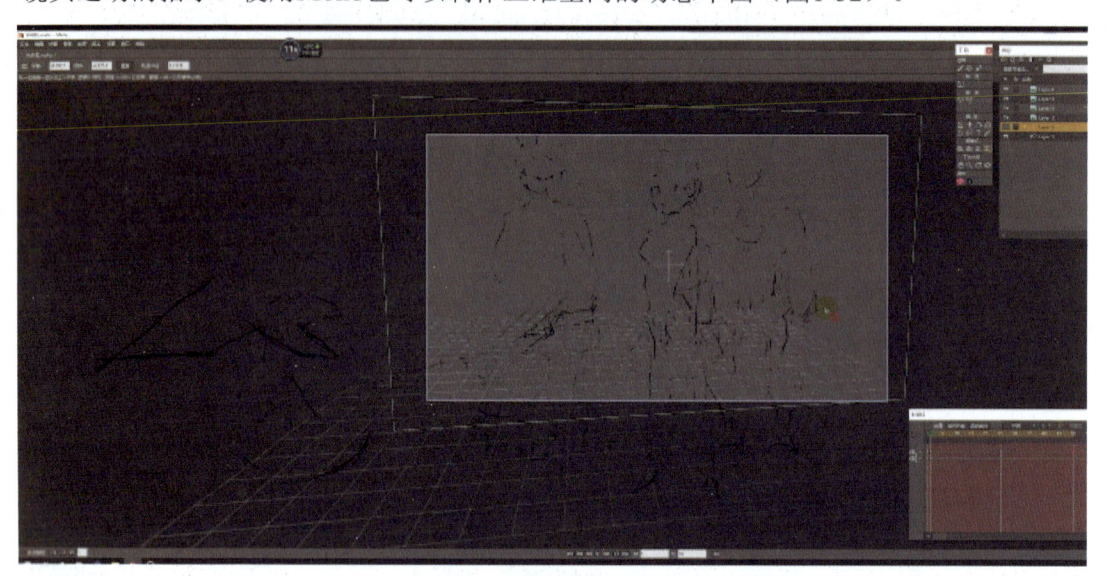

图1-32 使用Moho制作三维空间的动态草图

1.5 实操考核项目

1. 项目一

（1）考核题目：根据提供的人物和场景，自编两个人物对话的情节故事完成不少于15个镜头的脚本绘制，表现手法不限。

（2）考核目标：通过本次实操，掌握静态脚本的绘制技巧，掌握双人对话的视听语言语法规律，并能够灵活运用轴线相关知识。

(3) 考核重点与难点：
- 静态脚本的绘制技巧。
- 双人对话的视听语言语法规律。
- 轴线法则。

(4) 考核要素：
- 作品名称：自定义。
- 作品性质：静态脚本绘制。
- 绘制工具：Photoshop、Sai、Animate等。
- 实操要求：根据提供的实操素材进行静态脚本创作，绘制不少于15个镜头的分镜头脚本，需要包含人物对话、摄像机运动、多机位拍摄及轴线知识。能清晰地表达人物与人物之间的关系、人物与场景之间的关系。
- 实操素材：

人物如图1-33所示。

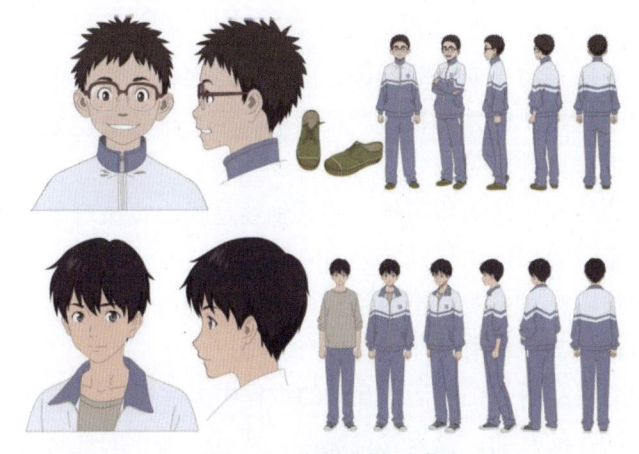

图1-33　实操素材-人物

场景如图1-34所示。

图1-34　实操素材-场景

静态分镜格式表可参考图1-35，有横版和竖版两种。

图1-35　静态分镜格式表参考

- 考核形式：实操考核。
- 核心知识点如下。

轴线：动画中表现人物（或运动物体）的行动方向、人物的视线方向或人物之间交流而产生的一条无形的线，称之为轴线。摄影机必须在轴线的一侧进行拍摄，即在轴线180度内来确定镜头的总角度。

轴线包括关系轴线和运动轴线两种。关系轴线是指由被摄对象的视线关系所形成的轴线。运动轴线是指运动物体和其目标之间的假想线。

对手戏的表演技巧：对手戏是指在镜头内同时出现两个人，并且两人在交流。其表演除了要满足独角戏的各种要求外，还有自身的特点，如下所示。

①人物视线的交流：两人在对话或互动的过程中要注视着对方。

②人物情感、动作的互动：当人物交流时，情感、动作的变化会影响到对方。如果忽视了情感的互动，就如同对木偶交谈。

镜头运动方式：推、拉、摇、移、升、降、甩、跟等。

机位：摄像机拍摄的位置。

双人对话场面：动画中最基本的人物形式就是双人对话，基本的运镜角度如图1-36所示，可以分成9个基本镜头。

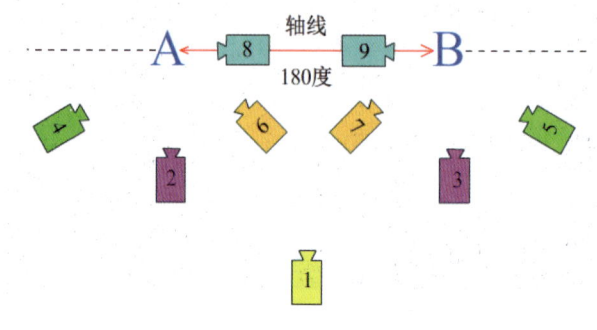

图1-36　双人对话场面运镜角度

多人对话场面：多人对话场面可以处理成双人对话，这样能避免轴线过于复杂。人物可以分为一个主要人物和几个次要人物，拍摄时一般先拍全景，交代清楚人物站位，接着分别在轴线一侧切换人物中、近景。

（5）参考答案如图1-37所示。

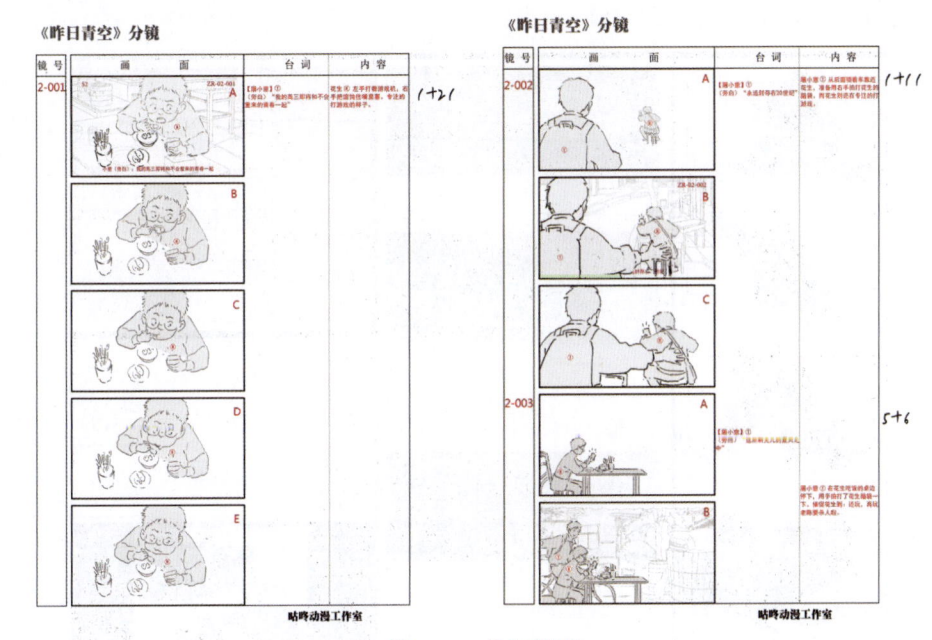

图1-37　参考答案

2. 项目二

（1）考核题目：假如你是漫画师小张，接到了一份关于"家庭安全用电"的漫画绘制任务，现在需要你完成漫画脚本的绘制，分格不少于30个，表现方式不限。

（2）考核目标：通过本次实操掌握漫画分镜绘制的技巧，了解漫画分镜和动画分镜的异同。能够利用所学知识完成漫画分镜的绘制。

（3）考核重点与难点：

- 漫画分镜绘制技巧。
- 漫画分镜与动画分镜的异同。

（4）考核要素：

- 作品名称：自定义。
- 作品性质：漫画分镜脚本绘制。
- 绘制工具：Photoshop、Sai、Animate等。
- 实操要求：根据提供的实操素材进行漫画分镜脚本创作，绘制不少于30个分格的脚本画面，分格具有创意性，能灵活运用气流线、动态线、多重曝光等手法来增强画面。
- 实操素材：无。

- 考核形式：实操考核。
- 核心知识点：

这里所指的漫画是故事漫画，是用多个大小不同的连续画面表现完整的故事情节。一般5～8格组成一页完整的画面，所有画格既各自独立又相互呼应。漫画分镜就是画漫画正稿前打的分镜草稿，如图1-38所示。

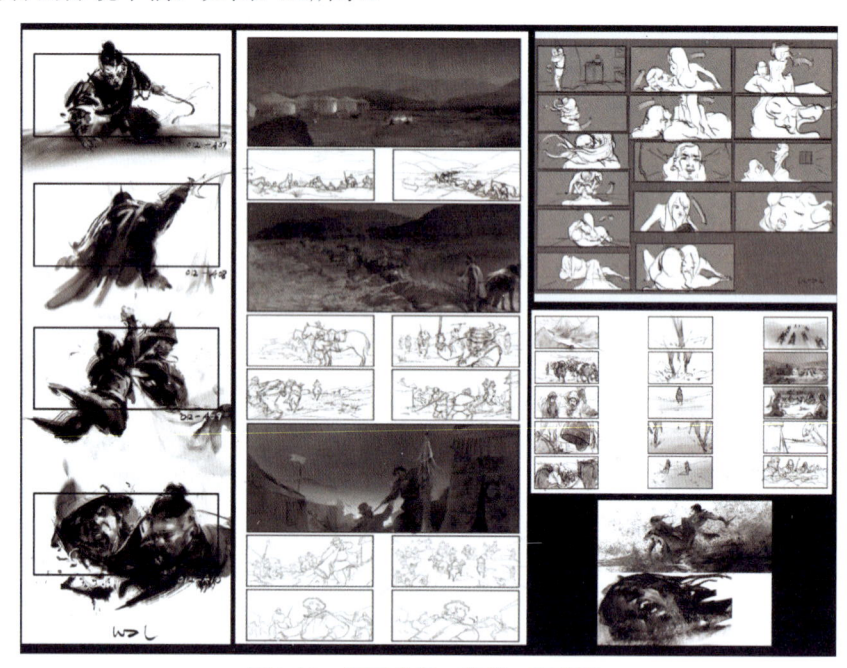

图1-38 漫画分镜，作者：王栋梁

漫画分镜绘制技巧包括素材的收集、漫画分镜的分格等。

①素材的收集：学会观察生活，多欣赏一些优秀的漫画作品，采用拍照、截图等方式收集这些作品的表达技法，形成自己的素材库。平时通过多看、多临摹，提升自己的专业能力。

②漫画分镜的分格：划分格子是漫画分镜最为核心的一步。在绘制之前需要考虑每个格子的形状、大小和位置，然后考虑每个分格中具体绘制的内容，对分格中的人物和场景进行设计，根据故事内容进行构思。内容需要符合情节的发展、人物的动态、场景的布局，确定用特效还是用场景，有文字还是有流线等，以草图的形式表达出来。最后标注每一页、每一格之间的阅读顺序。漫画分镜示例如图1-39所示。

具体的漫画分镜绘制解析可参考1.3标准化制作细则。

与动画分镜的相同点如下。

①都是要表现故事内容，要求画面保持连贯性。

②都不需要画得太仔细，点明镜头的运动、人物的表演等设计即可。

与动画分镜的不同点如下。

①对格式的要求不同：大型动画片的动画分镜一般都要求画在A4的分镜纸上，标注需要很清楚，便于后期制作人员理解导演的意图。漫画个人可以完成，其分镜可以画得

图1-39 法国漫画分镜示例，作者：孙睿

很随意，大小尺寸也没有特定的要求，只要求作者自己能看明白。

②分格方式不同：动画分镜由于画在分镜纸上，画面大小受到严格限制，除非有镜头的运动（如拉镜）才会画在单幅画外。漫画的画面是静止的，若想达到视觉上的动感，必须采用一些独特的方式，如运用横向或纵向长格。漫画分格除了大小不同以外，形状也不拘泥于单一的长方形，梯形甚至圆形都可以成为漫画的分格框。漫画的人物也不必完全置于框内，"破格而出"的情况屡有发生。

③对剧情的画面表述详略不同：动画是动态的影像，画分镜的最终目的是要做成完整的动画片，所以动画的分镜对人物动作的要求很高，要画出详细的分解动作供原画参考，人物的运动方向、镜头的运动方式也必须标注清楚。漫画分镜更加强调读者阅读过程中的主动性，一般只要画出1~2张关键动作即可完成某一镜头，所有中间过程由读者想象贯穿连接，这样既提高了漫画的叙事节奏，又兼顾了动感。

（5）参考答案格式如图1-40所示。

3. 项目三

（1）考核题目：根据给出的素材和要求，完成广告分镜脚本的绘制。

图1-40 参考答案格式，作者：王栋梁

（2）考核目标：通过本次实操掌握广告分镜绘制的技巧，能够利用所学知识完成广告分镜的绘制。

（3）考核重点与难点：

- 常用的表现手法。
- 广告分镜绘制的注意事项。

（4）考核要素：
- 作品名称：自定义。
- 作品性质：广告分镜脚本的绘制。
- 绘制工具：Word、Photoshop、Sai、Animate、Toon Boom Storyboard Pro等。
- 实操要求：情节表现完整，镜头连贯，逻辑合理。文字中未交代清楚的内容可适当补充，未给出的场景和道具请自行设定，表现手法不限。
- 实操素材：

关键词：清晨、男人、厨房、冰箱、一盒橙汁。

广告语：××橙汁，我的最爱。

橙汁的海报如图1-41所示。

- 考核形式：实操考核。
- 核心知识点：

广告分镜脚本是摄影师进行拍摄、剪辑师进行后期制作的依据和蓝图，也是演员和所有创作人员领会导演意图、理解广告内容、进行再创作的依据。

广告分镜脚本的内容包括镜号、机号、景别、技巧、时间、画面内容、解说、音响效果、音乐等，这些内容需要在表格中分项撰写。

镜号：镜头顺序号，按组成影视广告的镜头先后顺序，用数字标出。它可作为某一镜头的代号。拍摄时，不必按顺序号拍摄；而编辑时，必须按顺序号进行编辑。

机号：现场拍摄时，往往是用2~3台摄像机同时进行工作，机号则是代表这一镜头是由哪一台摄像机拍摄。前后两个镜头分别用两台以上摄像机拍摄时，镜头的连接在现场通过特技机进行编辑。若是采用单机拍摄后期再进行编辑，标出的机号就没有意义了。

景别：分为远景、全景、中景、近景、特写等，代表在不同距离观看被拍摄的对象。景别能根据内容、情节要求反映对象的整体或突出局部。

技巧：拍摄时镜头的运动技巧，如推、拉、摇、移、跟等；镜头画面的组合技巧，如分割画面和键控画面等；镜头之间的组接技巧，如淡入淡出、叠化等。一般在分镜头脚本中，技巧栏只是标明镜头的组接技巧。

时间：镜头画面的时间，表示该镜头的长短，一般是以秒为单位。

画面内容：用文字阐述所拍摄的具体画面。为了阐述方便，推、拉、摇、移、跟等拍摄技巧也在这一栏中与具体画面结合在一起加以说明。有时也包括画面的组合技巧，如在画面上键控出某种图像等。

解说：对应一组镜头的解说词，它必须与画面密切配合。

音响效果：在相应的镜头标明使用的效果声。

音乐：注明音乐的内容及起止位置。

备注：方便导演记事用，导演有时会把拍摄外景地点和一些特别要求写在此栏。

图1-41 实操素材

（5）参考答案格式如图1-42所示。

动画分镜表《责任与担当》　　　　　　第1页

镜头 SC	画面 FRAME	动作 ACTION	对白 DIALOGUE	秒数 SLUG	备注 TRANS
SC-1		车向前行驶		4s	夜晚荒野快速开车
SC-2		打哈欠		2s	
SC-3		往右打方向盘		2s	
SC-4	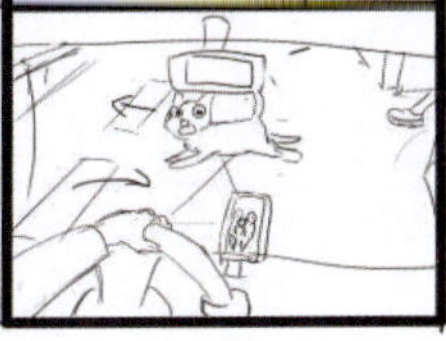	狗往左跑 向右打方向盘		2s	车行驶到路口

动画分镜表《责任与担当》　　　　　　第5页

镜头 SC	画面 FRAME	动作 ACTION	对白 DIALOGUE	秒数 SLUG	备注 TRANS
SC-17		伤者坐在床上 家属陪着		2s	伤者病情好转
SC-18		司机开门 老婆和孩子探出头		4s	司机看望家属
SC-19	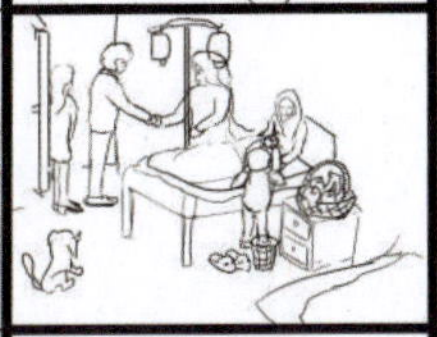	家属和司机握手		4s	家属表示好商量
SC-20		画面模糊 出现文字		2s	

图1-42　参考答案格式

1.6 评分细则

画面干净，构图合理，故事完整，占50%。

优秀：40～50分；良好：30～40分；合格：20～30分；不合格：0～20分。

视听语言运用合理，有运动标记，占30%。

优秀：15～30分；良好：10～15分；合格：5～10分；不合格：0～5分。

会分若干画幅，懂得多POS绘制镜头，占10%。

优秀：8～10分；良好：5～8分；合格：2～5分；不合格：0～2分。

主题明确，情节合理，作品富有创意，占10%。

优秀：8～10分；良好：5～8分；合格：2～5分；不合格：0～2分。

第 2 章 概念设计

培养目标

本专业培养方向与我国社会主义现代化建设要求相适应，培养德、智、体、美全面发展，具备常规动漫、影视、游戏、短视频、交互、仿真、人工智能可视化等领域下概念设计(前期美术设计)的综合职业能力，具备概念设计师的综合生产职业素养及岗位技能，能灵活运用表演、造型、透视、视听语言等基本知识技能从事角色设计、场景设计、道具设计、色彩调性设计、视觉特效设计等的综合生产工作，能在动漫、影视、游戏、短视频、交互、仿真、人工智能可视化等企业进行专业化生产的高素质劳动者和技能型人才。

就业面向

主要面向动漫、影视、游戏、短视频、交互、仿真、人工智能可视化等领域，在文化传媒公司、动画制作公司、影视广告公司、短视频制作公司、游戏开发公司、人工智能可视化创作公司等行业中的相关企业，从事概念设计(前期美术设计)的生产工作。

2.1 岗位描述

概念设计在动画行业内又称为"前期美术设计"，它要兼顾文化审美与视觉审美，在价值上统一作品的世界观逻辑，在艺术表现上服务于世界观的视觉合理性，同时在生产领域符合视觉表现的产品特征，因而是整个作品的规范和灵魂，是整个作品的头部内容，也是最为关键和基础的部分。概念设计人员直接服务于导演，从无到有地完成一部作品的角色设计、场景设计、道具设计、特效视觉效果设计、色彩调性设计以及分镜脚本设计等工作。概念设计是动漫、广告、短视频、自媒体、常规商业视频等项目中必不可少的工作环节，概念设计的好坏直接决定一部作品的质量，需要引起足够的重视。

2.1.1 岗位定位

本岗位适用于动漫、广告、短视频、自媒体、常规商业视频等企业，该岗位人员能了解导演的创作意图，掌握角色设计、场景设计、道具设计、特效视觉效果设计、色彩设计的基本原理知识及设计规范。

中级能力的岗位人才，需要完成一部作品的部分概念设计工作，协助主设计人员共同进行项目的开发与设计。具体要求有：

- 能理解生命体在空间中的形态，掌握人体解剖常识，根据提供的素材，设计出角色的三视图、色彩效果图。
- 能掌握多曲面与直线形态的空间转面能力，根据资料设计主场景设计图，设计出空间布局图、透视图、道具陈设图。
- 能理解色光与色构原理，为角色配置固有色及协调其在空间中的色光映射。

2.1.2 工作重点和难点

- 掌握复杂形体在系统中的审美规律和运动法则。
- 能设计角色与场景道具的基本概念，能运用和绘画有关的软件（Photoshop、Artrage、Sai、Painter等）进行设计，完成相应工作。

2.2 知识结构与岗位技能

概念设计所需的专业知识与职业技能如表2-1所示。

表2-1 专业知识与职业技能（中级）

岗位细分	理论支撑	技术支撑	岗位上游	岗位下游
概念设计	审美分析	Photoshop或手绘	制片 编剧 导演 艺术总监	分镜 原画 二维制作 三维模型
	空间基础	Photoshop或手绘		
	分形基础	Photoshop或手绘		
	艺用解剖	Photoshop或手绘		
	商业黑白表现	Photoshop或手绘		
	色彩	Photoshop或手绘		
	角色设计	Photoshop或手绘		
	场景设计	Photoshop或手绘		
	道具设计	Photoshop或手绘		

2.2.1 知识结构

概念设计是文艺创作的灵魂，在动画制作闭环中起到生产标准化协同的重要地位，是整个动画制作的"头部"内容，也是最为关键和基础的部分。概念设计直接服务于动画的制片、编剧、导演、艺术总监，确定了一部动画的角色设计、场景设计、道具设计、特效视觉效果设计、色彩调性设计以及分镜脚本设计等工作的前期调性。概念设计是动漫、广告、短视频、自媒体、常规商业视频等工作中必不可少的环节，概念设计的好坏直接决定了一部动画的质量。

- 审美分析：概念设计首要的任务是能够根据不同文化资源，解构、重组并创造自洽的世界观视觉设计。因此审美分析的系统知识是动画专业的必备底层知识。其知识结构的构成主要在于对自然、人文、人类自身的图形图像的研究、提炼、整合和创造，解决特定世界观的视觉样式与美感问题。
- 空间基础：在直线形态构成和多曲面形态构成中，基于自然规律而总结的用于创造视觉图形图像的工具，是计算机造型工作的起点。
- 分形基础：用来解决空间合理性的底层知识，帮助创作者理解生物性领域、简洁的物理领域与视觉领域中的必要性、合理性和审美取向，是传统几何归纳方式的全面迭代。
- 艺用解剖：用来解决造型形态细节合理性和运动形态美感逻辑的底层知识，通过对人体形态视觉空间上的研究，为角色、道具、场景的概念设计提供可靠的造型底层逻辑，是多曲面生命视觉创造和运动的知识依据。
- 商业黑白表现：通过素描原理快速表现商业形象的设计与黑白完稿。
- 色彩：通过色光与色构的自然规律，打通传统色彩理论与计算机色彩制作的原理，为自然色彩和谐、色彩心理自洽、文化色彩创造提供理论与制作逻辑的保证。
- 角色设计：能设计并表现不同角色的年龄、性格、性别、种族特征、文化特征，包括面部与人体解剖的运动规律。
- 场景设计：能表现出空间的合理性，符合人物角色文化属性和活动特征的基本样式。
- 道具设计：能表现符合基本世界观逻辑和角色生活方式的道具种类。

2.2.2 岗位技能

概念设计技能结构中除了必备的计算机软件技能外，还要具备更丰富的造型逻辑技能，如下所示。

- 审美分析：形态专有名词和审美分析技巧逻辑与步骤。自然界中形态几何美的组织规律。分形在图形图像中的规律。图形图像中形态结构与运动的关系。人物审美当中形态边界的划分。

- 空间基础：直线形态的透视规律，解构、重组与转面技巧。多曲面形态构成的归纳与分析，在空间中合理性与运动美感的提炼。
- 分形基础：对生物性形象的空间归纳和提炼，实现平面和空间中图形元素的高度统一，解决空间中局部与整体的自洽。
- 艺用解剖：运用分形基础原理，对生物解剖结构做系统性的运动归纳，掌握在多曲面空间结构中的自然语法。
- 商业黑白表现：造型逻辑，固有色与光的推移，性格与样式表现。
- 色彩：色彩映射原理，色彩空间原理，色调结构与转换原理，写生色彩制作逻辑。
- 角色设计：分形解剖，年龄、性别、人种的区分，职业特征对人的影响。
- 场景设计：透视与直线构成在空间中的转面，不同文化属性下建筑的基本形态与功能特点。
- 道具设计：直线构成与多曲面构成形态的表现设计，符合既定世界观、生产力规律的道具设计，与场景、角色设计配套的设计方法论。

2.3 标准化制作细则

（1）不同角色的写生与表现。

通过对不同种族、性别、年龄的角色写生，研究人物性格，五官特征与职业特征，并掌握固有色与色光与色彩表现逻辑，如图2-1所示。

图2-1 不同角色的写生与表现

具体步骤为：在空间与平面形态中找到美的特征与空间合理性（如图2-2所示），通过体积与形态的大关系组织描绘初稿（如图2-3所示），完成线条在空间中的组织与穿插的层级关系（如图2-4所示），使用线条的粗细、深浅、虚实、曲直、软硬来制作完稿（如图2-5所示）。确认角色的黑白灰（如图2-6所示），确认角色打光角度，强化亮部与暗部推移（如图2-7所示），塑造体积与虚实（如图2-8所示），最后完成轮廓转折高光与细节的表现（如图2-9所示）。

图2-2　找到美的特征与空间合理性　　　图2-3　描绘初稿

图2-4　完成线条关系　　　图2-5　制作完稿　　　图2-6　确认角色的黑白灰

图2-7　确认角色打光角度　　　图2-8　塑造体积与虚实　　　图2-9　完成效果

（2）分形解剖与表现。

①使用平面与空间共用的分形，归纳分析动物的空间占有本质，用以理解生命体在空间中的美感（如图2-10所示）。

图2-10　使用分形归纳分析物体的空间占有本质

依据分形理论理解并描绘骨骼流动的系统，依次对四足动物和人体运动进行空间归纳与运动转面（如图2-11所示）。

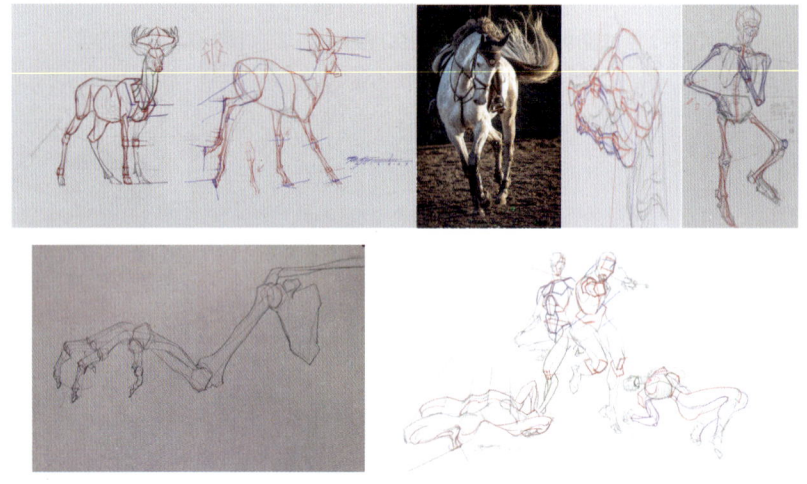

图2-11　依据分形理论描绘骨骼流动

根据解剖原理确定肌肉在形体运动中的系统特征（如图2-12所示）。

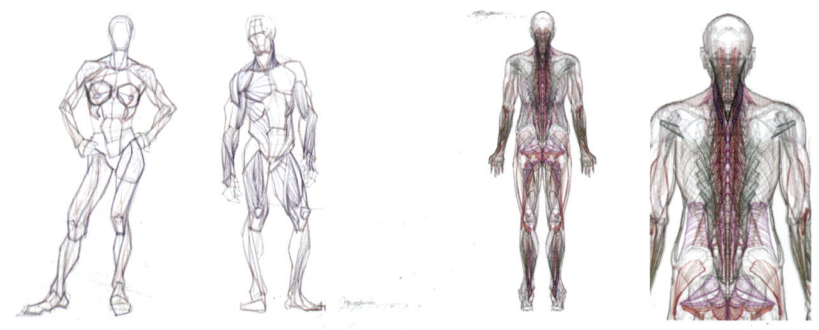

图2-12　肌肉在运动中的系统特征

②角色人体基本表现训练步骤：进行形体造型与空间草图分析（如图2-13所示），根据形体与解剖原理进行完稿绘制（如图2-14所示），训练轮廓的层级关系（如图2-15

所示），设置固有色差异并进行光的推移（如图2-16所示），根据分形解剖原理绘制轮廓转折与高光（如图2-17所示），表现出形体美感和光源的丰富性。

图2-13　形体造型与空间草图分析

图2-14　根据形体与解剖原理绘制完稿

图2-15　轮廓的层级关系　　图2-16　固有色差异和光的推移　　图2-17　轮廓转折与高光

（3）色光表现基础。

根据黑白素描底稿设置空间冷暖背景关系（如图2-18所示），大地为暖色，天空为冷色，使用颜色图层设置人物角色固有色（如图2-19所示），根据色彩冷暖的映射表现出色与光的推移大关系（如图2-20所示），修正局部小色彩关系（如图2-21所示），加强色彩冷暖与纯度对比（如图2-22所示），使用曲线工具对整体色调与光源进行调整修饰（如图2-23所示）。

图2-18　黑白素描底稿　　　图2-19　设置人物角色固有色　　　图2-20　色彩冷暖映射

图2-21　修正局部小色彩关系　图2-22　加强色彩冷暖与纯度对比　图2-23　对色调与光源调整修饰

（4）角色转面再造。

使用分形归纳法则对角色头像进行形态分解归纳（如图2-24所示），提取其形体特征做造型转面。

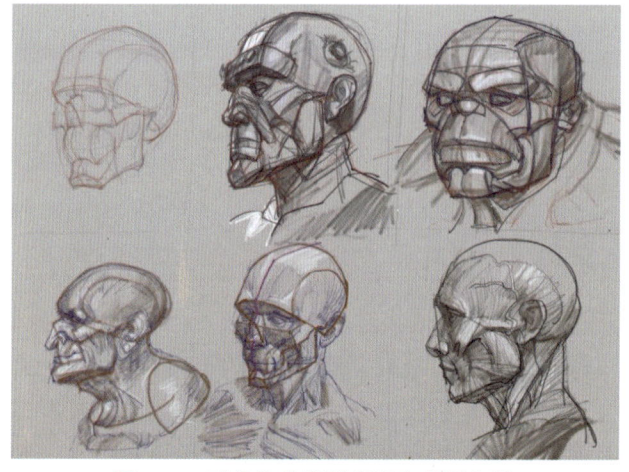

图2-24　对角色头像进行形态分解归纳

利用分形原则进行角色头部形态的转面。因为是生命组织,所以在正面、侧面、顶面均是六边形与五边形的相似形,同时局部形态和整体都要保持贯通的自洽(如图2-25所示)。

图2-25　角色头部形态

人类头部系统相同,在同一系统中的关键体积,其组成特征的封闭面积在相似分形中各不相同,这样的路径正是角色概念设计的内容(如图2-26所示)。

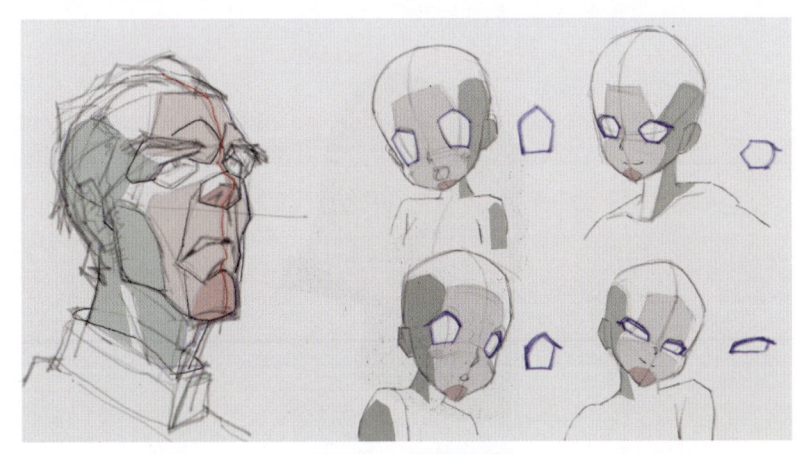

图2-26　头部系统

2.4　岗位案例解析

通过给定角色形象,进行二次元人物角色设计,同时给出色彩定稿方案(如图2-27所示)。

图2-27　岗位案例解析示意图

2.5 实操考核项目

（1）考核题目：角色头部空间分形与转面。

（2）考核内容：根据考题给出的角色（如图2-28所示），分析其核心体积的空间，绘制分形归纳一幅，并再绘制转面一幅。

图2-28　角色示意图

（3）制作要求：

- 绘制工具：Photoshop、Sai、Flash、Artrage或传统手绘等。
- 图片格式：jpg格式，300dpi。
- 图片大小：1980×1080。
- 文件名命名："概念设计：角色头部空间分形"与"概念设计：角色头部空间分形转面"。

（4）考核要点：

- 分形体块简洁准确。
- 大体积与小块面高度契合。
- 线条层级明确。
- 体积嵌套优美。
- 转面之后保持体积特征不变。

（5）时间要求：60分钟两张分析草图。

（6）难度等级：一级。

（7）参考答案如图2-29所示。

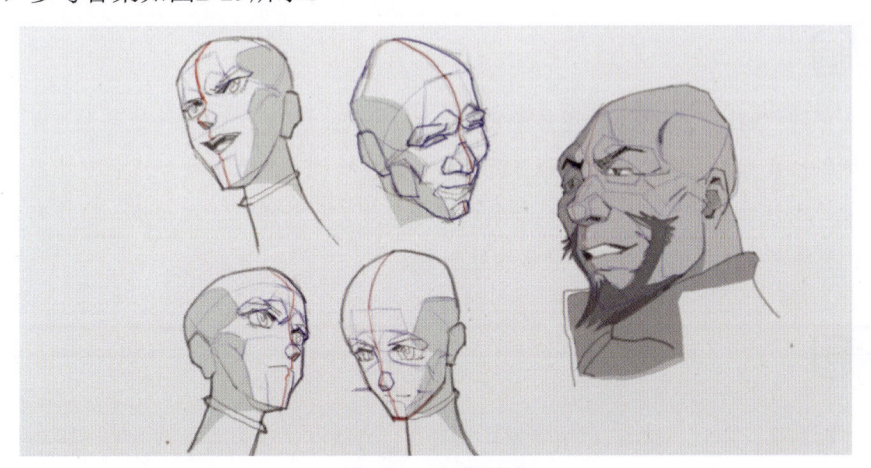

图2-29　参考答案

2.6　评分细则

总分100分。

透视与比例合理（20分）。

分形体块简洁准确（10分）。

大体积与小块面高度契合（20分）。

线条层级明确（10分）。

体积嵌套优美（10分）。

转面之后保持体积特征不变（20分）。

固有色设置合理（10分）。

第 3 章 影像采集

培养目标

本专业坚持立德树人，培养掌握影像采集的基本知识和技能，能熟练使用相关器材设备为各类项目做好图片素材和视频素材的采集与管理，能完成视频类项目的前期逐帧定格图像采集、静态素材采集、视频拍摄采集以及无人机视频拍摄采集等工作任务，能在动漫、短视频、商业视频等企业生产服务一线工作的高素质劳动者和技能型人才。

就业面向

主要面向动漫、影视、游戏、VR交互、短视频、自媒体、常规商业视频领域，担任摄影摄像工作。该等级岗位的工作量饱和度适中，往往多数企业会安排该岗位和编剧、分镜设计、视频剪辑岗位结合在一起。

3.1 岗位描述

"影像采集"工作环节在大众视频制作领域扮演着非常重要的角色，更是影视拍摄的工作主体，其采集的图片和视频素材经过一定的设计剪辑和调整后直接呈现在观众面前，对视频画面影像风格、情节叙事以及情感内涵的确定起着举足轻重的作用。动漫、影视、游戏、VR交互、短视频、自媒体等领域中常常需要进行图像和视频素材采集的前期拍摄工作。由于所涉及的工作任务、工作性质略有区别，因此其岗位要求、工作重点、工作流程等方面也有所不同。

3.1.1 岗位定位

短视频、自媒体、常规商业视频等视频制作，从流程到团队再到资金投入，虽然没有电影、游戏、大型交互项目要求高，但其项目的核心逻辑是相通的，只是环节上更为简洁，操作更为简化，从创作文案到设计分镜脚本再到素材拍摄与剪辑制作合成，往往是几个人甚至是一个人独立完成的，在流程管理、设计与制作层面更加灵活多样。

3.1.2 岗位特点

中级能力的影像采集岗位人才，在团队协调组织下，有能力对单一影像素材或影像素材数量和复杂度较为简单的项目进行拍摄采集，并进行初步的处理。具体要求如下：

- 能解读剧本大纲和分镜脚本，基本确定影像采集内容和采集方式。
- 能掌握数字单反相机、数字摄像机以及无人机的相关理论和基本操作。
- 能掌握影视照明设备及相关布光理论和基本操作。
- 能通过所学常规理论与实操手法，运用相关硬件器材完成逐帧定格和静态图片素材的拍摄采集，并进行初步的图像处理工作。
- 能通过所学常规理论与实操手法，运用相关硬件器材完成常规视频素材的拍摄采集，并进行初步的图像处理工作。
- 能通过所学常规理论与实操手法，运用相关硬件器材完成航拍视频素材的拍摄采集，并进行初步的图像处理工作。

3.1.3 工作重点和难点

根据视频项目需求和文本，结合分镜脚本对拍摄内容的描述，能较准确地确定视频项目拍摄手法和风格，合理安排与设计影像素材拍摄采集方式和内容，采集过程中熟练运用相关器材，拍摄素材镜头稳定、画面清晰、曝光合理、构图精美、运镜流畅、对焦准确。

3.1.4 代表案例

代表案例如图3-1、图3-2所示。

图3-1　代表案例《生化危机1》（1996年，卡普空株式会社）

图3-2 代表案例《阿年》（2021年，王子逸）

3.1.5 代表人物

1. 史蒂文·斯皮尔伯格（Steven Allan Spielberg）

1946年12月18日出生于美国俄亥俄州辛辛那提市，美籍犹太裔导演、编剧、制片人。

1974年，完成了个人首部电影长片《横冲直撞大逃亡》。

1975年，执导了惊悚电影《大白鲨》，凭借该片获得了第33届美国电影电视金球奖电影类最佳导演提名。

1981年6月12日，拍摄的动作冒险电影《夺宝奇兵》上映。

1982年6月11日，执导的科幻家庭电影《外星人E.T.》上映，凭借该片获得了第40届美国电影电视金球奖电影类最佳导演提名。

1985年12月18日，执导的剧情片《紫色》上映。

1993年6月11日，拍摄的科幻冒险电影《侏罗纪公园》上映。

1993年11月30日，执导的战争电影《辛德勒的名单》上映，凭借该片获得了第51届美国电影电视金球奖电影类最佳导演和第66届奥斯卡金像奖最佳导演奖。

1998年7月24日，拍摄的战争电影《拯救大兵瑞恩》上映，凭借该片获得了第56届美国电影电视金球奖电影类最佳导演和第71届奥斯卡金像奖最佳导演奖。

2002年6月21日，执导的科幻悬疑电影《少数派报告》上映，由此获得了第29届土星奖最佳导演奖。

2005年12月23日，拍摄的惊悚电影《慕尼黑》上映。

2009年1月12日，获得了第66届美国电影电视金球奖终身成就奖。

2012年11月16日，拍摄的传记电影《林肯》上映。

2015年10月16日，执导的传记电影《间谍之桥》上映。

2018年3月26日，拍摄的科幻冒险片《头号玩家》首映。

2019年10月3日，执导的电影《西区故事》杀青。

2. 吕克·贝松（Luc Besson）

1959年3月18日出生于法国巴黎。法国导演、制片人、编剧、演员。

1983年，执导了个人首部剧情长片《最后决战》，影片获得了阿沃里亚兹电影节评委会大奖和评论大奖。

1985年，监制并编导了惊悚电影《地下铁》，凭借该片获得了第11届法国凯撒奖最佳导演提名。

1988年，拍摄了爱情冒险电影《碧海蓝天》，由此获得了第14届恺撒奖最佳导演提名。

1990年，执导了动作惊悚电影《尼基塔》，凭借该片获得了第16届凯撒奖最佳导演提名。

1991年，拍摄了海洋纪录片《亚特兰蒂斯》。

1994年，编导了动作类剧情片《这个杀手不太冷》，因此获得了第20届凯撒奖最佳导演提名。

1997年，拍摄了科幻动作电影《第五元素》，凭借该片获得了第23届凯撒奖最佳导演奖。

1999年，编导了传记类战争电影《圣女贞德》，凭借该片获得了第25届凯撒奖最佳导演提名。

2000年9月，创立欧罗巴影业。2005年，执导了奇幻励志电影《天使A》。

2006年，拍摄了动画电影《亚瑟和他的迷你王国》。

2008年，编剧并监制了动作电影《飓风营救》。

2010年6月20日，获得了第13届上海国际电影节杰出电影贡献奖。

2011年，编剧并监制了动作犯罪电影《致命黑兰》。

2012年，编剧并监制了动作电影《飓风营救2》。

2013年，编导了动作喜剧片《别惹我》。

2014年，编导了科幻动作片《超体》。2015年，出任第五届北京国际电影节评委会主席。

2016年，编剧并监制了奇幻动作片《勇士之门》。

2017年，编剧并监制了科幻动作片《星际特工：千星之城》。

3. 徐克（Hark Tsui）

1950年2月15日生于越南西贡市，祖籍广东汕尾海丰，华语电影导演、编剧、监制、演员。

1978年，拍摄个人首部电视剧《金刀情侠》。

1979年，执导电影处女作《蝶变》。

1983年，执导奇幻武侠电影《新蜀山剑侠》。

1987年，主演剧情片《最后胜利》，凭借该片获得第7届香港电影金像奖最佳男配角提名。

1991年，拍摄动作电影《黄飞鸿之壮志凌云》。

1992年6月26日，担任监制并参与编剧的武侠电影《笑傲江湖Ⅱ：东方不败》上映。

8月27日，担任监制并参与编剧的武侠电影《新龙门客栈》上映。

1994年，执导并监制古装爱情电影《梁祝》，凭借该片获得第14届香港电影金像奖最佳导演提名。

1997年4月4日，执导的首部好莱坞电影《反击王》上映。

2001年，执导古装奇幻动作片《蜀山传》。

2005年，拍摄武侠电影《七剑》。

2007年，参与执导动作电影《铁三角》。

2010年，拍摄古装悬疑电影《狄仁杰之通天帝国》，获得第30届香港电影金像奖最佳导演奖。

2011年，执导武侠电影《龙门飞甲》。

2013年，执导古装悬疑动作电影《狄仁杰之神都龙王》。

2014年，执导谍战动作电影《智取威虎山3D》，凭借该片获得第35届香港电影金像奖最佳导演奖、第30届中国电影金鸡奖最佳导演奖、第16届中国电影华表奖优秀导演奖。

2017年1月28日，执导的奇幻动作喜剧片《西游伏妖篇》上映。

2018年，执导了古装悬疑动作电影《狄仁杰之四大天王》。

3.2 知识结构与岗位技能

影像采集所需的专业知识与职业技能如表3-1所示。

表3-1 专业知识与职业技能（中级）

岗位细分	理论支撑	技术支撑	岗位上游	岗位下游
摄影摄像	平面构成 色彩构成 摄影基础 布光基础 视听语言	数码单反相机基本操作 数码摄像机基本操作 无人机基本操作 灯光器材基本操作 影像基本校色及画面修正	文字脚本 分镜设计	镜头剪辑 视效合成

3.2.1 知识结构

中级人才需要通过相关硬件器材的操作将视频项目所需的影像素材进行拍摄采集，需要一定的通识设计理论的支撑。就影像采集来说，要求从业人员至少具备平面构成和色彩构成的基本美学素养。

1. 平面构成

平面构成是将视觉元素在二维的平面上，按照美的视觉效果、力学的原理进行编排和组合，它是以理性和逻辑推理来创造形象、研究形象与形象之间排列的方法，是理性与感性相结合的产物。

平面构成研究如何在二维平面内创造理想形态，或是将既有的形态（具象或抽象形态）按照一定原理进行分解、组合，从而构成多种理想的视觉形式。

通过平面构成相关理论，掌握画面构图的基本原理，保证拍摄画面的构图精美，各造型元素搭配合理。

2. 色彩构成

色彩构成即色彩的相互作用，是从人对色彩的知觉和心理效果出发，用科学分析的方法，把复杂的色彩现象还原为基本要素，利用色彩在空间、质量上的可变性，按照一定的规律去组合各元素之间的相互关系，再创造出新的色彩效果的过程。色彩构成是艺术设计的基础理论。

通过色彩构成相关理论，掌握画面色彩的基本原理，保证拍摄画面的光影与色彩富有情感表现力。

3. 摄影基础

摄影基础是指摄影技术和操作的基本理论知识，包括了解相机的基本结构和镜头规格参数，实现不同角度、不同景别、不同构图的取景画面的拍摄，并根据需要，熟练调整快门、光圈和感光度以达到不同程度的曝光。

通过摄影基础相关理论，掌握摄影摄像的基本操作，保证拍摄画面对焦和曝光准确，能够准确传递表达意念。

4. 布光基础

布光基础是摄影摄像中灯光技术和操作的基本理论知识，包括了解不同类型灯光器材如聚光灯、泛光灯的使用方法和使用场合，以及能根据镜头和情节需要熟练选择和操作相关灯光设备。

通过布光基础相关理论，掌握灯光器材的基本操作，保证拍摄画面光线充足、层次清晰，画面富有情感表现力。

5. 视听语言

视听语言就是利用合理安排视听要素向受众传播某种信息。视听语言主要是电影的艺术手段，同时也是大众传媒中的一种符号编码系统。作为一种独特的艺术形态，主要内容包括镜头、镜头的拍摄、镜头的组接和声画关系。

通过视听语言相关理论，掌握镜头与镜头的组接和设计方法，理解镜头与镜头之间景别、运动、动势等要素的衔接，确保空间轴线的合理。

3.2.2 岗位技能

不同的项目和团队，根据项目的特点和技术表现需求，可以采用不同的硬件器材进行影像拍摄采集。根据行业需要，影像采集的器材主要由数码单反相机、数码摄像机、无人机以及灯光器材所组成，掌握其基本工作原理和操作技巧，并能够对采集的素材进行基础校色和画面修正，是从业人员的基本技术。

1. 数码单反相机

数码单反相机全称数码单镜反光相机（Digital Single Lens Reflex Camera，DSLR），是一种以数码方式记录成像的照相机。其行业领先的照片拍摄功能，辅以功能多、配件通用性强、携带相对方便，相对于价格昂贵的数码摄像机，成为大多数摄影摄像爱好者和中小型影像传媒公司的首选，是行业中常见的影像采集器材。

2. 数码摄像机

数码摄像机按用途可分为广播级机型、专业级机型、消费级机型。大众使用的消费级机型行业不作为主要影像采集器材。通常来说，广播级机型首先追求的是画质和音质，其次才是便携性，以满足极致的画面细节和清晰度，实现所处环境的广阔全景展示与细节特写，满足舞台、赛事等演出播放的需求。而专业级摄像机追求的是影像的质感，不是单纯的画面质量，而是能够满足导演、摄像指导艺术需求的噪点颗粒质感、感光的动态范围、色彩的倾向、分辨率、清晰度与锐度的平衡。因此，专业级机型的摄像机在大型影像拍摄制作团队和公司企业中使用较多，本章也重点阐述该类型摄像机的实际操作。

3. 无人机

无人机航拍摄影是以无人驾驶飞机作为空中平台，以机载遥感设备如高分辨率CCD数码相机、轻型数码单反相机、摄像机等获取信息，用计算机对图像信息进行处理，并按照一定精度要求制作成图像和视频的新型应用设备和技术，广泛应用于各类短视频和商业视频的拍摄，实现常规拍摄器材无法涉足的空中拍摄角度，代替完成复杂地形的跟拍等。因为其硬件规格和价位分布丰富，无论是个人视频拍摄爱好者、小型工作团队还是大型公司拍摄制作团队，使用无人机拍摄均非常普遍。

4. 灯光器材

影像采集少不了光的运用，无论是自然光拍摄还是室内环境拍摄，都需要通过一定的手段和器材，人为地调整和创造光源的方向、强度、冷暖等，以满足画面表现、气氛和情感的表达需要。一般来说，常见的灯光器材包括LED聚光灯、钨丝泛光灯、透镜聚光灯、LED外拍便携灯、LED手持补光棒等，以及用于灯光辅助表现的反光伞、无影罩、色片、尖嘴罩、四叶遮板等。

5. 影像校色及画面修正

影像采集在进入到剪辑环节之前的一项重要工作就是对素材进行校色和修正处理，校色涉及调整素材的黑白程度、曝光、对比度、白平衡等参数，让整个影像拥有更自然精确的颜色。另外由于拍摄条件不同，不同素材之间会有一定的颜色差异，因此，校色的另外一个目标是让不同的视频素材颜色效果一致，让整个视频的视觉效果统一。校色环节主要分为基本画面校准修正、局部校色、镜头匹配、影像质量控制和风格化处理几个环节，对于影像采集中级人员来说，只需要掌握基本画面校准修正即可，保证素材影像风格的统一准确，后续环节则有剪辑部门的人员来进行处理。

3.3 标准化制作细则

3.3.1 数码单反相机和数码摄像机

使用数码单反相机也好，数码摄像机也好，一次典型的影像拍摄主要由确定机位、取景、布光、对焦和拍摄五个步骤完成。

1. 确定机位

"机位"是电影创作者对摄影机拍摄位置的称呼，确定机位即确定相机所在的拍摄位置，相机的机位由距离、方向、高度三个要素构成。实际上，机位是影片导演风格中最为重要的语言形式。

机位决定我们从一个什么样的角度看到影片叙事的发展，每一个机位拍摄的画面，由于位置的不同，会产生不同的画面效果和构图效果。同时，机位也是调度的形式之一，每一个机位反映了导演在调度上是如何完成叙事的。

通常来说，每一个镜头的机位是由分镜脚本设计、由导演确定的，拍摄前需要分析分镜脚本画面，确定相机所在的机位。

正常情况下，为了画面的稳定性和水平性，相机需要架设在三脚架上进行拍摄，除非特别需要，很少采用手持或者肩扛。

以编者参与拍摄的网络电影《万年僵尸王》中的一幕为例，飞鹏将军和女伴正在小巷行走，反派傀儡洪图突然出现在前方拦住二人去路（图3-3、图3-4）。在这一幕中，双方相遇后的实际站位如图3-5所示，由于空间较为狭小，如果按照一般叙事顺序采用全景机位，虽然可以交代双方站位，但反派角色在画面中所占比重较小，难以凸显分量感，同时也无法展现其突然出现的紧张感，失去了冲突性。因此，编者在拍摄这幕戏的时候，选用了主角的站位作为拍摄机位（图3-6），借此模拟主角正在行走过程中突然看到反派出现的视角，增强了戏剧性和冲突性。

图3-3 《万年僵尸王》影片截图（一）（2016年，铁军）

图3-4 《万年僵尸王》影片截图（二）（2016年，铁军）

图3-5 《万年僵尸王》剧照（2016年，铁军）

图3-6 《万年僵尸王》片场照（2016年，铁军）

2. 取景

当机位确定后，就可以开始取景，即取用哪些部分的视觉元素来构成画面，舍弃哪些部分。例如，拍摄人物新闻或专题片时，取景应考虑的因素包括镜头是对准所有的人物，还是对准其中的几个；用全景、中景，还是近景；仰摄、俯摄还是平摄等。

取景的过程既含有技术的成分，又含有艺术的成分。技术上要保证所摄画面的完整与清晰，要熟练地掌握摄像机的操作要领，镜头运动要"平、稳、匀、准"。艺术上要根据内容的需要来选择视距、景别等，这些对成功创造视觉空间至关重要。具体到实际操作中，还包括镜头等摄制器材的选择。

以编者参与拍摄的电影《玄灵界》中的一幕为例，女主角和男二号在绿荫小道边走边商量案情进展（图3-7）。因为是对话剧情，对话内容与情节相关联，还要表达人物神情和情感，所以需要中近景镜头去表达这一段内容。而剧情要求二者对话时要走动，因此又需要进行轨道跟拍。虽然是移动机位，但是画面内元素稳定，即人物始终在画面内，所以轨道跟拍速度只要与演员的走路速度同步即可（图3-8）。考虑到观众的注意力必须集中在情节进展上，镜头焦段就不能选用35以内的短焦镜头（短焦镜头深景深，景物画面清晰，易分散观众注意力），应选用70以上的浅景深镜头进行拍摄处理，距离演员3米左右，光圈设置为F4。虽然大光圈浅景深效果更好，但是也会因为焦距范围狭窄容易失焦。在取景的构图上，本段情节虽然关联故事发展，但是人物情感没有较大波动，不需要激起观众共情意识，所以不宜用太小的景别，更不需要用特写，保持人物胸部以上的中近景景别，有利于观众辨识角色的表情即可。

图3-7 《玄灵界》影片截图（2016年，金毅）

图3-8 《玄灵界》片场照（2016年，金毅）

3. 布光

在确定了机位和取景后，确保拍摄的安全区，即可开始进行布光。灯光能够烘托气氛、突出形象、反映人物心理、影响观众情绪。影像素材中的灯光区别于现实世界的灯光，需要通过设置灯光的数量、位置、颜色、亮度、衰减、阴影等获得所需要的光线效果，在影视拍摄中是重要的一环。布光在技术上以满足照射在物体上的亮度要求为目标，并通过灯光对被摄体进行塑造和描绘，以表现特定的艺术效果。

布光主要有以下几种类型光源：

主光：通常是场景内的主要光源，会用它作为色温和强度的参考来设置其他灯光。例如：主光色温是5000K，选择其他灯光时色温大致和主光相同，强度低于主光。主光通常会使用柔光光源，因为能让主体更好看。位置上，主光与摄像机的角度越大，主体的体积感越强，视觉上越有戏剧性，所以要考虑想要怎样的感觉。高度上，如果从下面打光，会创造出不自然的恐怖效果。如果灯光在主体上方45°，光线在脸上会有很好的过渡，实现很好的形体感。

辅光：辅光的作用是平衡主光，照亮主光留下的阴影。通常将它放在与主光互补的位置，能很好平衡主光留下的阴影。如果移动到其他位置，在其他区域又会出现阴影。强度上，当讨论辅光和主光的关系时，实际是在讨论光比，在调节辅光强度时，要考虑想表达什么感觉。不断尝试调整主光和辅光的平衡，直到达到合适的效果。

轮廓光：轮廓光的作用是将主体和背景分离，特别是当主体有暗色头发、皮肤、衣服，背景也很暗时，它们容易混为一体。轮廓光的位置，尽量在后方远离主体，小心不要在镜头里看到灯或灯架。当向旁边移动时，注意不要照亮主体脸部。越强的轮廓光能创造越强的层次感，但会看起来不自然，强度较低的轮廓光会更自然。

背景光：背景光用来照亮背景，使背景与主体协调。如果将背景光调得太亮，会将注意力从主体上分走。如果没有背景光，背景会缺乏生机。

4. 对焦

机位、取景、布光都完成后，就要开始对焦工作。对焦是摄影摄像的重要环节，准确、快速的对焦能够高效、正确地呈现画面表现内容。虽然现在的相机自动对焦系统已经非常发达，但是视频拍摄依然主要采用手动对焦的方式，以导演和摄影师的意愿表达为主旨。这一方面是有选择、有目的地表达画面重点，另一方面也是为了在运动拍摄中不受其他运动物的干扰。

通常来说，对焦要以画面主体为对象。用以拍摄全景和远景画面的短焦镜头焦距范围覆盖广，一般不需要太精确的对焦。焦段越长的镜头，离被摄对象越远，对焦越方便。很多长焦镜头最大光圈是F2.8以上，在拍摄视频时通常采用F4以下的光圈，保证对象移动时能有相对宽阔的焦距范围而不轻易失焦。在被摄对象大幅度移动的场景中，由于长焦镜头景别小，对运动把控力不足，故以短焦镜头拍摄居多，这在实际拍摄中需要注意。

以美国电影《哥斯拉》中的一幕为例，男主角刚刚经历了失去父亲的悲痛，坐在部队走廊里送别父亲的遗体，此时另一名军人前来传递新的任务消息（图3-9）。这里的近景采用50mm镜头拍摄，机位和被摄对象位置相对固定，镜头光圈采用F2.8，景深很浅，让观众能够专心观察主角的哀伤情绪，同时保持一定的距离，符合日常生活中面对一个哀伤的人的距离感，是很常规的拍摄操作。巧妙之处在于，当画面纵深处出现一个军人走过来的时候，作为一个突然入镜的角色，镜头始终没有将焦距对准这个入场角色，依旧锁定在男主角身上。一直到军人走到男主角身边，对焦点都没有离开过男主角，军人角色到底长什么模样，镜头并没有交代，也没有需要交代，因为他只是一个传递信息的角色，对人物塑造无关紧要。从创作者角度出发，避免给无关紧要的角色正脸视频，也可以采用从背后机位的方式进行拍摄，但本片采用正面机位给角色虚焦的方式，一方面能更好地让观众看到男主角的表情，另一方面能够从情感上更加孤立男主角——只有哀伤是真实的，周围一切都成了虚幻。

图3-9 《哥斯拉》影片截图（2014年，加里斯·爱德华斯）

5. 拍摄

当一切就绪后，即可按下相机的拍摄按钮进行拍摄。如果拍摄环节失败，那么会前功尽弃。固定机位的拍摄主要注意保持画面的被摄主体始终稳定在一定的构图范围内，保证构图的稳定性。另外，因为相机感光器的尺寸多为4:3，但呈现在荧幕上的尺寸则有16:9、16:10和2.35:1，更加宽屏，所以进行拍摄时需要注意被摄人物的头顶至下巴务必在取景框范围内，防止后期裁切时裁掉了人物的眼睛和嘴部。其次，在拍摄固定人像画面时，镜头最好不要一动不动，可以在不影响构图的前提下做上下轻微移动，制造出一种拍摄呼吸感。

需要特别注意的是，在拍摄素材较多的视频或者电影短片时，为了便于素材检索，开拍之前需要在镜头前放置一块导演板（图3-10），上面一般包含片名、场次号、镜头号、拍摄次数等相关拍摄信息，这些信息结合场记板是后期剪辑的检索依据。

图3-10 导演板（百度图片）

拍摄流程如下：

（1）摄影师确认机位、取景和对焦完毕；

（2）收音师确认全场静音，演员确认已就位；

（3）场记在被摄对象前放置打开的导演板，摄影师按下相机拍摄按钮，举手或发声表示已开始拍摄；

（4）场记朗读本次拍摄的信息，如"《××××》第六场12号镜头第4次拍摄"，快速合上导演板使其发出清脆声响，并迅速退出镜头外，本镜头即正式开始摄录。

在整个录制期间，只有导演喊"卡"，摄影师方可停止录制，演员才能停止表演，否则无论发生任何"意外"情况，本镜头都不能停止拍摄，即使演员已经完成了剧本中本镜头的所有表演环节，也要将最后的状态一直持续下去。

3.3.2 无人机

无人机影像采集是近几年兴起的一种拍摄方案（图3-11），它不仅运用于航拍，有时也用以替代常规摄像机的摇臂和轨道拍摄。无人机的摄像镜头有两种形式：一种是大型专业无人机，可以携带单反相机和摄像机，其镜头即为相机镜头；另一种则是较为普遍的小型无人机，自带摄像镜头。后者携带方便，价格较低，物损成本也在可控范围内，因此为大多数摄影摄像团队和公司所采用，本节也以此类型无人机操作为教学内容。

图3-11 无人机航拍

无人机的影像采集也有选择机位、取景、对焦和拍摄这些基本步骤。选择机位、取景原理上和相机拍摄相通，但因为无人机的特性和运用场景的不同，其机位一般是一定高度的俯瞰航拍，取景多为大景别远景。此外，无人机自带镜头多为短焦镜头，以尽可能容纳更多景象，所以在构图上参考远景和全景构图法则即可。短焦镜头的焦距范围覆盖广，基本不会出现运用虚焦的场合，因此也省略了对焦的环节。在拍摄环节，由于无人机飞行距离较远，导演板失去了作用，也不需要场控，拍摄的开始和结束均由无人机操作人员进行把控，无人机操作人员仅需要按照导演的要求框架尽量多采集素材即可。

市面上无人机品牌和型号众多，具体操作步骤需要根据实际使用器材进行。总的来说，无人机的影像采集在流程上与数码单反和摄像机的不同在于以下几个步骤：航线规划、起飞前检查、飞行拍摄、降落。

1. 航线规划

航线规划看似简单，但却是基础（图3-12）。飞行前的航线规划是保障安全飞行的前提。航线规划时要考虑两点：一是此次拍摄的画面内容设计；二是飞行区域的安全隐患，尽量避开人群。

图3-12　航拍路线（知乎）

无人机在执行任务时，会受到如障碍物、险恶地形等复杂环境的限制，因此在飞行过程中，应尽量避开这些区域，可将这些区域在地图上标志为禁飞区域，以提升无人机的工作效率。此外，飞行区域内的气象因素也将影响任务效率，应充分考虑大风、雨雪等复杂气象的预测与应对机制。

另外，虽然随意飞行常有惊喜，但做好准备会让航拍更安全、更有效率，除了可以有针对性地完成拍摄任务，还可以解决"拍什么，怎么拍"的问题。航线规划一般借助专门的App完成，包括Altizure、Pix4d、DJI GS pro（iPad版）、RockyCapture（安卓版）等。Pix4d（图3-13）是一款常用的三维重建生成无人机正射影像的软件，它也有自己的航线规划功能，很稳定也很实用，拥有友好的界面、快速的运行、精确的运算等特点，可以从摄像机拍摄的图像中提取有关地球和周围环境的信息，无需专业知识与人工干预，支持使用图像来获得精准的输出地图。而RockyCapture（图3-14）拥有自动规划、一键控制、实时跟踪的特点，可进行视频、相片的拍摄工作，更具有立面飞行、地形跟随的功能，支持外部KML数据导入，可以简单、快捷地完成无人机区域飞行工作。此外，还有很多其他软件也各有优点。

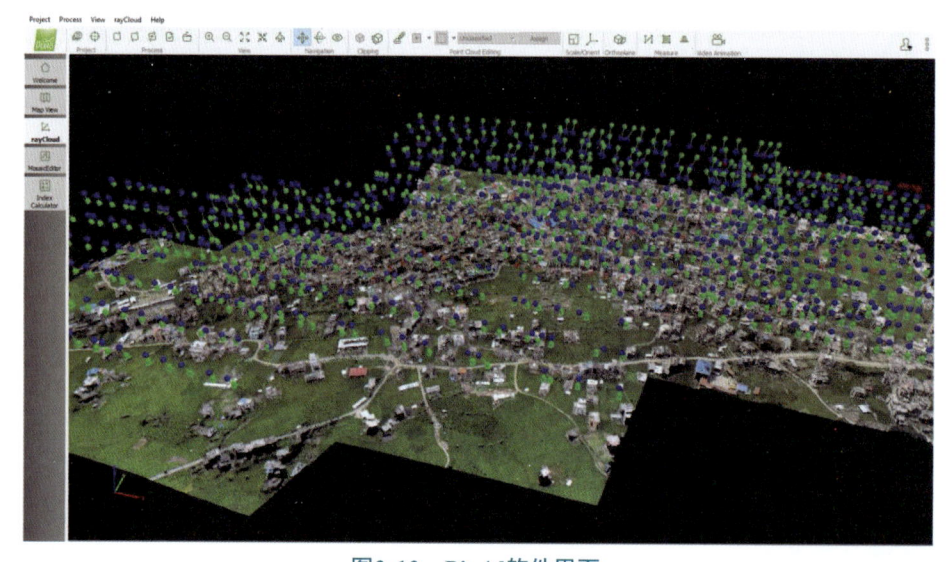

图3-13　Pix4d软件界面

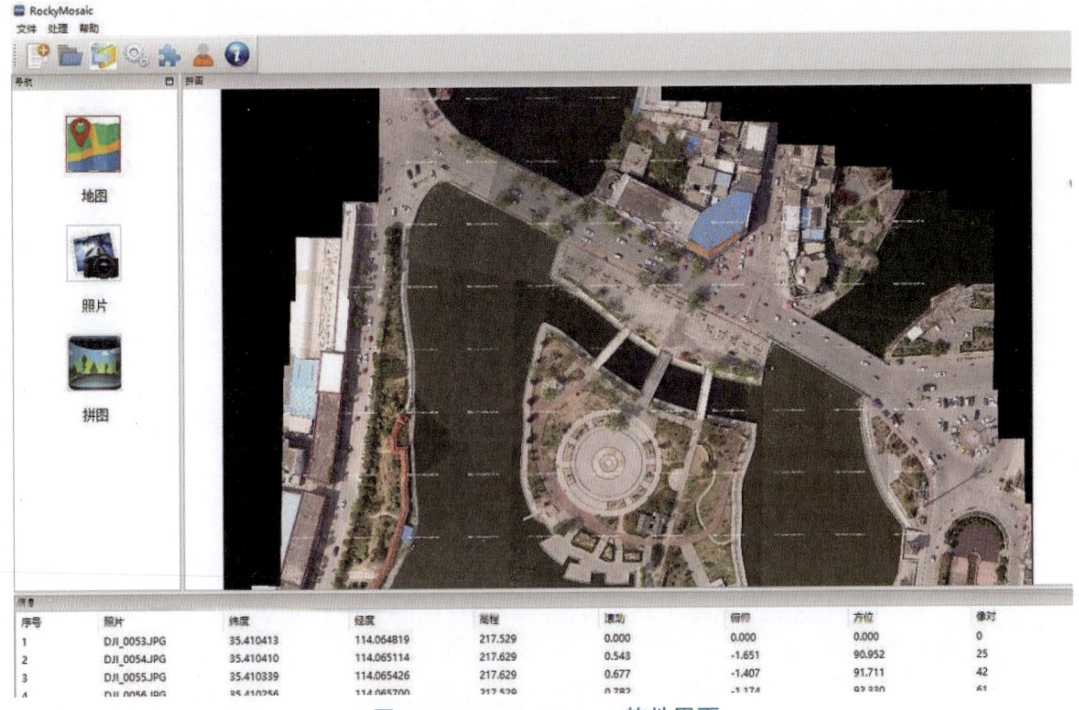

图3-14　RockyCapture软件界面

2. 起飞前检查

任何一次飞行之前，都需要进行检查（图3-15），而且安全检查并不会随着操作者的技术熟练而取消——就像驾驶车辆一样，即便是经验丰富的司机，也需要时时刻刻检查车况。

图3-15　无人机飞行前检查（sohu网）

各类型无人机飞行前的检查方法在说明书都有详细交代，主要是机身外观检查、桨叶安装与固定检查、接线检查、气候环境检查等，这里不再详述。最关键的几点分别是①电池是否充满；②螺旋桨是否旋紧；③SD卡是否插上。

电池满电，意味着能对整个飞行过程有个大致的把控，不至于出现高空迫降或者飞不回来的尴尬状况，也不会导致低电量返航的危险之举。螺旋桨不仅要旋紧，更要检查安装无误。飞行的时候，尽可能避免过猛的操作，保证平稳运行。因"射桨"导致的炸机事故不少，严重时甚至会伤人。SD卡也是检查重点，许多无人机操作者都经历过到了地方却忘记带存储卡的窘境。同时，带好备用的螺旋桨、电池以及SD卡等部件。多数轻微飞行事故只有螺旋桨会发生损坏，此时替换螺旋桨就能继续飞行，不影响原定的拍摄。而备用电池和SD卡能延长拍摄的时间，间接降低了拍摄成本。

注意，在无人机起飞之后，还要进行试操作，观察其飞行状态与遥控器操作是否一致。

3. 飞行拍摄

无人机在拍摄手法上与传统影像采集手段最大的不同在于，无人机很少固定在一个位置拍摄，运动拍摄是它的主要手段。它可以利用自身的飞行特性，不受器材和场地的限制，完成各种类型的推、拉、摇、移、跟的运动拍摄。

在进行开阔地形的自然场景以及建筑场景的航拍任务中，无人机以推镜头拍摄为主，也就是俗称的"直飞"，用以表现地形的开阔和视角的宽广，这也是多数航拍的拍摄手法。根据镜头角度，又分为平视直飞、俯视直飞，我们所要做的就是控制好飞行高度和前进路线，并留有一定前景，这样飞行过程中镜头会不断呈现出画面和细节的变化。为了体现拍摄对象的规模、数量，也可应用此法。如果前景是个狭窄空间，直飞穿越后呈现出开阔的画面，会给人豁然开朗的感觉。如峡谷中飞行时，直飞结合升降拍摄，画面表现的力度会极大提高，同时还有直飞结合回转镜头的用法。

部分情况下，还可以运用后退倒飞的手法（也就是直飞的倒飞手法）。可根据镜头角度分为平视倒飞、俯视倒飞。因为是倒飞的原因，前景不断地出现在观众面前，如果有多层次镜头，航拍镜头倒飞是一种绝佳选择。选择倒飞就像人在倒走，后面是盲区，所以要注意后面的障碍物。后退倒飞时，动作也可以组合多变，例如边倒飞边拉升，这样逐渐体现大场景的宽度和高度，由近及远的画面感也很吸引人。此外，也有后退倒飞结合升降、旋转的组合动作。

在进行有一定高度的地形和建筑的航拍任务中，无人机以垂直升降拍摄为主，以表现对象的高度。在升降过程中，镜头可以随着高度变化调节俯仰角度，一般来说，高度较低时镜头一般用平拍，随着高度上升，镜头可以调节成俯拍，结合无人机自下而上拉升飞行，容易塑造场景的恢宏感。在拉升动作中，有一种镜头完全垂直向下的俯视拉升，这个视角从天空俯瞰地上的万物，别有一番感觉，这个动作又被称为"上帝的视角"。俯视拉升随高度的增加，视野从局部迅速扩张至全景，凸显以小见大的画面效果，俯视下降则反之。如果在俯视拉升时加上旋转，边旋转边拉升，可以使画面更吸引人。大部分无人机都有自动环绕功能，利用环绕可以拍摄以特定对象为主角的视频素材。一般来说环绕拍摄的对象都有明显的高度优势，如高楼和山顶，或者拍摄对象与周围其他景物有明显的不同，如体育场、密集的人群等。

对于航拍而言，高飞并不是消费级无人机的优势所在，它远没有有人驾驶飞机飞得高、飞得快，但无人机最大的优势是可以贴地飞行。在树梢高度掠过可以拍清更多细节也更刺激，这也就诞生了另一种拍摄手法：低飞抬头，即在低空飞行过程中逐渐调高镜头摄像角度，从受局限的俯视过渡到开阔的视角。在水面和草地上飞是常见的画面，画面开始镜头俯视水面和地面，然后镜头逐步抬起，以一种未知的、受限的视觉，过渡到壮阔的前景展现在眼前，让人豁然开朗。

以上是无人机影像采集的常用飞行方法和策略，具体到实际运用场景中，还有很多富有创意的飞行手法，要根据具体情况具体调整。灵活多变、打破常规，方能拍出精彩的航拍视频。

4. 降落

拍摄任务完成后，操作人员容易在无人机降落前松懈或着急，导致无人机失误坠毁，俗称"炸机"收场。因此，一次完美的无人机拍摄是以安全降落为终点的。

无人机降落的操作要点是要慢、要稳，因为当无人机距离地面30厘米的时候，会产生地面效应，一定等到悬停平稳了再缓缓收油门，动作要柔和。落地后要保持收油门收底5秒钟，等到电动机自动加锁后再松杆。加锁时应该尽量避免手动掰杆加锁，手动掰杆加锁动作比较复杂，另外手动掰杆加锁会使电动机马上停止，如果养成手动掰杆加锁的习惯，有可能会导致无人机尚在空中电动机却已经停止，引发炸机。系统自动加锁则为无人机降落提供了一个怠速的过程，使无人机降落时更加安全。

对于无人机初飞者或者不熟练的操作者，建议在无人机降落时先把无人机稳定在降落点上方3～5米处悬停，然后将飞行模式切换为GPS模式，对无人机执行自主一键降落。无人机安全着陆后，才算完成飞行。

3.4 岗位案例解析

案例："12克轻盐牡蛎酱油食盐"KOL推广视频。

甲方：Keep。

乙方：编者。

要求：以"12克轻盐牡蛎酱油食盐"为推广产品，由平台KOL（即拥有更多的产品信息，对某群体的购买行为有较大影响力的人）"芳哥也是木姑娘"出镜拍摄产品宣传推广视频，时长2分钟以内，制作周期3天。

客户需求明确单如图3-16所示。扫描图3-17的二维码可查看产品卖点及相关文案。

项目分析：本项目为健康养生类产品宣传介绍视频的拍摄，拍摄思路上以KOL日常锻炼和瘦身为导向，引导受众群关心其饮食习惯，引出产品，介绍产品卖点与特性，健康养生、追求美好生活的观念贯穿始终。

客户需求明确单	
品牌名称（标准全称 大小写、中/英文、读法）	六月鲜·轻
视频突出的产品推广点：	12g牡蛎 严选365天冷水牡蛎，还原海洋本鲜（用牡蛎替代味精提鲜，不仅有自然的鲜美风味，还有丰富的锌元素和动植物蛋白，好吃又营养） 人群推荐：追享品质生活/关注轻口味饮食/爱好DIY料理 厨房里的颜值担当/艺术品 科学减盐，保留营养物质 食用轻酱油，人体每天可少摄入0.49克盐
产品相关介绍：	1.每100mL的12克盐牡蛎酱油食盐（以NaCl）含量≤12g 2.12克轻盐牡蛎酱油比使用普通生抽盐分摄入每日可减少约40% 3.减盐不减营：氨基酸态氮≥0.9g/100mL 蛋白质含量0.9g/10g 4.细节设计：二次窄封，双层保鲜，银杏叶口流量设计干净卫生 5.环保理念：包装更轻、无纸标签印刷，可回收利用玻璃瓶 6.0添加配方：0%防腐剂、0%味精、0%焦糖色、0%三氯蔗糖
拍摄场景	健身房/厨房/餐厅均可
拍摄需突出产品部分：	产品包装、人群推荐、料理推荐
视频时长	常规合作为2分钟以内
视频风格（含音乐）：	轻盈、明快
服装要求	运动服/居家服
视频脚本： （需客户提供脚本需求，KOL根据需求撰写脚本）	从自己作为妈妈依旧身材保持很好的角度入手，带出生完宝宝科学产后修复训练，如何从健身效果更显效的角度出发，带出"三分练七分吃"的重要性。 从产后妈妈的需求特点出发，带出品牌活动专题：①轻运动 内容切入：刚生完宝宝身体还在自愈期，新手妈妈照顾宝宝，自己的时间比较少，所以轻量的减脂塑形运动比较合适。②轻饮食 内容切入：产后恢复+哺乳期，不能吃得太重口，不利于身体恢复以及奶水质量，带出合作食谱，着重推荐牡蛎口味酱油，产品卖点可以从牡蛎含有丰富的锌含量入手，产后女性可因缺锌而导致脱发严重、食欲不佳、免疫力下降等不良症状，所以牡蛎酱油可以在一日三餐中帮产后妈妈补充锌元素。 最后再带到除了丰富的锌元素、牡蛎酱油对小朋友的味觉及免疫力与发育成长，都非常有益，减盐不减味，宝宝更爱吃啦了 信息 强势种草六月鲜轻，展示电商购买信息。
KOL口播文案	需要提到「至克减盐、糖量控盐、减盐不减味、锌元素含量+蛋白质」具体话术可以根据达人自行发挥
备注	1.需要提到产品购买方式 2.必须露出产品logo 3.视频必须加字幕 4.不能露出其他产品logo
产品推荐	1. 主推12g牡蛎500ml+280ml（一组） 2. 10g原汁280ml+12g昆布280ml+8g原汁280ml

图3-16 客户需求明确单（Keep提供）

图3-17 产品卖点及相关文案（Keep提供）

视频制作流程：①撰写文案；②绘制分镜稿；③影像素材采集；④后期合成制作。

1）撰写文案

文案的撰写，由编者和KOL共同讨论与商议，提炼产品特点，文本围绕控盐、牡蛎、0添加剂为核心，即减肥特点、鲜味特点和饮食安全特点，并结合KOL自身二胎宝妈的身份特点，强调产品对产后恢复以及儿童身体的重要性。有了思路框架后，再和甲方沟通调整，视频文案最终如下：

"大家好，我是芳哥*。关注我比较久的朋友们都知道，我是二胎宝妈，喜欢力量训练，作为爱美女士，想拥有完美清晰的肌肉线条，又想保持低体脂。健身是一直坚持，体脂却波动很大。

今年朋友点醒我一句：你总是水肿，体脂波动大是不是摄入盐过多，可以更换下家中的调味品。

他给我推荐了这款六月鲜轻12克牡蛎酱油，科学减盐，至克减盐，精准控盐，减盐却又不减鲜味。

牡蛎酱油严选365天冷水牡蛎，还原海鲜本鲜，非常适合我这样每天健身的吃货宝妈，凉拌、煎炒、清蒸、健身餐都合适不过了。

不少酱油含有增鲜剂、山梨酸钾、焦糖色，等级标得再高，也不能算好的酱油哦。

六月鲜轻12克牡蛎是0防腐剂、0味精、0焦糖色、0三氯蔗糖。调味轻但不影响口感享受哦，有牡蛎代替味精提鲜，保留了自然的鲜美风味，还有丰富的锌元素和动植物蛋白。

因为我产后母乳喂养加上力量训练强度大，导致脱发严重，免疫力下降。牡蛎酱油可以在一日三餐中很好地帮助补充锌元素，同时对宝宝的免疫力以及身体、智力发育都很重要。12克牡蛎酱油鲜美又不失蛋白质，至克减盐就很适合小朋友的饮食口味。

在快速消费、压力较大的时代，也要追求健康轻盈的生活哦，调味轻一点，饮食轻一点，负担轻一点，体重轻一点，让爱更多一点。"

*注：芳哥为KOL的平台粉丝起的绰号。

2）绘制分镜稿

一般情况下，影像传媒公司和制作团队在确定文案实际拍摄前，会制作文字分镜头台本，用以指导拍摄。因为编者专业背景为动画，因此编者习惯于用画面分镜头台本代替传统的、人力成本相对较低的文字分镜头台本，条件允许的情况下，画面分镜头台本的表现更加具体，也更容易传达编导的创作意图。当然，这并不是说文字分镜头台本没有优点，相对于画面分镜头台本的具体性，摄影师发挥的余地更多。选择画面还是文字的形式，取决于编导对摄影摄像环节的把控要求。

本项目拍摄环节亦由编者完成，为了保证拍摄环节的高效性，编者选择绘制画面分镜头台本的方式。在具体绘制前，预先去拍摄地进行踩点，选择了朋友家的厨房和餐厅作为食材和产品的拍摄场景（图3-18、图3-19），有了实际的场景，就更有利于绘制分镜头台本时选择合适的机位、景别以及角度构图。而KOL健身的场景部分，选择了一家健身房场馆，因为健身场馆一般空间较为开阔，机位选择限制少，因此绘制该部分分镜头台本无须进行实地考察。

图3-18 拍摄场景实景①（KOL芳哥也是木姑娘拍摄）

图3-19 拍摄场景实景②（KOL芳哥也是木姑娘拍摄）

限于篇幅原因，本项目的画面分镜头台本仅节选部分呈现，如图3-20～图3-22所示。

第 3 章　影像采集

镜号	画面	动作	对白	时间
1		（厨房）芳哥挥手自我介绍	大家好，我是芳哥。关注我比较久的朋友们都知道，我是二胎宝妈	4
2		（健身场所或其他）转身展示臀部曲线	（OST）我喜欢力量训练，作为爱美女士，想拥有完美清晰的肌肉线条，又想保持低体脂，一直坚持健身	3
3	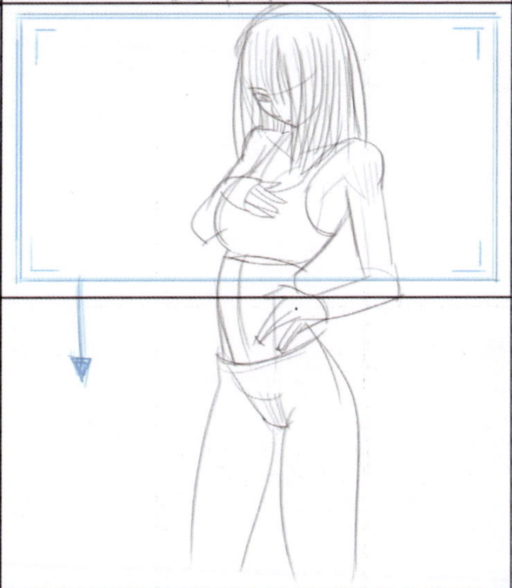	（健身场所或其他）镜头下摇，展示腹部线条		4
4	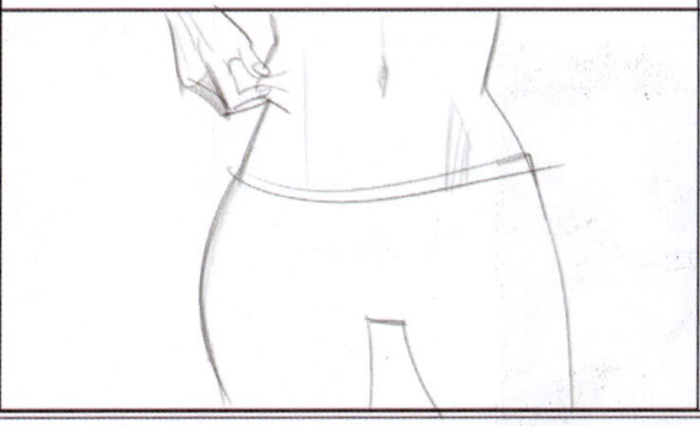	（健身场所或其他）用手掐了掐腹部的肉	只是体脂率波动很大	2

第（ 1 ）页

图3-20　案例分镜头台本1（编者绘）

镜号	画面	动作	对白	时间
5-1		（厨房）芳哥举手示意	今年朋友点醒了我：你总是水肿，体脂波动大是不是摄入盐过多，可以更换下家中的调味品	6
5-2		芳哥拿起六月鲜酱油		3
6		（六月鲜酱油包装特写）	他给我推荐了这款六月鲜轻12克牡蛎酱油，科学减盐，至克减盐，精准控盐，减盐却又不减鲜味	4
7	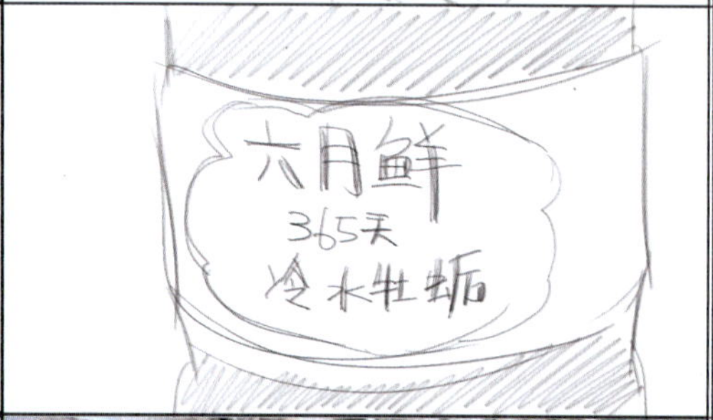	缓慢旋转酱油瓶，以便拍摄特写字样		2
8		（牡蛎素材图）	牡蛎酱油严选365天冷水牡蛎	2

第（2）页

图3-21 案例分镜头台本2（编者绘）

第 3 章 影像采集

镜号	画面	动作	对白	时间
23		（餐桌）（特写）把六月鲜酱油放下		3
24		（餐厅）芳哥给女儿喂吃的	同时对宝宝的免疫力以及身体、智力发育都很重要。12克牡蛎酱油鲜美不失蛋白质，很适合小朋友的饮食口味	4
25		（餐厅）（特写）女儿露出开心的笑容 渐黑		3
26-1		渐白 芳哥总结发言	追求健康轻盈的生活哦，调味轻一点，饮食轻一点，负担轻一点，体重轻一点，让爱更多一点	7
26-2		芳哥拿起酱油介绍购买方式	认准六月鲜轻12g牡蛎酱油 各大商场超市均有销售	5

第（6）页

图3-22　案例分镜头台本3（编者绘）

3）影像素材采集

本项目拍摄选择佳能5d3相机，采用全画幅相机主要就是考虑其出色的画面表现力。镜头方面，选用佳能 EF 24-70mm f/2.8L II USM和佳能 EF 70-200mm f/2.8L IS II USM两款，这两款镜头结合起来完整覆盖了从24mm短焦到200mm长焦的常用焦段，可以运用于绝大多数视频拍摄场合，加上这两款镜头的F/2.8光圈较大，可以在光线条件不佳的环境下取得较好的画质，并且还有较好的浅景深效果，有助于我们分离人物和背景。

当然，也有一些焦段为50mm、光圈高达1.8甚至1.4的镜头产品，其在人像摄影领域非常流行，但是对摄像领域来说，太大的光圈其对焦区非常狭窄，相对应的焦外模糊区域非常大，很容易造成拍摄时鼻子清楚耳朵虚化，整体难以清晰，因此摄像很少采用非常大的光圈，既拍不好，也难以控制。

因为距离的原因，项目拍摄第一个场景没有选择台本里的第一个场景，将健身场馆作为先行拍摄场景。在这一幕场景中，KOL需要在镜头前使用各类器械进行健身活动，考虑到后期剪辑，运动场景的拍摄没有具体情节，在剪辑上更倾向于结合音乐风格进行卡点剪辑。为了确保剪辑时可以应对各类音乐风格（毕竟还没有确定所选音乐），运动场景需要尽可能多地采集素材，实现形式多样、动作多变、角度丰富，方便后期剪辑时筛选。在拍摄时，每个器械动作分别选择24mm焦段或35mm焦段、50mm焦段或135mm焦段，从正面、侧面、斜侧面三个角度进行拍摄。而在开阔地进行自由训练动作时，除了固定机位进行拍摄外，还选取了运动镜头环绕拍摄，作为音乐如果出现音调拖音上升时的备选剪辑素材。视频拍摄截图如图3-23、图3-24、图3-25、图3-26所示。

图3-23　案例视频拍摄截图1（编者拍摄）

图3-24　案例视频拍摄截图2（编者拍摄）

图3-25　案例视频拍摄截图3（编者拍摄）

图3-26　案例视频拍摄截图4（编者拍摄）

接下来进行室内场景的产品介绍拍摄。该类型场景主要由室内灯光为主，事先考察发现室内光线足够，偏暖，灯光不硬，所以依靠现场光源足够进行拍摄，只需要在面部稍微补些面光屏蔽掉阴影即可。在拍摄人物介绍产品环节（图3-27），选择50mm焦段，景别为中景。中景画面可以同时兼顾角色肢体动作和面部表情，相对环境范围较小，比起全景画面，观众注意力能够更加集中在人物身上。而KOL没有受过专业演员培训，在面部微表情方面难以做到尽善尽美，所以不宜用近景以上景别。此外，考虑到脸部妆容放大后不一定完美，因此中景是最合适的选择。而KOL仔细端详产品以及品尝产品鲜味的环节（图3-28、图3-29），则采用了近景和特写，光圈调到最大。因为在无台词场合，KOL可以专注于表情管理，不会被台词分散表演注意力，演技上的破绽较少，同时也能更好地展现产品。同样，产品特写和食物镜头（图3-30、图3-31）均采用特写镜头拍摄，以最清晰地展现产品特点和质感。

图3-27　案例视频拍摄截图5（编者拍摄）

图3-28 案例视频拍摄截图6（编者拍摄）

图3-29 案例视频拍摄截图7（编者拍摄）

图3-30 案例视频拍摄截图8（编者拍摄）

图3-31 案例视频拍摄截图9（编者拍摄）

另外要说明的是，为了取得最好的拍摄效果，每段台词画面都拍摄了三遍。因为在片场拍摄时可能有不易察觉的错误，如果在后期剪辑时才能发现，一旦问题比较大，素材不能用，后果相当严重。尤其是没有监视器的拍摄，摄影师更多地专注于对焦和构图，出现疏漏的可能性还是比较大的，因此多拍摄几次是比较保险的，虽然看起来费力，但是是值得的。

4）后期合成制作

完成了所有拍摄环节后，就可以导入素材进入到剪辑环节。编者使用的剪辑软件为Adobe Premier CC 2020版本，后期的步骤分为三步：剪辑、校色、制作字幕。

（1）剪辑。

文案中介绍产品的部分（即在厨房餐厅拍摄的部分），其剪辑主要以画面分镜头台本为依据，这部分分镜头台本分解得较为详细，只要注意镜头与镜头之间动作的衔接即可，一般是在动作进行过程中进行剪辑。例如镜头一是正在拿起产品，切换镜头二将产品拿入面前，这样的剪辑点的把握让镜头衔接更流畅，或者也可以等待一句完整的台词念完后再剪辑镜头。另外，后期配音与嘴型的对应也很关键，所以在拍摄时需要同时现场录音，方便KOL配音时参考语速和语气。

在健身场馆拍摄部分的剪辑，因为临场发挥的机位较多，素材量大，所以后期剪辑的手感就比较重要，剪辑的主要依据是音乐的风格。如音乐舒缓的部分选用动作节奏感较弱的素材，甚至采用慢镜头来贴合曲风，镜头切换的频率也不宜太高；而音乐强烈的部分则选用动作节奏感强的素材，镜头切换的频率也要相对提高，切换的位置以音乐鼓点位置为准，俗称"卡点"，这样能够保证画面风格和节奏同步。当然，动作的衔接也同样重要，相同动作切换的镜头衔接要非常准确，动作缺失或者重复，会让画面的连贯性受到影响。

此外要注意的是，场景之间的转换、产品特写画面的穿插，要运用一定的转场技巧，如场景转换可以用淡入淡出，产品特写画面结合台词的朗读可以用叠化的处理手法，而一些关键信息和比较有力度的宣传语句可以用甩入等，效果强烈的转场还要辅以对应的音效素材。

（2）校色。

校色是后期非常重要的一个环节，原始素材的曝光、白平衡不一定准确，不同场景下的光线不同导致色彩风格差异较大。从创作角度来说，对比度、饱和度和色彩倾向等也需要后期进行调整，以符合题材和审美的需要。

本项目的校色依然用Premiere完成，通过Lumetri Color功能完成对视频的色彩调整。以视频中最后一幕画面为例，原始素材面部较暗、阴影较重、色彩偏暖，因此，首先在"基本校正"选项中修改对应的色温、曝光、对比度等参数，提高白色和黑色区域亮度，弱化脸部皮肤出油的现象，再稍微提高饱和度，以符合产品的食品属性。

接着，在"创意"选项中选择"Fuji F125 Kodak 2395"的滤镜模板，赋予镜头画面一种富士相机拍摄的风格，但不能强度太高，适当即可。最后微调"RGB曲线"，因为滤镜让之前的色彩有些偏移，在保持滤镜风格的基础上轻微调整还原第一步的色彩调子，最终调整结果见图3-32。

图3-32 案例视频校色

项目中其他素材的校色不做赘述。原则上，除了画面有特定感情基调如回忆或者是惊悚等，通常的校色是为了让画面呈现更多的细节，视觉观感更满足审美的需要，因此需要经常观摩优秀的视频和电影作品以获得审美的提高，并在实践中反复练习。

图3-33、图3-34为项目中原始素材和最终成片的画面对比。

图3-33 案例视频校色对比1

图3-34 案例视频校色对比2

（3）制作字幕。

如今的语音识别技术已经非常先进，过去我们经常对照文本逐字逐句输入字幕，现在，在对字幕形式和特效没有特别要求的前提下，完全可以用智能语音识别的功能去完成字幕的制作。这个项目中编者使用了剪映App来制作字幕，通过"识别字幕"功能一键识别整个视频中的所有对白部分（图3-35）。虽然语音识别偶尔会出现发音不准识别错误、专业名词识别错误等，但是只要校对一次单独修改错误的文本即可，效率远远高于传统的字幕输入手段。

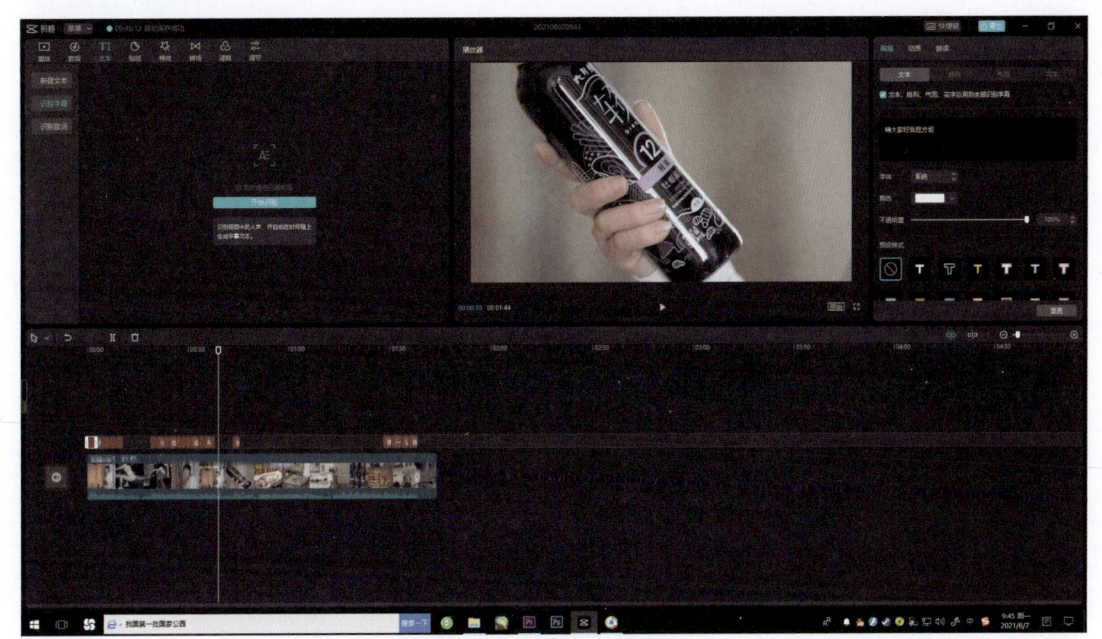

图3-35　剪映自动识别字幕

项目过程中，从文案到分镜头台本再到剪辑初稿等环节都时刻在和甲方保持沟通，因此大部分的修改在制作过程中已经及时完成，最后将成品视频与甲方进行核对时，需要修改的部分非常少，简单调整后即全部完工，整个项目的完成可以说非常顺利。这也说明在项目制作过程中和甲方及时沟通的重要性，虽然是技术之外的领域，却对项目的制作尤为重要。如果没有沟通直接拿出最后的成品，很可能和甲方的需求完全不符，甚至需要推翻重做。

3.5 实操考核项目

（1）考核题目：

根据提供的文案和台本，完成视频素材的拍摄，并粗剪出不超过2分钟的视频，并自行搭配合适的音乐。

（2）考核目标：

通过本次实践，能够分析文案和台本所需要拍摄画面的景别、角度、构图以及拍摄手法，掌握视频拍摄、视频剪辑的基本技巧。

（3）考核重点与难点：

- 镜头画面的机位和构图；

- 镜头画面的情节和情感表达；
- 镜头之间的衔接处理。

（4）考核要素：
- 作品名称：自定义；
- 作品性质：视频拍摄和粗剪；
- 拍摄工具和软件：可拍摄视频的数码单反相机、三脚架，Premiere；
- 实操要求：根据提供的文案和台本，完成视频素材的拍摄，并粗剪出不超过2分钟的视频，并自行搭配合适的音乐，要求画面清晰、构图美观、运镜流畅，镜头语言能够准确交代相关情节和情感；
- 实操素材：空易拉罐、口香糖；
- 文案和台本：拍摄一部倒下的易拉罐被扶起来，又反复跌倒，最终在口香糖的帮助下站起来的小故事短片。根据文字分镜脚本提供的镜头机位和角度、景别等信息进行拍摄剪辑，最终成品按照实践要求完成；
- 文字分镜脚本：扫描右方二维码查看；
- 考核形式：实操考核；
- 试题来源：安徽宸汇沐丰文化传媒有限公司；
- 核心知识点：重点考核考生对景别、镜头角度和机位等知识的理解和运用，要求学生具备一定的构图审美素养，对摄像器材和灯光器材使用娴熟。

3.6 评分细则

镜头对焦准确，曝光合理，构图美观，占50%。
优秀：45～50分；良好：40～44分；合格：30～39分；不合格：0～29分。
镜头画面重心明确，有主题，体现一定情感性，占30%。
优秀：27～30分；良好：24～26分；合格：18～23分；不合格：0～17分。
镜头剪辑流畅，音乐搭配合理，情节交代明确，占20%。
优秀：18～20分；良好：16～17分；合格：12～15分；不合格：0～11分。

第 4 章 二维制作

培养目标

本专业培养理想信念坚定，德、智、体、美、劳全面发展，具有一定的科学文化水平以及良好的人文素养、职业道德和创新意识，具有精益求精的工匠精神、较强的就业能力和可持续发展的能力，掌握本专业知识和技术，面向广播、电视、电影、游戏、媒体广告和文化艺术等行业的动画设计人员。

就业面向

主要面向影视动画设计、生产、后期制作、特效、影视动画生产管理及技术服务等工作。

4.1 岗位描述

4.1.1 岗位定位

该模块对应的岗位主要为二维原画师、动画作监、二维动画师。

- 二维原画师：按设计稿画出动画中的主要角色，造型能力很强，有良好绘画基础。
- 动画作监：修正原画的错误，将原画画得不好的地方改正。
- 二维动画师：把原画的动作画全，是整个设计工作的主要部分，影响整个动画片质量。

以上岗位人员须熟悉职场基本守则与行为规范，以及公司的规章制度。

4.1.2 岗位特点

中级能力的岗位专业技术较强，和初级相比，考生须熟练掌握岗位要求的专业技能。岗位特点如下。

- 理解主管领导的要求与意图，充分还原人设、场景、分镜稿等设计效果。熟练掌握相关制作技能与软件工具。在项目工作中须严格遵守项目规范，独立、高效地完成本职工作。
- 熟悉二维制作项目的标准化流程和规范性操作，完成本职工作的同时，较好地与其他环节人员沟通对接。
- 对美术素质要求较高，应具有良好的审美意识和造型能力，善于运用工作与生活中的观察和积累。

4.2 标准化制作细则

4.2.1 运动规律之人的基本走路

行走是动画中常见的运动形态，同时在运动的趣味和表现运动的技巧上也具有考验性。而想要做好动画中的行走动作，就必须观察生活，以现实为依据，了解基本的行走规律，研究各种各样的行走姿势、行走情绪、行走时间跨度，这些因素在动画的设计中尤为重要。

人的走路动作的基本规律如图4-1、图4-2所示。

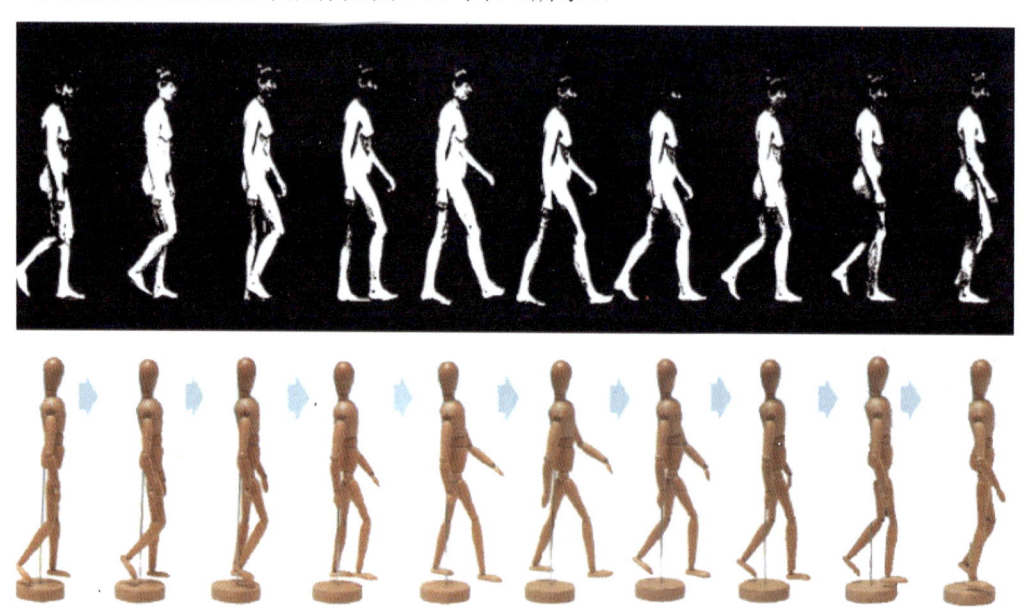

图4-1 现实中走路的动作再由人偶表现出来

（图片选自百度百科）

第4章 二维制作

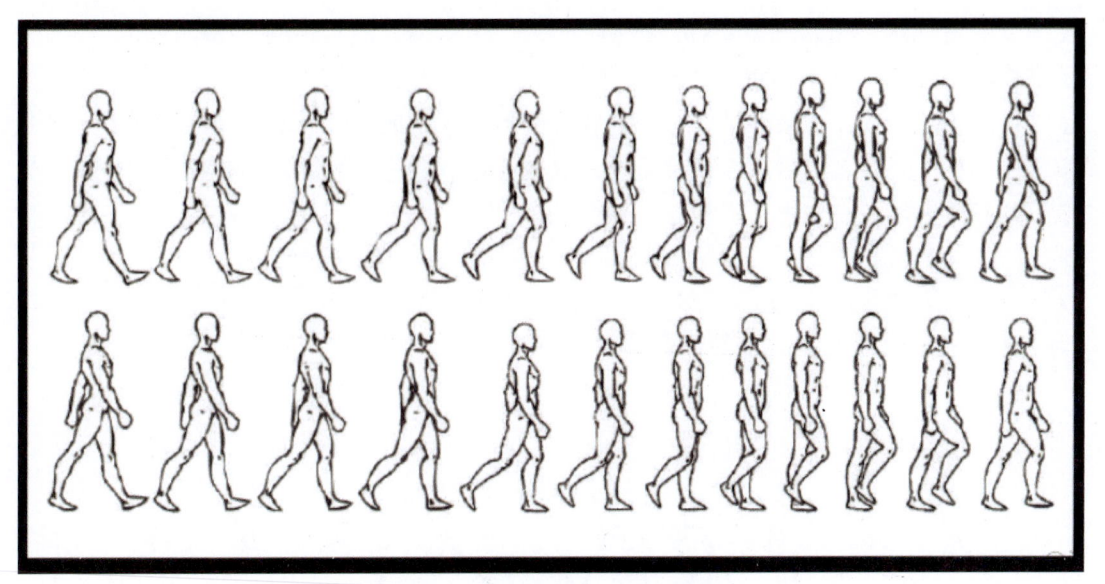

图4-2 无限动画，一拍一画面

（图片选自百度百科）

人的基本走路动作分析：

走路过程中，人不断在双腿间改变重心。落地时，支撑腿脚跟着地，到脚掌踩地，再到脚跟提起，脚尖蹬地。迈步时，腿从离地提起，到弯膝向前，再到小腿跨出。人的整个身体在行走过程中，因腿部运动而上下起伏，头部也随之呈现上下起伏（如图4-3所示）。手臂自然下垂，与左右腿呈相反方向前后摆动。

注意：人在走路时为保持重心，总是一腿支撑，另一腿才能提起跨步。

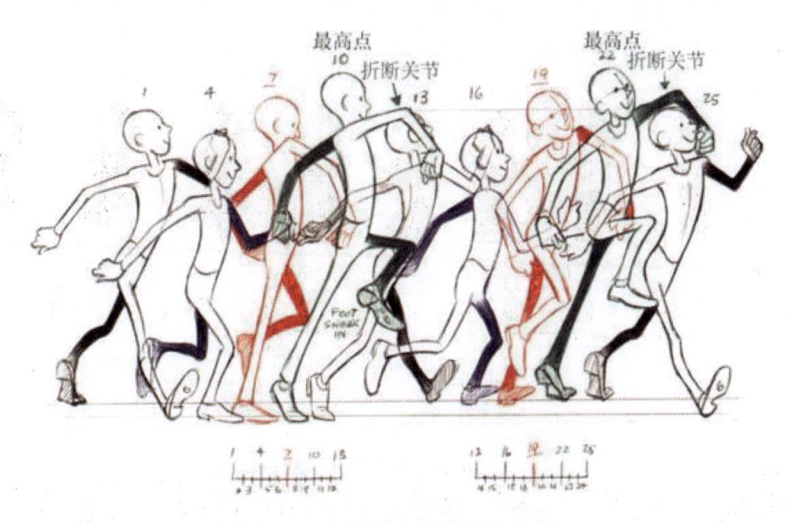

图4-3 人的基本走路动作分析

（图片选自百度百科）

人的走路动作的基本节奏：

人走路的正常速度大约是半秒一步，但在不同情况下，走路的速度是不一样的。常

- 75 -

见的节奏是16格（帧）一步或8格（帧）一步，如图4-4、图4-5所示。6格（帧）一步表示步伐极快，基本就是在跑步；8格（帧）一步表示快走或慢跑；12格（帧）一步表示正常情况下的步伐；16格（帧）一步是较慢的步伐，是散步的节奏；20格（帧）一步是很慢的步伐，表示人物累了，或者是老人家在行走；24格（帧）一步是极慢的步伐，表示人物筋疲力尽，脚步极其沉重。

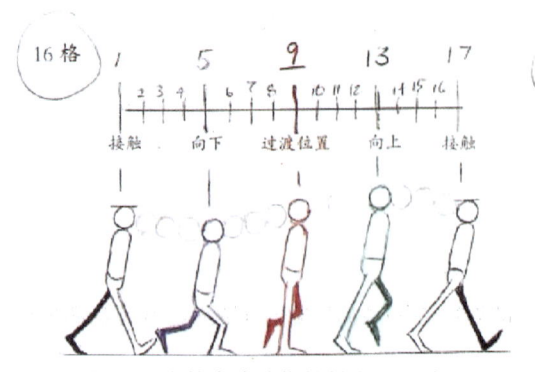

图4-4 人的走路动作的基本节奏（16格）

（图片选自百度百科）

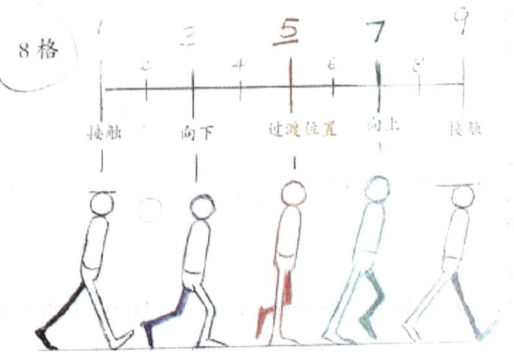

图4-5 人的走路动作的基本节奏（8格）

（图片选自百度百科）

4.2.2 运动规律之人的基本跑步

跑步和走路最大的不同点在于跑步有双脚同时离开地面腾空的动作。此外，因为跑步比走路需要更大的力量来推动身体前进，所以在制作跑步动作时，需要有一个积蓄力量的动作，以及产生推力的强烈的蹬踏地面的动作，这些动作在跑步中是非常重要的。

人的跑步动作基本规律如图4-6、图4-7所示。

图4-6 写实的跑步动作

（图片选自百度百科）

图4-7 美式漫画人物跑步动作

（图片选自百度百科）

明显看出写实的跑步动作中手部没有太大的运动幅度，身体起伏的程度也不是太大。美式漫画人物的跑步动作起伏夸张明显，弹性十足。

人的基本跑步动作分析：

人奔跑时身体重心前倾，手臂呈弯曲状，双手自然握拳，手臂配合双脚的跨步前后摆，跨步的动作较大，脚抬得较高，因此头部的波形运动线也比走路明显。动画在表现人物跑步过程中，没有一张图是双脚同时着地的。如果人物角色跑得快，会有两张双脚同时离地的图。人物在奔跑时其重心要比行走时更加向前倾，跑得越快倾斜就越大，如图4-8所示。

图4-8　人物奔跑示意

人的基本跑步与基本走路的区别（图4-9）：

人物走路和跑步除了在速度上有区别外，还会有以下区别：

（1）行走时有四分之三的时间是单脚着地，四分之一的时间是双脚着地；奔跑则没有双脚同时着地，差不多四分之三的时间单脚着地，四分之一的时间双脚完全腾空，这是二者的根本差异。

（2）行走时手臂自然下垂，跑步时手臂自然弯曲。

（3）行走时人体的起伏大概是三分之一头的高度，而跑步时的起伏可以达到一个头的高度。

（4）奔跑所用的时间是行走的二分之一，一般12格一个循环动作。人物角色奔跑的速度是根据台本要求而定的，除了一般的12格循环，还有16格循环的慢跑、8格循环的快跑，也有6格循环、4格循环的急速奔跑。

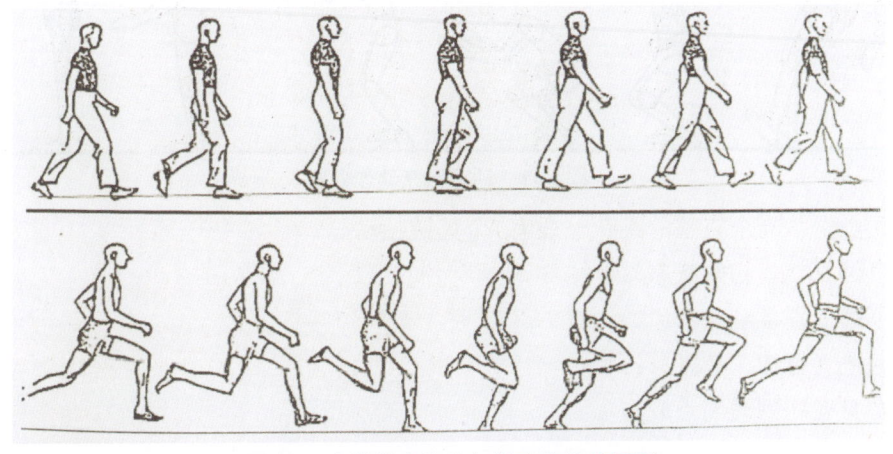

图4-9　人的基本跑步与基本走路的区别

4.2.3　运动规律之人的基本跳跃

一个人做跳跃动作时，整个运动过程会表现出身躯屈缩、蹬出、腾空、着地、还原的姿势。在整个跳跃过程中，人物的重心是以抛物线形式向前移动，从不稳定的腾空跃出，再经着地后调整至身躯达到平衡稳定。

人的跳跃动作分解：预备动作、身体屈缩两手向后、蹬出腾空、跃起、拉长、着地还原等，如图4-10、图4-11所示。

图4-10　真人跳跃动作分解

（图片选自百度百科）

图4-11　动画跳跃动作分解

在动画里，一个完整的跳跃一般有7个关键帧动画：
①自然直立（初始状态）；
②下蹲（预备动作）；
③起跳（拉伸、夸张）；
④蜷身（达到最高点）；

⑤下落（拉伸、夸张）；
⑥着地（缓冲）；
⑦直立（还原成初始状态）。

4.2.4 运动规律之四足动物基本走路

四足动物一般可分为爪类和蹄类。

爪类动物：一般为食肉类动物。身上长有较长的兽毛；脚上有尖利的爪子，脚底生有富有弹性的肌肉；性情比较暴烈；身体肌肉柔韧，表层皮毛松软；能跑善跳，动作灵活，姿态多变。代表动物有狮、虎、狼、狐、熊、狗、猫等。

蹄类动物：一般为食草类动物。脚上长有硬壳（蹄）；有的头上还长有角；性情比较温和，容易驯养；身上肌肉结实，动作刚健；能奔善跑，形体变化较小。代表动物有马、羊、牛、鹿等。

蹄类动物的构造特征：

以马为例，由于马与人的腿部构造不同，因此其运动方式也是不同的。特别是后腿部分，是向后折的（图4-12），这也是其他蹄类动物如牛、羊的特点。当蹄类动物前腿抬起时，蹄部关节向后弯曲；后腿抬起时，蹄部关节朝前弯曲。

图4-12 马的腿部骨骼
（图片选自百度百科）

蹄类动物的走路特征：

以马为例，开始起步时如果是右前足先走，对角线的左后足就会跟着向前走，接着是左前足向前走，最后是右后足跟着向前走，这样就完成一个循环（图4-13）。马行走时马蹄接触地面的顺序是右前、左后、左前、右后。一般是一秒钟走完整的一步，也就是从"右前"到"右后"。

从图4-13的横线可知，马在行进中也是有身体起伏的，要注意起伏的节奏。单侧的两只脚落地有一个先后的时间差，头部会上下略动，一般是在跨出的前腿即将落地时，头开始朝下动，前腿伸直时头朝上动。

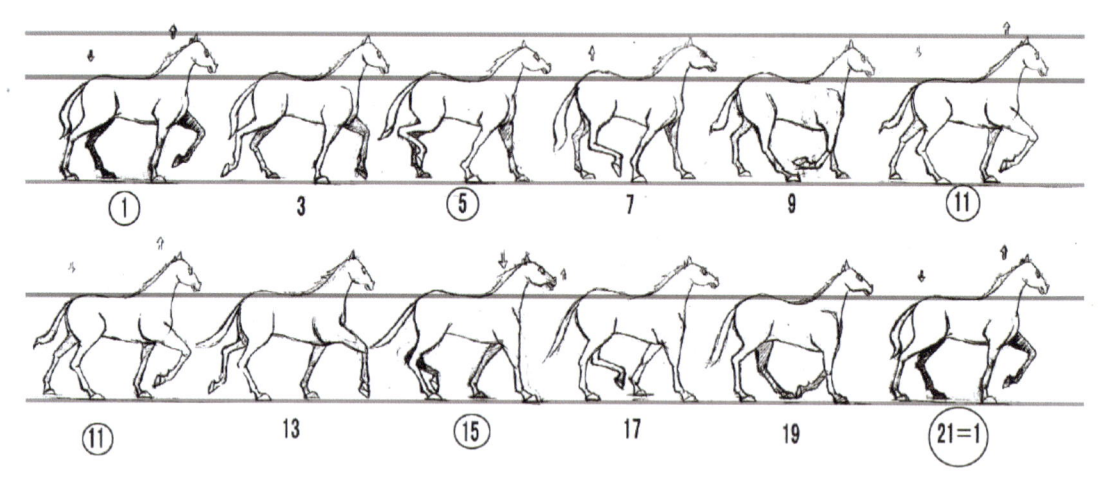

图4-13　马的走路特征

爪类动物的走路特征：

爪类动物和蹄类动物的运动方式基本类似，可以结合蹄类动物的运动规律来理解爪类动物的走路特征，如图4-14所示。

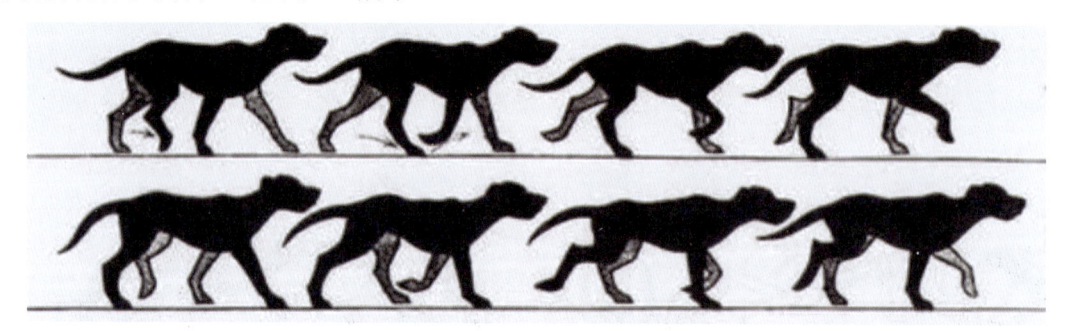

图4-14　爪类动物的走路特征

对比蹄类动物和爪类动物的走路：

如图4-15所示，爪类动物因皮毛松软柔和，关节运动轮廓不明显。蹄类动物关节运动就比较明显，轮廓清晰，显得硬直。

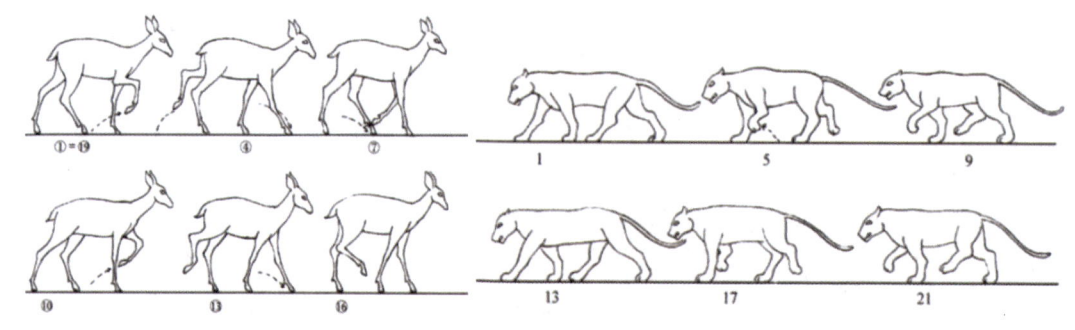

图4-15　蹄类动物和爪类动物的走路对比

可以看出，爪类动物走路时头部运动幅度不大，但由于骨骼和肌肉比较松弛柔软，在行走时，背部和胯部的骨头有明显变化。

总结：

(1) 四条腿两分两合，左右交替完成一步。

(2) 前腿抬起时，蹄部关节向后弯曲；后腿抬起时，蹄部关节朝前弯曲。

(3) 走路时由于腿关节的屈伸运动，身体稍有高低起伏。

(4) 走路时，为了配合腿部的运动，保持身体重心的平衡，头部会上下略动，一般是在跨出的前腿即将落地时，头开始朝下动，前腿伸直时头朝上动。

(5) 爪类动物因皮毛松软柔和，关节运动的轮廓不明显，蹄类动物关节就比较明显。

(6) 爪类动物走路过程中，应注意脚趾落地和离地时所产生的高低弧度。

4.2.5 运动规律之四足动物基本跑步

四足动物的奔跑特征：

动物奔跑时四条腿的交替分合与走路时相似。但是，跑得越快，四条腿的交替分合就越不明显，有时会变成前后各两条腿同时屈伸着地的顺序，即前左、前右、后左、后右，如图4-16所示。

图4-16 四足动物的奔跑特征

（图片选自百度百科）

四足动物在奔跑过程中身体的伸展和收缩姿态变化明显，尤其是爪类动物，如图4-17所示。在快速奔跑过程中，四条腿有时呈腾空跳跃状态，身体上下起伏的弧度较大，但在急速奔跑的情况下，身体起伏的弧度又会减少。

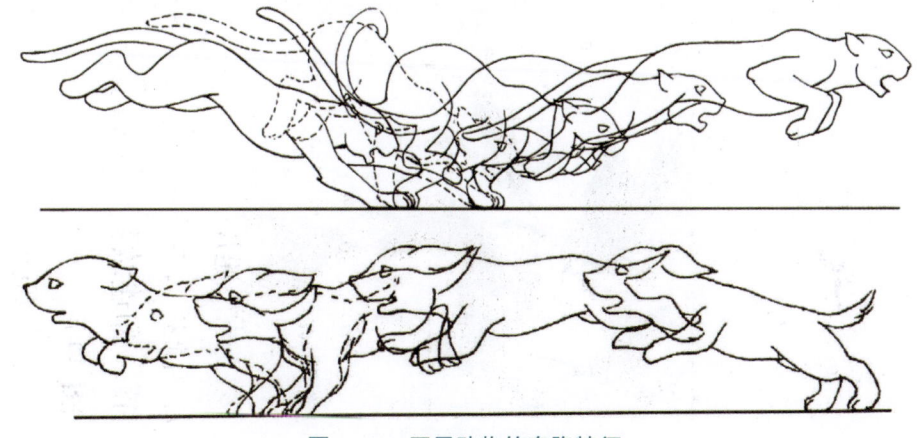

图4-17 四足动物的奔跑特征

（图片选自百度百科）

马在不同奔跑状态下，动作是不同的，如图4-18所示。

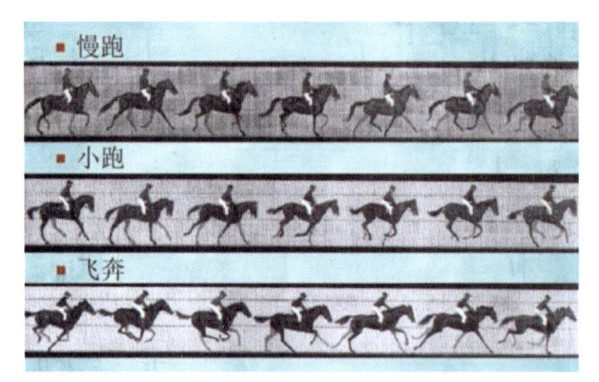

图4-18　马在不同奔跑状态下的动作

（图片选自百度百科）

马的慢跑运动与走路运动节奏类似，不同的是在跑步运动中有双脚离地的过程。除此之外，注意马的换脚动作。

马的小跑和飞奔动作与慢跑动作是不同的——慢跑仍然有换脚动作，而小跑与飞奔没有换脚动作，运动的起伏弧度是类似的。

4.2.6　运动规律之鸟类飞行

鸟类飞行的基本特点（图4-19）：
- 鸟类飞行时的冲击力来自鸟翼向身体下面的空气进行有力一击。
- 鸟翼向下的冲击力很强，向上的力要小很多。
- 鸟翼向上时，翅膀部分会折叠起来，面积缩小，而羽毛会像叶片似的分开，让空气从间隙穿过。
- 在向下一击时身体略略抬高，翅膀向上时身体又稍稍落下。
- 在正常的飞翔中，翅膀不是笔直地上下运动，而是向上扑打时翅膀略向后，向下扑打时翅膀略向前。

图4-19　鸟类飞行

（图片选自百度百科）

第 4 章 二维制作

鸟类多用两条腿站立，而且是用脚趾支撑。为了便于在动画工作中掌握鸟类的动作规律，可将鸟类分为阔翼类和雀类两种。

阔翼类的飞行特征（图4-20、图4-21）：

阔翼类的代表有鹰、雁、天鹅、海鸥等。阔翼类飞行时翅膀上下扇动变化较多，动作柔和优美。由于翅膀宽大，飞行时空气对翅膀产生升力、推力和阻力，所以飞行动作比较缓慢。翅膀向下扇动时张开，动作有力，抬起时收拢，动作柔和。

图4-20 阔翼类的飞行特征

（图片选自百度百科）

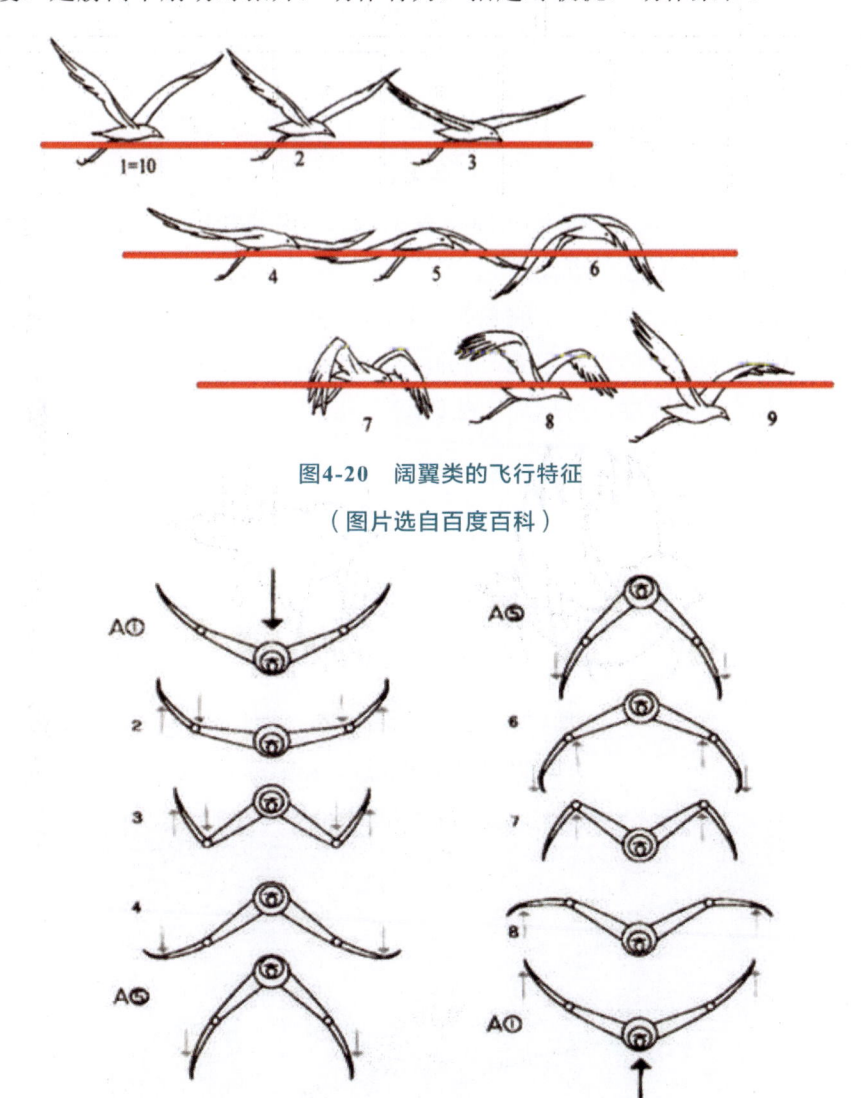

图4-21 阔翼类的飞行特征

（图片选自百度百科）

双翅在扇动过程中，向上收拢时略向后，向下扑打时略向前，翅膀向下和向上扇动的过程是不一样的。在大鸟飞行中，还要注意身体和尾部的运动（图4-22）。飞翔中身体不是固定不变的，而是上下移动的。当翅膀向上时身体下降，当翅膀向下时身体上

- 83 -

升。尾部起平衡作用，翅膀向上，尾部也向上。

图4-22　老鹰的飞翔原画，并在原画之间添加中间画

雀类的飞行特征（图4-23、图4-24）：

体积较小的短翅鸟类，如麻雀、蜂鸟等，称为"雀类"。雀类飞行高度低，飞行时间短，无滑翔能力，为了克服地心引力，翅膀扇动频率快，以产生足够升力。雀类的翅膀振动比较快，为了表现速度，可以加一些速度线。

图4-23　雀类的飞行特征

（图片选自百度百科）

图4-24　雀类的飞行特征

（图片选自百度百科）

雀类运动的特点如下：
- 通常喜欢双脚跳跃前进，可以双脚交替走路。
- 动作速度快，急促短暂，常有停顿，动作不稳定。
- 翅膀扇动频率较阔翼类快，往往看不清楚翅膀的运动规律。
- 由于翅膀较小，飞行过程中无法展翅滑翔，急促地扇动翅膀时身体才可以停留在空中（图4-25）。

图4-25　雀类飞行

（图片选自百度百科）

4.3 岗位案例解析

4.3.1 基础正面走路动画绘制

使用软件：Adobe Animate。

绘制对象：看着手表走路的大叔。

绘制要点：确定走路基本规律是日式走路还是美式走路；完成整体形体的绘制，确定走路细节的透视变化。

在画人物正面和背面走路动作时，除了要参考侧面人物走路的形态外，还要注意双肩连线与臀部扭动连线的对应，即右肩向前时左臀部也向前。同时注意掌握人物重心的转移及四肢透视的准确性，这样才能正确画出手臂摆动和双脚抬起时的高度以及着地时的形态。

制作过程：

①新建文档，如图4-26所示。根据情况来设置大小和帧速率并创建。

图4-26 新建文档

②绘制人物草稿。使用"画笔工具" 或者"铅笔工具" 直接绘制。

③绘制原画线稿，如图4-27所示。

图4-27 绘制原画线稿

这里是按日式走路——一步两关键帧，走路起伏比较小，接近正常人类行走的姿态，不像美国动画讲究弹性风格。

④补充中间画及成果，如图4-28所示。

图4-28 补充中间画及成果

4.3.2 基础正面跑步动画绘制

使用软件：Adobe Animate。
绘制对象：正面奔跑的少女。
绘制要点：掌握奔跑规律、原画关键帧和人物形体的透视。
绘制过程：
步骤①、②与4.3.1的操作相同。
③绘制原画关键帧，如图4-29所示。

图4-29 绘制原画关键帧

正面跑步的基本规律和侧面是一样的，所不同的是角度的改变。表现正面跑步时，要画出人物身体前倾的透视效果。注意身体左右略微晃动即可，双手前后摆动、双脚跨步的动作较大，透视的变化也会较大。

④绘制中间画及成果，如图4-30所示。

图4-30　绘制中间画及成果

4.4　实操考核项目

本章项目素材可扫描图书封底二维码下载。

1. 项目一

根据要求完成操作：

①创建动画，以"侧面走路"为名保存。

②以图4-31的造型为基础，绘制一套侧面原地走路动画，保存格式为MP4。

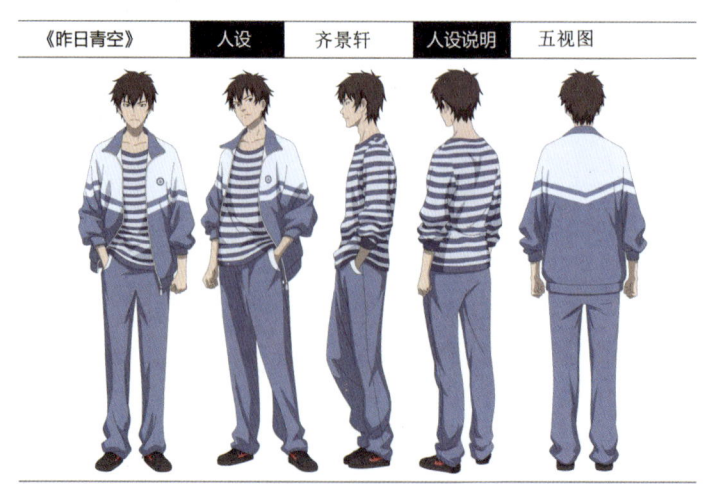

图4-31　实操素材1

2. 项目二

根据要求完成操作：

① 创建动画，以"动物快跑"为名保存。

② 根据图4-32所示角色造型，绘制出一个原地从跑步变快跑的动画。

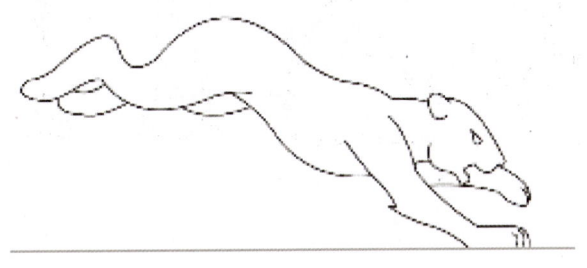

图4-32　实操素材2

3. 项目三

按照要求完成操作：

① 设置舞台大小为640像素×480像素。

② 整个动画共占60帧。

③ 整个动画共设计1个图层，名称为"表情"；根据图4-33所提供的角色绘制眨眼笑起来的动画。

④ 设置输出的格式为MP4。

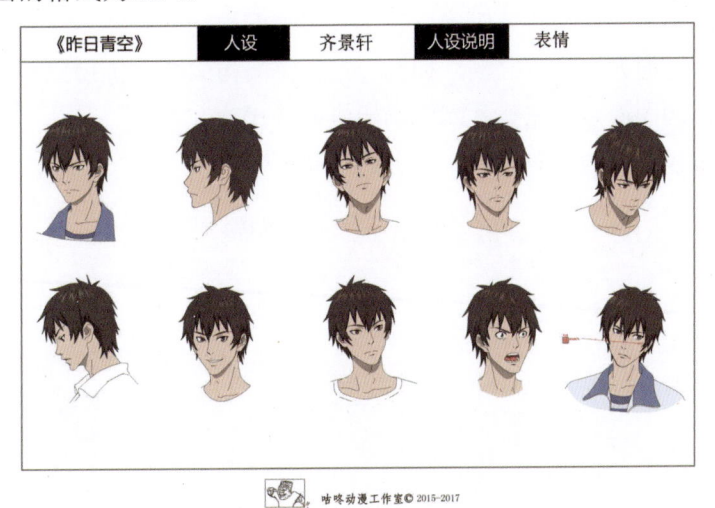

图4-33　实操素材3

4. 项目四

根据所学的知识，按照要求绘制"火焰熄灭"的动画（图4-34）：

① 设置舞台大小为1280像素×720像素，帧速率为24。

②动画制作共1个图层，名称为"熄灭"。
③输出的格式为MP4。

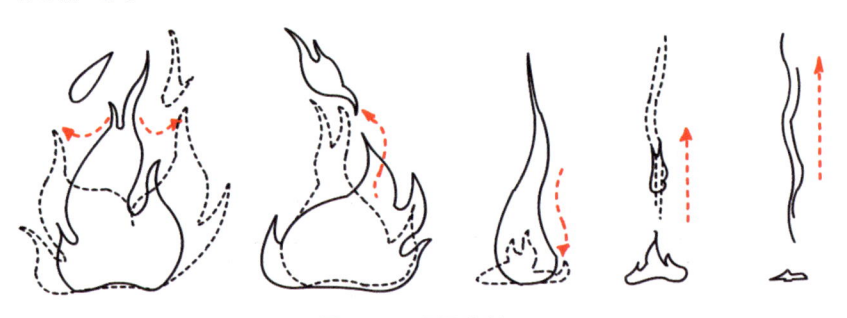

图4-34　实操素材4

5. 项目五

生活中有很多的运动规律，请以动画的形式表达生活中三种不同的曲线运动。要求：舞台大小为640像素×480像素；输出的格式为MP4。

4.5 评分细则

总分100分。

软件操作：软件按照要求操作准确（10分）。

线条表现：用笔流畅，线条明确，表达具有美感（20分）。

人体结构：遵循人体结构比例，拥有一定的空间构成能力（30分）。

画面风格：构图简洁、完整，配色统一协调（10分）。

动画运动规律：动画自然流畅，不卡顿（30分）。

第5章 角色模型

中级角色模型制作在初级三维制作基础上，对于模型、材质、贴图、灯光、渲染等重要环节都有更高的要求。角色在影视、动画以及游戏等行业中的作用和地位不言而喻。角色通常是视觉焦点，也是最能体现考生综合水平的考核对象。生物角色具有复杂的形体构造、丰富的表面细节。此外，角色身上的服装、饰品、武器等，在造型和质感上亦具有多样性特征，因此道具制作也是角色制作中重要的研究和表现对象。作为三维制作的集大成者，制作角色需要掌握生物模型、布料模型、硬表面模型等多种对象的制作方法，而它们的制作流程、运用技术，以及遵循的规范基本一致，因此本章没有特意针对角色进行讲解，而是从宏观角度论述了三维制作在游戏、影视、动画、实拍、3D手办与雕像等重要应用领域中各自的工作流程与技术要点。文中案例以角色模型制作为主，同时展示了部分道具制作。

培养目标

本章要求人员掌握角色模型的规范标准和操作技能，具备良好的造型设计能力，能够高效、规范地完成项目中的角色设计与制作以及商业项目中各类常规角色模型、材质贴图、灯光渲染等模块的设计与制作。

就业面向

主要面向影视、动画、游戏、VR交互、广告、栏目包装、产品设计等领域，从事三维模型制作、材质贴图的制作和设置、灯光设置和渲染等工作。

5.1 岗位描述

5.1.1 岗位定位

该模块对应的岗位主要为三维模型师、材质贴图师、灯光渲染师、特效师等。

三维模型师：影视与动画行业中分生物角色模型师与硬表面模型师，负责制作模型。游戏行业中分角色模型师与场景模型师，还可能细分专门制作人物或者武器的模型师。游戏公司的模型师不仅制作角色、道具、场景等模型，还需要为其制作材质与贴图。

材质贴图师：为模型设置材质、制作各类贴图。

灯光渲染师：为场景设置灯光并渲染。

特效师：制作角色特效与场景特效。

5.1.2 岗位特点

中级能力的岗位所需专业技术较强，和初级相比，考生须熟练掌握岗位要求的专业技能。

该岗位的特点如下。

- 理解主管领导的要求与意图，充分还原原画、概念设计等设计效果。熟练掌握相关制作技能与软件工具。在项目工作中须严格遵守项目规范，独立、高效地完成本职工作。
- 熟悉三维制作项目的标准化流程和规范性操作，完成本职工作的同时，较好地与其他环节人员沟通与对接。
- 制作对象具有一定的复杂程度，难度中等。例如，模型师须雕刻较高精度的模型、合理优化模型布线等；材质贴图师须准确地表现材质特征以及制作较为复杂的贴图等。
- 对美术素质要求较高，需要具有良好的审美意识和造型能力，能在制作中运用工作与生活中的观察和积累。

5.1.3 工作重点和难点

该工作的重点在于熟练掌握各项专类技术，如雕刻技术、贴图绘制等。无论从事哪类具体岗位，中级制作对象的复杂度和工作量明显高于初级。合格的从业人员须在规定时间内高效完成工作任务，具备过硬的专业技术。

难点在于对造型能力、审美判断力等美术能力有较高要求。

中级阶段，无论是模型、材质与贴图，还是灯光与渲染，任何一个环节对观察、塑造、手绘等美术技能均有不同层面与程度的要求，对于体积感、空间感、对比、变化、视觉节奏等视觉元素须有敏锐的感知与理解。考生在美术方面须大量参考、分析、判断、取舍，综合运用美术技能，表现形体较为复杂、质感鲜明、层次丰富的视觉效果。

5.2 知识结构与岗位技能

三维制作所需的专业知识与职业技能如表5-1所示。

表5-1 专业知识与职业技能（中级）

岗位细分	理论支撑	技术支撑	岗位上游	岗位下游
三维模型师、材质贴图师、灯光渲染师、特效师等	1. 图形图像基本理论 2. 三维制作相关概念 3. 相关光学原理 4. 计算机硬件基本常识	1. 良好的造型能力 2. 图像处理技术（Photoshop） 3. 多边形建模技术（3ds Max、Maya等） 4. 雕刻技术（ZBrush、3D Coat等） 5. 贴图制作技术（Substance Painter、Mari、Marmoset Toolbag等） 6. 灯光与渲染技术（Arnold、Redshift、Vray、Renderman等渲染器） （4、5、6至少选择一项）	概念设计	角色动画 引擎动画

5.2.1 知识结构

三维制作的中级人才需要一定的知识储备与技术能力。

学习者在就职中级岗位之前，须完成初级课程的学习，至少掌握一款综合型三维制作软件，掌握三维制作的基本知识和方法，并具备建模、材质与贴图制作、灯光与渲染等专类方向知识与软件技能，并进一步提升美术素养。

基础课程如下。

● 综合型三维制作软件课程。

学习并掌握一款或多款综合型三维制作软件，掌握三维制作的基本知识、工作流程和方法。

● 模型、材质贴图、灯光渲染等不同方向的专类三维制作课程。

至少选择并深入学习某一专类方向，掌握其理论知识、制作方法与基本流程。如模型方向须学习数字雕刻类课程；材质贴图方向须学习手绘贴图课程或PBR材质贴图制作课程；灯光渲染方向须学习灯光设计，以及渲染器方面的课程。

● 美术类课程。

学习造型、色彩相关的美术基础课程，训练并提升观察造型能力及审美判断能力等。

● 计算机硬件常识类课程。

了解项目相关设备、业内常用设备的硬件信息等，掌握最基本的计算机硬件常识类课程。

5.2.2 岗位技能

中级从业人员须具备两方面的岗位技能：美术技能以及软件操作技能。

三维模型师须具备的美术技能如下。

（1）基本美术能力，包括良好的观察能力，能准确分析、理解原画，并对形体、色彩以及光影等变化有细微的观察与辨别能力；良好的造型能力，对体积、空间、重量、层次等基本美术元素有敏锐的审美感知及塑造表达能力；一定的造型设计能力，能对原画进行一定程度的优化，对于原画中的视野盲区和遮挡部位能合理地设计补充。

（2）扎实的雕刻技术，模型制作工整，能快速完成大型、准确塑造中小型结构，合理处理细节。

（3）把握常见的美术风格造型，对欧美卡通、日式二次元等美术造型风格有准确的理解和表现。

（4）角色模型师须对人体结构与解剖知识有一定的理解，包括骨点、肌肉结构、比例关系等；能还原和突出原画设计中的角色个性特征；对服装及装备有较好的理解，如常见布料造型及褶皱位置等，能进行合理表现。场景道具模型师须掌握一定的建筑造型知识。

三维模型师的软件技能要求为熟练掌握一款主流雕刻软件（如ZBrush），并熟悉其以下功能：

（1）基本操作，包括视图与文件操作、模型导入导出、模型变换操作等。

（2）基本雕刻功能，包括常用笔刷；遮罩、隐藏操作；Geometry常用命令，如模型细分、Dynamesh、ZRemesher、Nanomesh等；Subtool常用操作，如子物体的选择、分割、合并、添加、删除、挤出等；Deformation常用变换操作；Polygroup分组操作等。

（3）其他模型与UV处理操作，包括高模减面、顶点上色、材质设置、贴图投射、UV相关功能等。

材质贴图师须具备的美术技能如下。

良好的观察能力及色彩感受能力；在色调、层次、疏密、对比等视觉感知方面有较好的审美意识；了解常用材质的视觉特性，如金属、布料、皮肤、陶瓷、塑料、橡胶、木料、玻璃等，能准确还原原画或设计稿中的质感与色彩。

材质贴图师须熟练使用Photoshop，并掌握主流的贴图制作软件（如PBR材质制作软件Substance Painter），并熟悉其以下功能。

（1）基本操作，包括文件操作、视图操作、显示设置、模型导入导出、基础贴图烘焙等。

（2）材质操作，包括材质赋予、材质属性设置、着色器设置等。

（3）图层操作，包括填充图层与透明图层、图层通道、叠加模式、遮罩等。

（4）绘制功能，包括常用绘制工具，以及画笔的材质设置、模板等。

(5)常用生成器与滤镜。

(6)贴图输出设置。

有时三维模型师须兼任材质贴图的工作,例如游戏行业的模型师,须具备从建模到贴图绘制输出的全部技能。

灯光渲染师须具备的美术技能有:在色彩、色调、质感、画面、结构、体积、空间、镜头等视觉感知方面均有较好的理解和意识;对光影关系有良好的把控能力。

灯光渲染师须掌握至少三款主流的高级渲染引擎。重点掌握其灯光系统及渲染系统,能根据原画或概念设计图,较好地还原灯光环境氛围。此外,还须掌握一定与建模、材质及质感表现相关的技能,甚至对动画与绑定亦需要有一定的理解。灯光渲染几乎是三维制作流程中最后一个环节,很多前期文件将在灯光渲染相关部门中汇总。在这个环节需要检查有无破绽,以及按照画面要求做一定程度的材质调节。一旦某个上游环节出了问题,需要找相应的岗位解决。

5.3 标准化制作细则

5.3.1 三维制作对象的视觉表现特征

中级制作对象的形体构造较为复杂,表面富于变化,与初级制作对象相比,具有更复杂、更精细的视觉特征。从建模到材质贴图制作,从大型特征表现到细节设计与刻画,都有更多的美术要求。

1. 造型表现特征

1)卡通角色

初级阶段的卡通角色较为高度抽象与概括,卡通风格偏多。而在中级阶段,即便是卡通角色,对于必要的结构,如五官、大块的肌肉等,也会进行一定程度的刻画。

例如初级制作的角色头部近似球体,在此基础上附加简单的五官,甚至绘制贴图来表现五官,头发则可能由简单的大块面组成,如图5-1所示。

图5-1 初级卡通角色高度抽象的造型

而在中级阶段，卡通角色的眼睑、眼窝、人中、嘴角、颏唇沟等五官的具体结构可能均需要制作出来（视卡通化程度而定），头发的刻画程度也更为精细，发型更为复杂且头发块面间的穿插和相互作用更具造型美感，如图5-2、图5-3所示。

图5-2　Harley Quinn，作者：Sylar Dicson

https：//sylardicson.cgsociety.org/eze0/harley-quinn

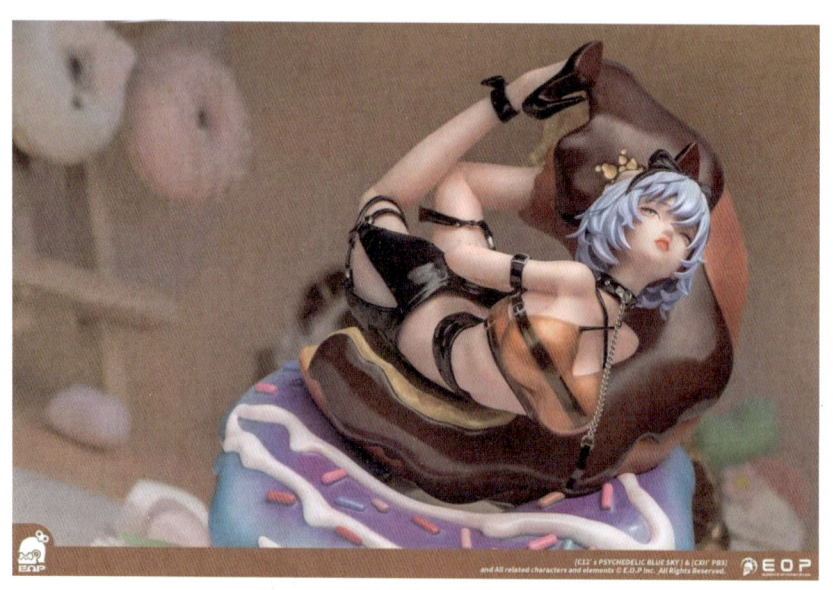

图5-3　食材少女，作者：冯伟

初级卡通角色的四肢可能只有简单变化的圆柱体；中级卡通角色则有了肌肉、骨头、关节等表面形态变化，如图5-4所示，要求制作人员对生物结构有一定的了解，并能准确表现。

初级卡通角色的服装可能贴合身体，造型简单；而中级卡通角色中的服饰布料更为多样，例如具有较为复杂的褶皱的飘扬裙摆，如图5-5所示。制作人员需要制作出布料的转折结构，表现布料自身以及与身体之间的相互影响。

图5-4　Superman Hereafter，作者：Aneesh Arts
https://aneeshchandra.cgsociety.org/

图5-5　Peach Hit the Bakes，作者：George Crudo
https://georgecrudo.cgsociety.org/15u3/peach-hit-the-bakes

2）次世代角色

"次世代"源于日语，即下一个时代（Next Generation），亦名"次时代"。该词与"传统"相反，意味着更先进、更卓越的技术，更逼真的视觉效果等。次世代游戏有别于传统游戏中略显"粗糙"的低面数模型,能做出接近影视级别的写实效果,如《战争机器》系列、《看门狗》等游戏作品,如图5-6所示。

图5-6 次世代角色

次世代高模没有面数限制,可以做到无限精细,生物皮肤皱纹、布料编织纹理、疤痕与磨损等种种细节都可以予以表现,如图5-7所示。

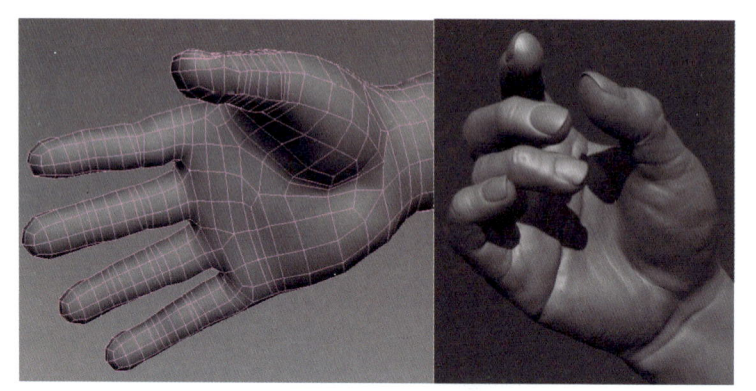

图5-7 卡通模型与次世代模型的细节对比

总之,中级阶段的模型造型较为复杂。模型不仅大型要准确,中型结构、小型结构与细节亦需要深入合理地刻画,并保证任一视角下都有正确的形体和体积。另外,模型塑造过程中还须体现一定的质感。泥塑、木刻、石雕、布偶等材料将在模型表面呈现不同的制作痕迹。常用布料衣物的软与硬、厚与薄、膨胀与紧绷等,会呈现不同的外观和褶皱起伏,须予以展现。中级建模方向的学习者须具备一定的美术能力,才能对原画有正确的观察与理解,并于三维软件中还原和优化。

3)道具

中级道具大都具有较为复杂的结构,例如房屋等建筑,汽车、飞机等交通工具,或枪械、刀剑等武器。它们的外形通常具有较强的设计感,表面规范而工整,并包含凹槽、凸起等中小型结构及细节,如图5-8、图5-9所示。

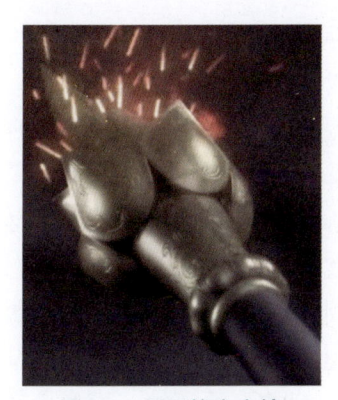

图5-8 哪吒的火尖枪　　　　图5-9 工业产品模型的表面设计

（图片来自《哪吒之魔童降世》剧照）

即便是简单几何造型的模型，中级道具也增加了很多变化和细节。例如木箱的大型是简单的立方体造型，初级中可能会将其边缘横平竖直化，并且完全对称制作；而中级则会将边缘进行扭曲，刻意制作不对称部分，让轮廓更富有变化感。此外再添加破损、划痕、凹凸纹路等细节，使其更贴近真实生活中使用过的物品，如图5-10所示。

图5-10 道具造型案例，作者：Nocte Lucernis

https：//cgsociety.org/c/featured/iddr/nocte-lucernis

初级阶段也会为了增加视觉变化而在贴图上绘制细节，中级阶段则须将造型上的变化和细节通过建模手段在模型上直接表现出来。

2. 质感表现

初级阶段的材质类型比较简单，贴图以固有色为主，绘制时可能只需两三个图层，填充为单色或大面积的颜色渐变，整体视觉效果偏向平面和卡通。中级阶段将要求更为多样化的质感表现。

首先，材质种类更多。考生要准确表达原画中各类材质质感，须对金属、布料、皮肤、陶瓷、塑料、木材、玻璃等常见材质的视觉属性有透彻的理解并能加以表现。

其次，材质有较多的变化。例如，材质的反射更为细腻，模型不同部位可能有不同的反射强度，需要更多的贴图控制。使用HDRI贴图为模型创造更为丰富的光照环境，从而使模型表面材质的属性特征更为明显。

最后，材质会相互混合影响。真实世界的材质通常并非由单一不变的材料构成，而是受到多方面影响。如现实中的木地板，肉眼可以通过其高光及阴影的形态判断木料的反射强度及光泽程度；地板上可能落灰，可能有水渍和划痕，积有污垢；灰尘、水渍、划痕、污垢都将影响地板的反射方式与强度。次世代贴图制作通常使用大量图层，分别控制物体的固有色变化、纹理、环境遮挡、磨损、划痕、污渍等。模型呈现的材质效果更丰富，与环境的搭配更协调，看起来也更真实，如图5-11、图5-12所示。

因此，中级阶段材质与贴图方向的学习者需要对原画以及生活中的材料有细致入微的观察，了解常用材质的视觉特性，同时对色彩、色调、层次、疏密、对比等有良好的审美觉知，具备相应的美术能力，能准确地呈现具有一定复杂度和真实感的材质效果。

图5-11　斧头的质感表现（图片来自苏州米粒影视文化传播有限公司材质贴图师招聘测试题）

图5-12　皮革、布料、金属、皮肤等不同材料的质感表现
（图片来自《英雄联盟》中的不祥之刃·卡特琳娜）

3. 灯光与渲染

初级阶段的灯光与渲染设置较为基础和单一，只需要掌握背景颜色、背景贴图、天光等基础设置，灯光氛围对模型场景的影响较小。

中级阶段的学习者须熟练运用光影关系塑造和凸显模型的体积、细节、质感，以及画面的层次感与空间感，如图5-13所示。

图5-13 灯光作用下的光影使模型更具体积感，细节与质感更突出

（图片来源同图5-10）

中级制作可能涉及不同季节、不同时间段、不同场景的环境，如春夏秋冬，白昼、夜晚、黄昏，以及室内或室外等各种场景。灯光渲染师须对此类常见环境的光照、氛围有准确的认知、理解；能通过灯光渲染设置，解决诸如画面过平、体积感或氛围感欠缺、距离感不够强等美术问题。

有时，特定环境与气氛效果，如暴风雨环境、恐怖氛围、神秘氛围等，也需要灯光渲染师营造，如图5-14所示。

图5-14 根据左图设计稿，在右图的场景文件上进行灯光与渲染设置

（图片来自苏州米粒影视文化传播有限公司的灯光渲染测试题）

5.3.2 三维制作的规范要求

在初级阶段制作规范的基础之上，中级阶段的学习者制作更为复杂的对象，需要遵循更多具体应用领域以及项目特定的规范。另外，生物角色是三维制作的核心对象，学习者须重点掌握角色制作的通用规范。

1. 生物结构规范

初级教材的多边形建模规范中说到，模型布线走向必须符合对象的自身结构；制作多边形角色模型或者拓扑角色模型时，亦须遵循这条原则，如图5-15所示。

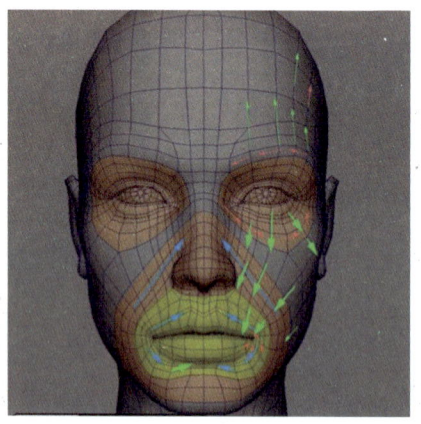

图5-15 模型布线走向必须符合对象的自身结构

应尽量用四边形构成动画的角色模型，并尽可能保证四边形贴近正方形，以保证运动时表面正常平滑。三角面在运动过程中会造成模型出现凹凸等奇怪变形，因此活动较频繁的部位、褶皱起伏较大的部位，均要避免使用三角面。

2. 布线密度规范

完成角色模型后，设计师要进行骨骼绑定、蒙皮、动画等操作，由于角色模型的外形会因动画效果而产生形变，因此创建模型时不仅要求形体准确，还有较多布线要求。例如屈膝时，腿窝处的表面会受到挤压，膝盖处的表面会得到拉伸，为了避免产生破面，膝盖关节处需要有比腿部其他部位更密集的布线。一般而言，角色的关节处，如手肘、手腕、腰部、指节、尾部、翅膀交界处等位置，动画形变较大，需要更多的布线，如图5-16所示。

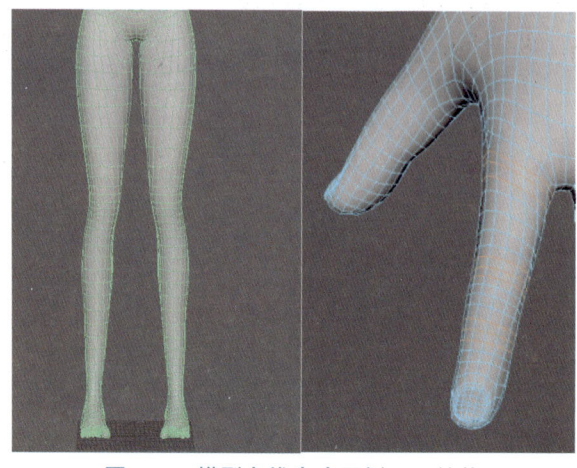

图5-16 模型布线密度示例——关节

五官亦是如此。眼睛与嘴部作为角色表情达意的重点，是面部表情最为明显的地方，建模时须保证布线充足，如图5-17所示。

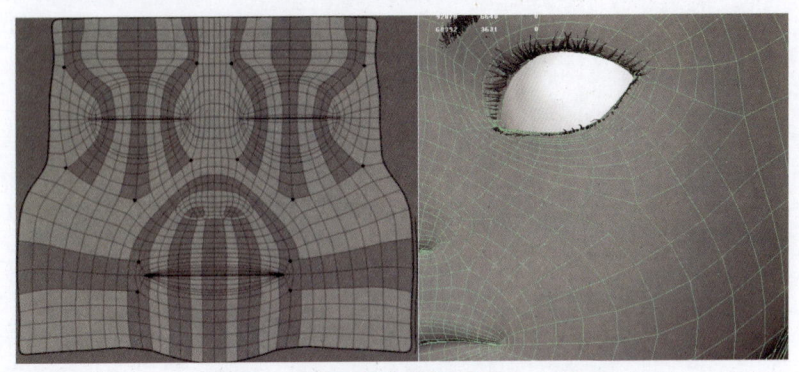

图5-17　模型布线密度示例——五官

3. 服装与配件规范

角色的服装或厚或薄，均须具备一定的体积感，并注意里外两面布线的一致性，如图5-18所示。

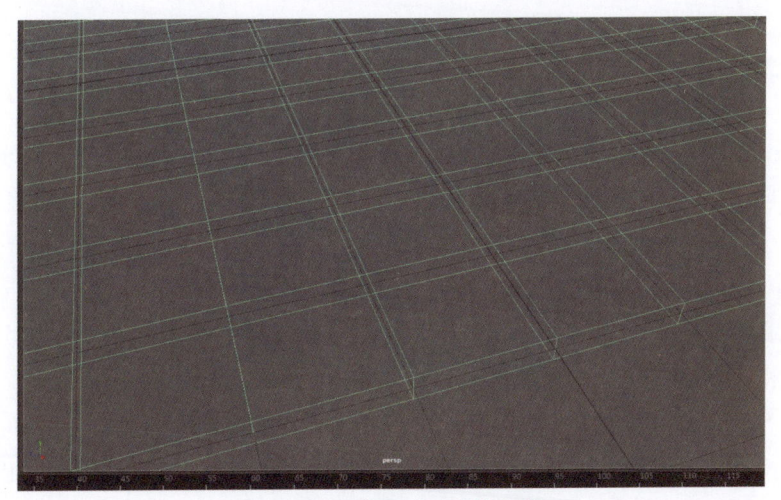

图5-18　服装里外两面的布线

角色身上的盔甲、饰品等配件要与服装及人体表面紧密贴合，并且做出厚度（再薄的东西也有体积）；边缘要倒角卡线，保证物体体积饱满；倒角大小须一致。

4. UV与贴图规范

UV展开时，须避免明显的错误，如不正确的重叠、拉伸等。

UV摆放须尽量利用空间，尽量塞满棋盘格，能打直的尽量打直。

根据贴图精度，合理分配UV大小：细节少的部位UV适量缩小，细节多的部位UV则适量放大。贴图精度要符合项目所需要达到的分辨率，并避免物件之间分辨率有过大差异，如图5-19所示。

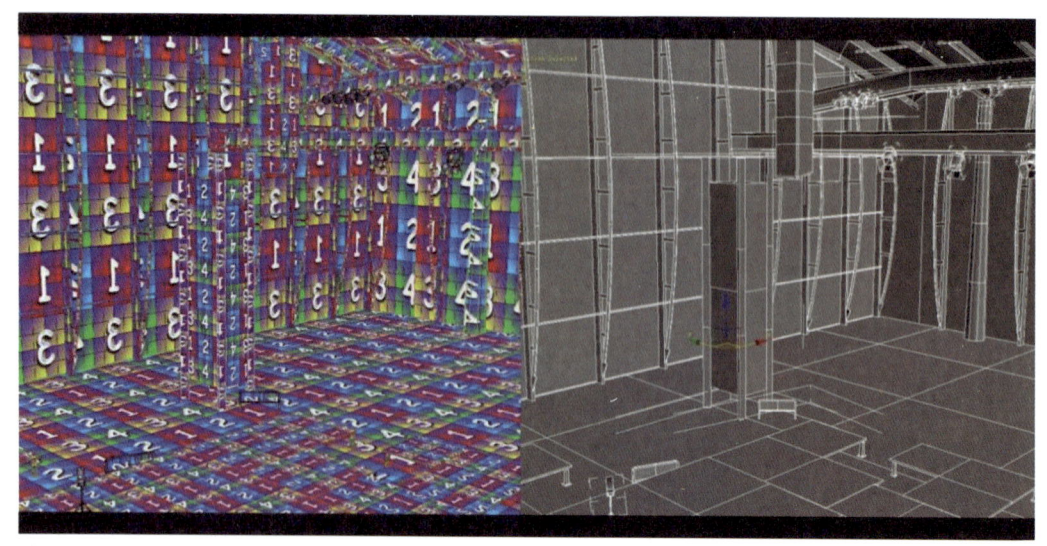

图5-19 检查贴图精度

以上是通用规范，不同领域、不同企业都会有自身规范要求，须遵循具体项目的规范和流程，逐一完成检查项。

5.3.3 三维制作的工作流程与技术要点

三维制作在影视、动画、游戏、VR、3D打印等行业的工作流程中，均属于中期制作环节；不同行业中，三维制作拥有特定的工作流程与技术要点，其差异主要受如下两方面影响。

其一，传播渠道与呈现方式的要求。如电影荧幕相较于电视屏幕、手机屏幕，对影像质量的要求更高，因此在模型与贴图精度、色彩细腻程度、空间层次，以及图像规格等方面的要求也更高。

其二，"交互"是游戏、VR等娱乐方式区别于传统影视"观看"的典型特征。不同的体验方式，其参与的状态与程度亦不同，从而对于产品各方面指标有相应的要求。目前受到硬件条件限制，各行业必须采用各自不同的解决方案。

5.3.3.1 游戏领域中的三维制作

3D游戏美术经历了从低模手绘到次世代的发展历程，如图5-20～图5-23所示。2000年左右出现了低面数模型+颜色贴图的制作方式，该方式的工作流程与特点在初级教材中已有论述；随后出现了次世代游戏，其制作方式为模型+带光影的漫反射贴图+高光贴图+法线贴图，模型较之前有了更好的光影与体积效果。目前，随着ZBrush、Substance Painter等制作工具的流行、游戏引擎的发展，加之硬件设备不断更新，新一代的次世代使用PBR（Physically Based Rendering）技术，达到接近影视级别的画面效果。

第 5 章 角色模型

图5-20 低模+手绘，只有一张贴图，需要绘制出颜色和高光、阴影、反光等所有信息
（图片来自《高级游戏美术设计》，兵器工业出版社，龙奇数位艺术工作室）

图5-21 魔兽世界60级怀旧服（游戏截图）

图5-22 《魔兽争霸3》老版低模手绘模型与重置版次世代模型
https://baijiahao.baidu.com/s?id=1616344941369956613&wfr=spider&for=pc

— 105 —

图5-23 《生化危机2》原版与重置版
https://www.ali213.net/news/html/2019-1/405319_2.html

PBR技术在初级教材中已有大体介绍，它是一种基于物理的渲染技术，最早在2010年于SIGGRAPH大会上提出，后由"迪士尼原则的BRDF（Disney Principled BRDF）"奠定了基础和方向。PBR技术包含三方面内容：基于物理的材质、基于物理的灯光，以及基于物理的摄像机，同时参照这三方面的物理规律去设计的引擎，能渲染出更接近真实效果的材质。PBR有着自身的优势和特点：艺术表现方面，着色器强制控制遵循能量守恒等物理原理，减少了目测与个人感受的不确定性，更容易制作出一致的、接近真实的效果；工作流程方面，更为规范、合理和简明，明确了流程中每个步骤解决的问题，降低了美术人员制作材质的门槛。更加接近真实的材质细节、高度的易用性及方便的工作流程，使得PBR技术在电影和游戏等工业化生产中得到广泛应用。

三维制作的具体流程如下。

1）制作高模与低模

根据精度的不同，模型可以分为高模与低模。高模具有较为复杂的中型结构与细节，布线密集，面数较多，渲染时间较长；低模则与此相反。

游戏的特性之一是交互的体验方式，强调实时反馈。为了实现流畅的视觉体验，游戏引擎只能使用低模；而硬件设备的性能与指标却不断提升。可以想象玩家在60英寸的高清屏幕前，对图像细节和精度的要求之高。更精美的模型、更丰富的色彩、更真实的场景，才能带来更强的沉浸感。为了兼顾渲染速度与画面质量，设计师借助一系列贴图技术，将高模表面的细节信息显示在低模上，让低模更接近高模的效果。因此在建模阶段需要两套基础模型：一套是引擎能够使用的低模，一套是精美度堪比影视级别的高模。如果说传统流程中颜色贴图决定了模型70%的视觉效果，那么在PBR流程中，高模能够更好地呈现视觉效果。

制作高模的思路有两种。一种是先在综合型三维软件（如3ds Max或者Maya）中制作中模，使用多边形工具建模；然后将其导入ZBrush等雕刻软件加工，通过连续细分提高模型面数，使用雕刻笔刷刻画中、小型结构与细节，提升模型品质，得到高模，如图5-24所示。

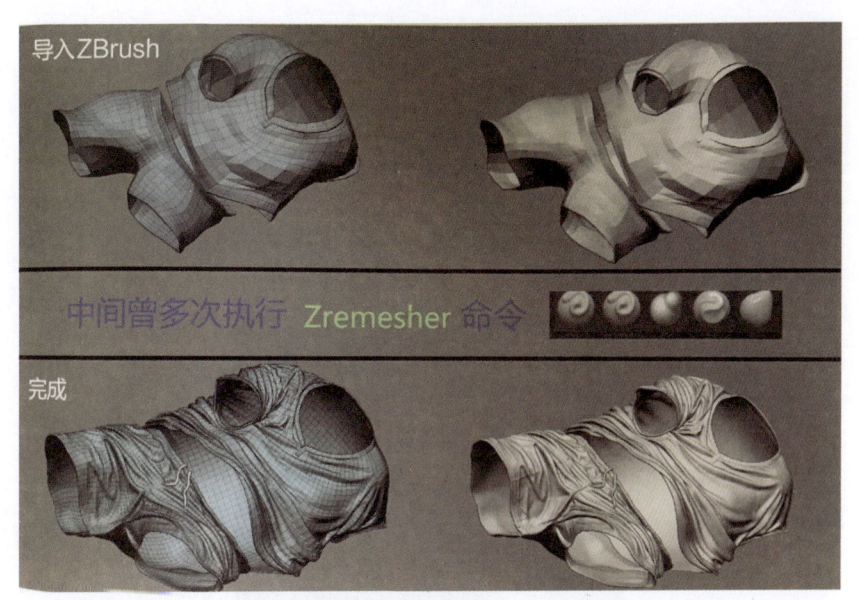

图5-24 CG作品《Crazy Fans》展示高模制作过程。3ds Max中创建中模，导入ZBrush后细分并雕刻得到高模。作者：史政

另一种思路是直接在雕刻软件中雕刻高模。例如使用Dynamesh捏出大型，使用ZRemesher重新拓扑布线后，将其连续细分至刻画细节，得到高模，如图5-25所示。

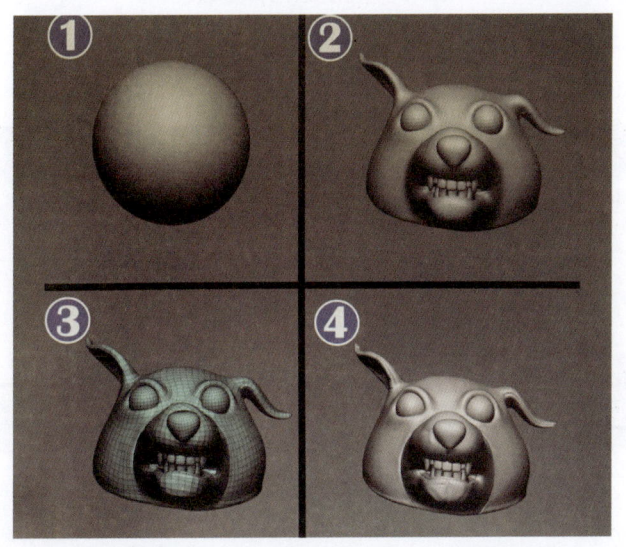

图5-25 从球体开始雕刻大型，重新布线后再细分雕刻细节，得到高模。

图片来自CG作品《Crazy Fans》

制作高模需要注意：

制作有厚度的物体（如雕花图案）时，无论向内凹陷还是向外凸起，外层都要做出往里收的切角状，而不是垂直状。这样即便在垂直视角上也能看出厚度效果。对于游戏模型来说，这样可以最大限度地表现厚度特征。此外，后期烘焙时亦能得到更好的法线效果，不易出错，如图5-26、图5-27所示。

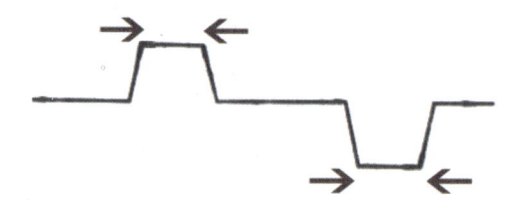

图5-26　制作凹凸厚度时做出向内切角状

图5-27　雕花时的厚度表现

游戏模型有面数限制，因而小件物体的造型偏向夸张。皮带、纽扣之类的物体，一般会特意加上明显的包边或者切角，如图5-28所示。

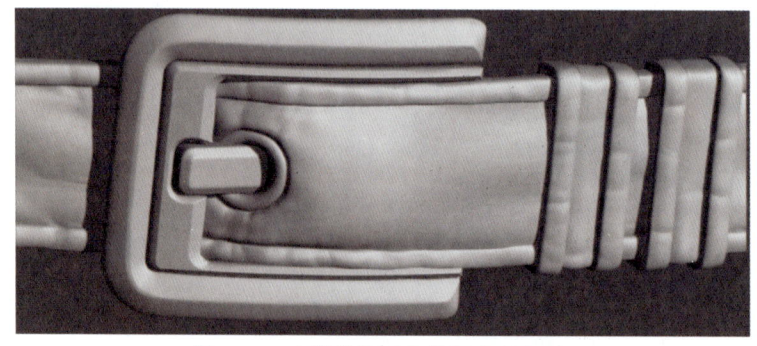

图5-28　皮带较为明显的切角与包边

高模制作完成之后，设计师通过拓扑相关软件或工具制作低模。低模须符合布线规律，并尽量贴合和包裹高模。

制作低模需要注意：建模时一些具体问题需要提前设计好，例如对于哪些结构使用建模方式表现，哪些结构使用法线贴图表现。设计师可以在制作场景或者物件的时候设定一个尺寸，例如，超过10厘米的使用模型制作，低于10厘米的使用法线制作，以此较好地控制模型，也能准确地判断随后的贴图制作。此外，镂空部位该如何表现、将模型一体成型还是拆分制作（图5-29）等问题也需要提前规定。设计师应先确定低模的制作方法，再有针对性地制作高模。

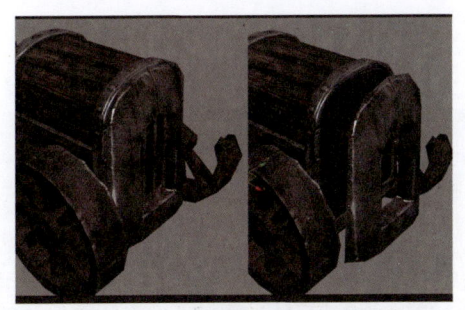

图5-29 模型拆分再组合而成

对于重复且共用UV的物件，不需要做多个高模，只需要算出法线并复制即可，如图5-30所示。

图5-30 螺丝和底座部分只需要做一个高模

低模并不是面数越低越好，而须符合项目要求。设计师应合理利用模型布线，让每个点、每条边都有存在的意义。一般来说，主角模型的面数最多，配角中的正方角色面数多于敌人；特写镜头需要切换更多面数的模型，以保证视觉上细节数量一致。引擎性能、游戏类型等因素也都会影响模型的面数要求。

2）对低模进行UV展开

为了在模型上正确显示贴图，设计师需要对模型进行UV展开，初级图书中已有相关论述。

高模与低模全部完成后，再将低模进行UV拆分与展开。需要注意的是，游戏中UV断开处，通常都是光滑组断开的地方。因此低模在展开UV之前，须进行正确的光滑组设置。光滑组即常说的软硬边，它决定了是使用边缘清晰还是使用平滑的方式渲染曲面，如图5-31所示。

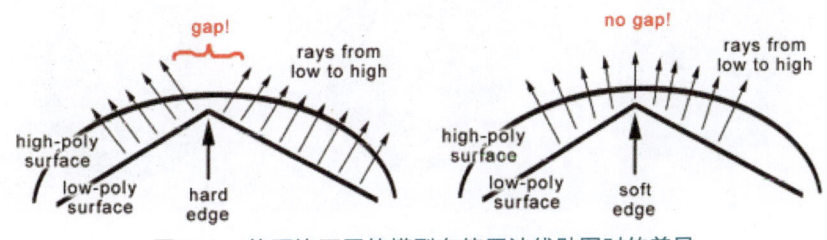

图5-31 软硬边不同的模型在使用法线贴图时的差异

高模平滑后的法线信息会被烘焙到法线贴图上，但没有统一光滑组的模型将缺少足够的信息来计算模型的方向性，因此看起来边角仍然是锐利的，如图5-32所示。

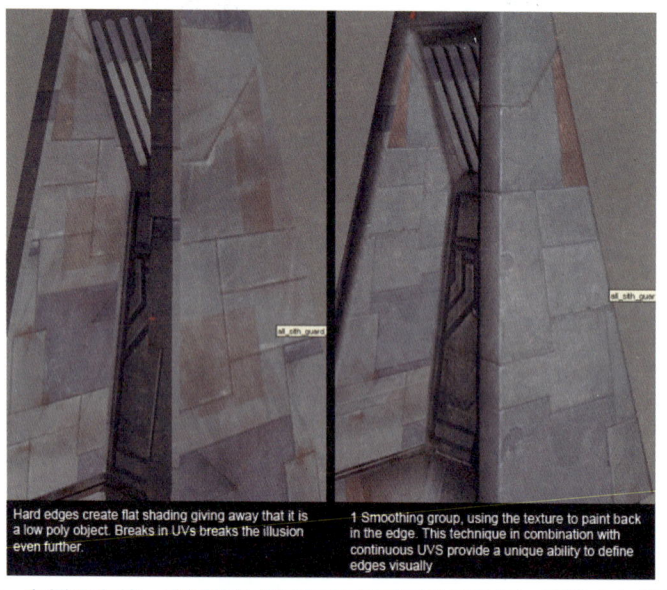

图5-32　左侧没有统一光滑组的模型即使使用了法线贴图，看起来仍然是低模
右侧模型统一光滑组，看起来更像高模

注意：分开光滑组可能会改变模型点数（模型被看作断开），有些手游项目对模型顶点要求很高，设计师应注意项目要求。

进行UV展开可以使用的工具很多，例如3ds Max、Maya这类综合型软件，RizomUV（Unfold3d）、UVLayout这类专门用于UV展开的软件。ZBrush也提供了UV展开功能，可对简单物件进行便捷操作。所有软件展开UV的思路都是一致的，基本流程为画出接缝、分割、展平、松弛、排列。

可将展开UV的模型作为最终完成的低模。

3）烘焙法线贴图

法线贴图（Normal）是一种特殊的纹理贴图。法线贴图用于精确控制物体顶点的法线信息，影响模型对光线的反射方向，让细节程度较低的表面生成高细节的光照效果，从而模拟凹凸不平的立体视觉效果，如图5-33所示。

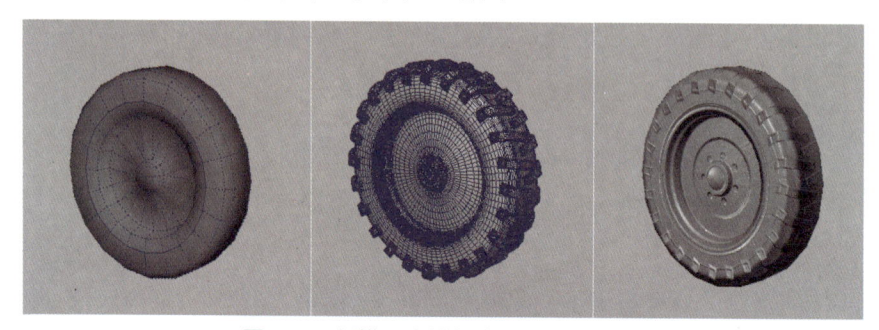

图5-33　低模、高模与法线加身的低模

想要更多的细节就必须增加模型面数，而面数增加将极大增加计算量和渲染时间，对于游戏来说非常致命。为了解决质量与速度的矛盾，凹凸贴图（Bump）应运而生。

本质上，凹凸贴图与法线贴图都是利用修改法线来改变模型表面光影效果，从而制造出凹凸假象，使其看上去变形。凹凸贴图是灰度图像，使用灰度值控制Z轴方向上的差值信息，黑色代表凹陷，白色代表凸起。8位的凹凸贴图代表Z轴方向上能产生256阶高度。法线贴图优于凹凸贴图，可将其法线向量的三维空间坐标值分别储存在纹理贴图中的RGB三个通道中，法线向量的朝向更为准确。

因此在应用上，凹凸贴图通常用以表现极为微小的细节，如皮肤毛孔等。由于过于微小，可以忽略观察的角度和方向。而法线贴图则作用于相对宏观的表面，表现较大的起伏效果，如光滑的表面等。但是同凹凸贴图一样，法线贴图的模型形状没有真正被改变，也没有增加更多的细节，只改变了光线在材质表面的传播方式，从而降低渲染时计算的面数及内容，提高渲染速度，优化渲染效果。对于处理能力受限的实时游戏引擎来说，这样既可以保证游戏流畅运行，又能得到较为丰富和真实的细节。因此，法线贴图在游戏界被称为次世代技术，早已成为CG领域的主流技术之一。凹凸贴图与法线贴图的区别与作用如图5-34所示。

图5-34　凹凸贴图与法线贴图的区别与作用

法线贴图需要将高模的细节通过映射方式烘焙出来。3ds Max、Maya、ZBrush、Substance Painter、XNormal、NDo等软件都可以制作法线贴图，目前使用较多的软件为Marmoset Toolbag（八猴）。八猴能实时、直观地看到法线加身的低模，当低模面数过低造成投射时出现歪曲等错误时，可以方便地调整和修正，得到正确的映射效果。

4）材质与贴图制作

游戏中的模型为了增加辨识度，无论造型设计还是色彩、质感设计，通常都极为夸张和繁杂。这些模型及材质上的繁复细节需要通过贴图来实现。

次世代模型包含的贴图名称和种类很多，大体可分为：颜色类贴图（Basecolor、Diffuse、Albedo等）、凹凸类贴图（Bump、Normal、Height、Displacement等）、反射类贴图（Metallic、Roughness、Glossiness、Specular等）、结构类贴图（AO、Cavity、Curvature、Position、Thickness等）、光照与环境贴图（Light Map、Cube Map等）以及其他贴图（ID/mask、Opacity、Emissive、Flow等）。

其中，对质感表现最为重要的为颜色类贴图、凹凸类贴图以及反射类贴图。

①颜色类贴图：在传统游戏工作流程（低模手绘以及上一代的次世代）中，颜色贴图通常带有一定的光影信息，美术人员将固有色、高光、投影、环境遮挡全部绘制在一张贴图上，加载在漫反射通道（Diffuse）。而PBR流程的Basecolor是摒弃了光影信息的

基础色。因此"Diffuse携带光影信息，而Basecolor则是单纯的固有色"这种说法并不准确。Diffuse（Albedo）是漫反射，Basecolor是漫反射+镜面反射（Diffuse+Specular）的组合，如图5-35所示。由于非金属材质的镜面反射十分微弱，其Basecolor与Diffuse几乎一致；金属材质则不然，Diffuse为黑色，Basecolor显示出镜面反射颜色，如图5-36所示。这也是Basecolor的颜色看上去更浅、更平的原因。

绝大部分情况下，美术人员绘制Basecolor时，只需要考虑其基本颜色，质感、光影等表现将交给其他贴图效果。也有一些游戏（如《鬼泣》）追求扎实和厚重的美术风格，则会将光影与Basecolor进行一定程度的叠加。

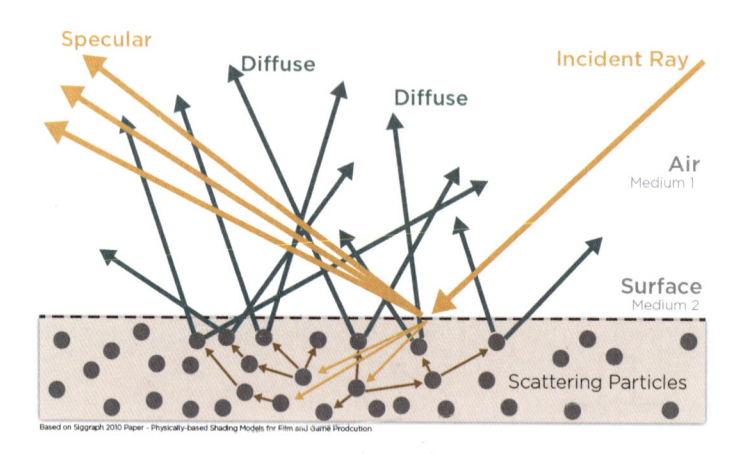

图5-35　漫反射（Diffuse）与镜面反射（Specular）

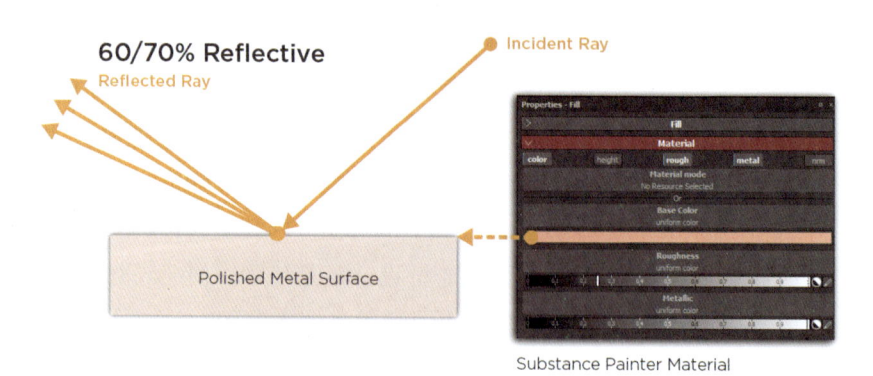

图5-36　金属的镜面反射率高达60%～70%，透射的光线几乎被吸收，漫反射几乎为0

（图5-35、图5-36来自PBR官方手册）

https://substance3d.adobe.com/tutorials/courses/the-pbr-guide-part2-zh

②凹凸类贴图："烘焙法线贴图"部分已有论述。Substance Painter中图层的默认通道包含高度信息，可以生成高度贴图（Height）。与传统凹凸贴图（Bump）一样，高度贴图记录模型表面的高度值。为了得到更理想的光影效果，设计师在创作中通常将高度贴图与法线贴图结合起来，做细节上的凹凸叠加。输出游戏贴图时，高度通道上的绘制结果将叠加在法线贴图上，输出至游戏引擎，如图5-37所示。

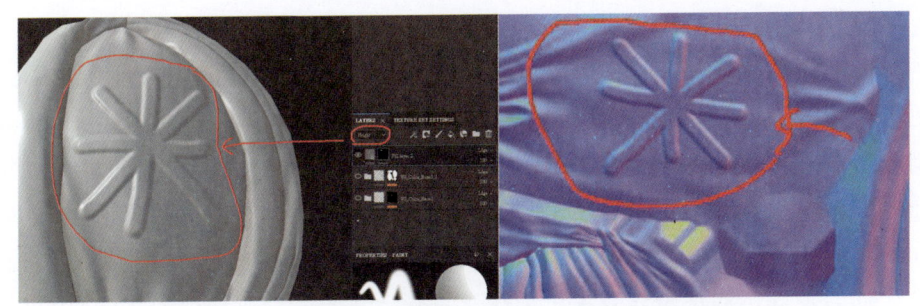

图5-37　绘制的高度信息叠加到法线贴图中进行输出

③反射类贴图：包含金属度贴图（Metallic）、粗糙度贴图（Roughness）、高光贴图（Specular）、光泽度贴图（Glossiness）等。这类贴图对材质表现起着至关重要的作用。模型表面光滑还是粗糙，是否为金属，对于这些触感和材料的问题，人们单凭视觉就可以进行感知判断。决定效果的根本原因在于物体高光与反射的形态、强度、范围、分布状况等因素。

这四类贴图无须同时使用，它们属于两种常见的PBR工作流程，即金属/粗糙度（Metal-Roughness）流程与高光反射/光泽度（Specular-Glossiness）流程。

高光贴图控制高光（镜面反射）强度。

光泽度贴图控制高光的范围，代表表面的光滑程度，与粗糙度是相反的一对参数。

金属度贴图用于判断一个物体是否为金属。在"颜色类贴图"中说到，金属与非金属的基础色来源不同，金属来自镜面反射，因此在创建PBR材质的时候，通常会先判定介质表面是金属（F0=1）还是非金属（F0=0.04）。当金属生锈、蒙尘时，有可能在某些部位出现半金属的设置，如图5-38所示。

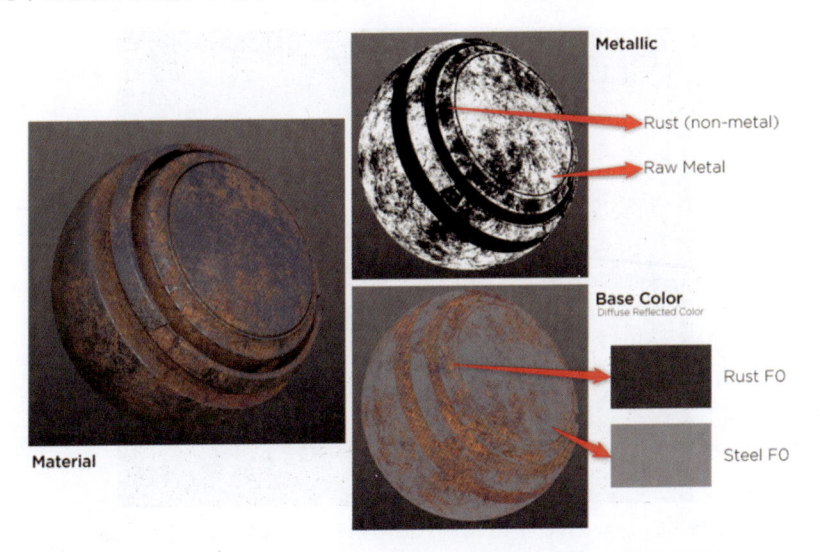

图5-38　金属与非金属的混合，锈蚀化区域被视为F0=0.04的非金属

两套流程各有利弊，如图5-39所示。Specular-Glossiness的物理概念更明确，对应的Diffuse只表达漫反射，Specular控制镜面反射；而Metal-Roughness中的Basecolor同时混

合了两种反射，Metallic亦是一个略为复杂的属性。

然而更常用的却是Metal-Roughness流程。Specular-Glossiness流程中的Specular携带颜色信息（图5-40），设计师须对颜色进行判断和把控，增加主观性；同时，它可以控制非金属材质的F0参数，能创造出现实中不存在的奇妙材质。然而游戏制作是团队工作，最后多个模型整合到引擎中时，极有可能无法保证视觉风格的统一。Metal-Roughness流程让设计师的制作思路得以简化，只须客观判断材质是否为金属，看似限制了设计师的发挥，却使整体效果更易统一调控。再者，控制反射效果的Metallic贴图只是一张黑白图，文件较小，更适合游戏开发。因此，在说到PBR流程时，大多数情况特指Metal-Roughness工作流程。

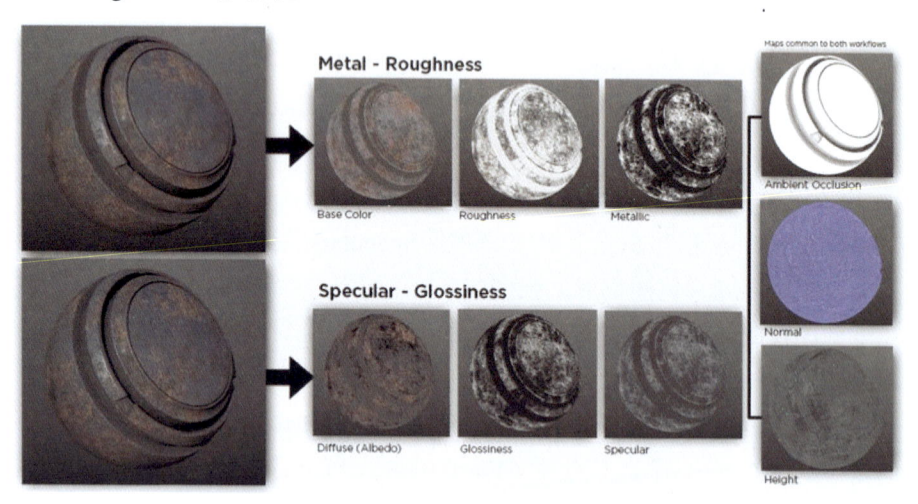

图5-39　两套流程对比（图片来自PBR官方手册）

图5-40　Specular-Glossiness流程中的Specular包含颜色信息

目前，最常用的次世代材质贴图制作软件是Substance Painter。大致操作步骤如下。

①将低模导入软件中，先进行一系列基础设置，包括贴图尺寸、法线类型等，如图5-41所示。

图5-41 基础设置

②在纹理集设置中烘焙基础贴图，如图5-42所示，包括结构类贴图Normal、AO、Cavity、Curvature、Position、Thickness等，以及ID辅助操作的贴图等（为之后制作遮罩等操作提供关键信息）。如果低模已烘焙法线贴图和AO贴图，则可直接导入。

图5-42 烘焙基础贴图

③选择合适的着色器，多数情况是默认的pbr-metal-rough，如图5-43所示。

④在图层面板中分层制作材质与贴图，如图5-44所示。分析该材质的元素和构成，一般会从两方面考虑：一方面为模型本身的材质，包括固有色和粗糙度、金属度等设置；另一方面，在自身材质的基础上添加其他元素，将划痕、锈迹与油渍、脏旧等分层逐一制作，提高复杂度与写实度。

图5-43　选择合适的着色器　　　　图5-44　分层制作材质

例如金属是一种容易引人注意的材质，制作时通常会先分析它是略显陈旧厚重的重金属（如蒸汽朋克风格），还是科技感十足的轻金属（如赛博朋克风格），两者在色彩倾向上将有所区别。进一步分析略显陈旧厚重的金属外层油漆脱落后，露出的金属是否生锈；若有锈迹，其颜色、分布位置及形态是怎样的；外壳上是否有图标，图标是何种材质，是否有磨损或撕毁；最后，分析表面是否有泥土和灰尘，它们如何分布。

5）输出

游戏模型与贴图最终需要输出至游戏引擎中才能使用。

Substance Painter在贴图输出方面非常灵活，可以为各大游戏引擎与渲染引擎输出需要的贴图，并且提供命名的规范设置，十分方便。对于某些重要部件，贴图细节较多，可根据项目需求，将尺寸设大一些。另外，游戏素材资源有限，为了提高贴图利用率，输出时可以将一张贴图的RGB通道分别塞入三张不同的单通道贴图，如Metallic、Roughness与AO（如上所述，Metallic是单通道黑白图，Specular带有颜色信息，这也是Metallic更为流行的原因之一）。引擎只须调用这一张包含三种信息的贴图，从而节省资源，提升效率。

5.3.3.2　影视动画中的三维制作

影视动画中所有的角色、场景、灯光全由人工设计制作，模型师、材质贴图师、灯光渲染师等工作人员在角色与场景设计稿、分镜头脚本、效果图等指导下完成自己的工作，大体流程为：

（1）中模与高模制作；

（2）中模UV展开；

（3）材质与贴图制作；

（4）绑定与动画制作；

（5）灯光与环境设置；

（6）渲染输出。

与游戏领域的三维制作相比，影视动画制作有很多类似的流程与技术要求，例如在传统多边形制作基础上，增加高模制作环节，提高模型质量；使用雕刻软件雕刻更多中小型结构及细节；高模面数可达上千万，无法直接制作动画及后期渲染，主要用于制作贴图，表现模型细节等。

影视动画制作与游戏制作的差异主要来源于两者对渲染时间的要求不同。游戏制作受实时渲染限制，在模型和贴图等环节有其特殊的解决方案；影视动画制作则更多地依照真实物体来建造，并遵循现实世界的物理规律。具体差异如下所述。

1. 模型面数限制

目前在游戏领域中，最终导入引擎中使用的模型大多仍为低模，模型面数有严格的限制；而影视动画中通常不使用低模，一般无具体面数要求，以达到视觉效果为目的。两者在制作环节与技术要求方面大部分的差异均源于面数限制。

2. 模型布线要求

无论游戏还是影视动画，模型若需要制作变形动画，都会有严格的布线要求（高模用于制作贴图，不用于动画形变，因此没有布线要求）。

首先，动画模型和游戏模型在布线上最大的区别在于卡线。卡线可以保护面与面的转折在平滑时不出现较大范围的形变。平滑之后，卡线两边的距离大小决定了转折的软硬程度。现实生活中的物体边缘，不存在绝对的面转折，而是有大小不一的曲面过渡。在很多角度上，肉眼看到的边缘高光就来自这些转面，如图5-45、图5-46所示。

图5-45　边缘高光来自于切角转面

图5-46　硬转折、卡线以及卡线后平滑使边缘出现高光的效果对比

因此，影视动画模型在处理表面转折时一般使用卡线+平滑方式，硬表面模型就是典型；而游戏模型为了节省面数，不进行卡线和平滑，通常采用光滑组ID来区分表面转折。这种转折面与面的夹角较小，视觉上硬度很大，因此一般配合法线贴图来软化转面，表现细节。

其次，在布线密度和分布上亦略有不同。两者存在一定的共性，无论面数多少，最为重要的都是必须考虑动画要求。游戏模型可以看作动画模型的精简版，因此布线讲究合理和够用，在轮廓、大转折等结构突出的、关键的部位更为集中；影视动画中的布线则要求尽量均匀、整齐。

最后，游戏低模中很多细节通过贴图来表现，无须以建模方式做出，某些面数较低的模型考虑到后期绘制贴图，可能需要通过布线做出一定的标识，例如在衣服上切出皮带的位置和走向。而影视动画中，装备须实实在在构造出来，甚至细节亦是如此，此时对布线要求更为严格，如图5-47所示。

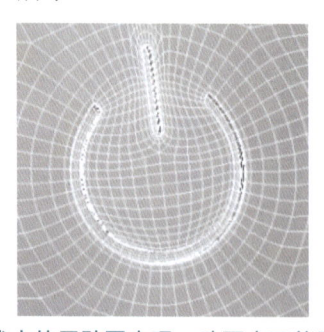

图5-47　此类标志，游戏中使用贴图表现，动画中可能要求以建模方式制作出来

3. 制作厚度体积的差异

游戏中需要考虑低模烘焙带来的影响，防止烘焙出错；还要强化厚度感，通常会夸张地做出明显的切角。动画中可以不予考虑，按照实际结构制作即可。

4. 模型增加细节的方式

游戏中多采用"低模+法线贴图"方式，影视动画中则多使用"中模+置换贴图（或矢量置换贴图）"方式。

与法线贴图及凹凸贴图相比，置换贴图（Displacement）真正改变了顶点位置，增加了模型面数，制造了表面凹凸。它在曲面细分算法（Tessellation）基础上操作，只在渲染时进行细分，因而不会破坏低模特性。细分的面不参与骨骼与动画运算，因此置换贴图虽然渲染更为耗时，但并不影响动画制作，从而成为影视动画中增加模型细节的方法之一。实际项目中，可以将法线贴图、凹凸贴图与置换贴图结合起来作用，用置换贴图表现较大的结构细节，用法线贴图和凹凸贴图追加更微观的、对观察视角要求不高的细节，如图5-48、图5-49所示。

图5-48　基础模型、凹凸贴图与置换贴图

图5-49　置换贴图表现藤篮凹凸细节

5. UV展开、材质与贴图制作

游戏低模在UV展开时，为了确保正确烘焙贴图，通常要求光滑组ID不同的面切开UV（主要针对夹角小于90°的面）；影视动画中模型有足够多的面数，则无此要求。

游戏中贴图分辨率一般不超过4K，Substance Painter足以胜任；电影动画中贴图分辨率要求更高，可能需要8K甚至32K，可以使用Mari来绘制超高分辨率的贴图。

另外，低模手绘游戏的模型面数很低，光影、结构等细节全靠贴图表现，对手绘能力要求更高。

6. 渲染方式与工具

游戏实时渲染，影视动画离线渲染。影视动画力图完美还原现实中的镜头特征，通过光线追踪（Ray Tracing）、路径追踪（Path Tracing）等渲染方式和算法来计算光线在镜头中的多次透射、反射，以及景深、炫光等表现，在阴影、反射、折射、全局光照等方面有着优秀的视觉表现。目前，大部分游戏主要使用光栅化（Rasterization）渲染方式，并通过技术手段"模拟"各种镜头效果，在渲染质量上仍落后于影视动画。

渲染工具方面，游戏的最终画面由引擎渲染而成；影视动画目前则多使用支持PBR材质的物理渲染器，如Anorld、Redshift、Vray、Renderman，以及自研开发的渲染器等。

7. 工作流程

影视动画中无须使用低模，与游戏相比，工作流程少了低模拓扑环节。

游戏模型与贴图完成后将导入引擎中测试材质贴图效果，确定无误之后再提交动作部门进行绑定与动画。最后将所有美术资源导入游戏引擎中，正式进行模型整合，以及材质、灯光与环境调试。若是没有专门的引擎动画制作部门，则由模型师负责搭建与测试。

游戏与影视动画在工作流程和技术要求方面的差异受到渲染时间和能力的限制。随着各大公司对光线追踪的支持，显卡性能与渲染速度不断攀升。UE5的概念性游戏作品已无面数限制，画面更为精美，工作流程也更为简易。更多的游戏把光线追踪渲染与光栅化渲染结合起来，如《古墓丽影》中将光线追踪用于阴影，《战地5》中水面、金属等材质表面采用光线追踪，增强反射质感，提升细节水平（图5-50）。游戏图像渲染质量逐渐向影视动画效果靠拢，如图5-51所示。光线追踪也将极大地便利和优化影视动画创作过程，并对未来工作流程产生冲击和变革。

图5-50 《战地5》中光线追踪下的水面反射效果

图5-51 《使命召唤》游戏截图

5.3.3.3 实拍影视中的三维制作

三维制作还常常参与到实拍影视中。例如在电影《我和我的祖国》之《护航》中，无法使用真正的飞机拍摄飞行动画，因此大量包含飞机的镜头需要三维制作与实拍镜头合成。前期拍摄时，三维制作人员须跟随剧组去拍摄现场采集素材，包括飞机的细节、表面贴图等。之后建模师创建高精度模型，用于近景与特写镜头，并使用ZBrush

与Substance Painter为飞机添加划痕、凹陷等使用细节，使得模型与材质更加逼真、写实，如图5-52所示。

图5-52 《我和我的祖国》之《护航》中飞机特写镜头展现材质与贴图细节

前期采集素材时，拍摄现场的光照环境也将被记录并制作为环境贴图，保证飞机能融入实拍环境，避免出现纰漏，如图5-53所示。

图5-53 CG飞机光照需要与实拍镜头光照环境匹配一致

（图片来源于长空一画Demo）

实拍结束后，Layout部门的摄像机跟踪师将现实摄像机转化为虚拟摄像机，计算与还原各项参数信息及运动情况，将实拍画面与三维模型及场景搭建在一起，并对空间关系进行精准匹配。总之，与纯动画相比，实拍影视中的三维制作各个环节都必须考虑现实情况，除了模型和材质纹理，灯光、环境、摄像机各参数及运动都必须与实拍影像完美吻合。

近年来，三维制作在实拍电影中的比重越来越大。例如《流浪地球》中使用大量CG素材，包含2000多个特效合成镜头以及50多个全CG镜头，如图5-54所示。随着CG技术不断发展，奇幻题材的影视作品被越来越多地搬上银幕。

图5-54 《流浪地球》中空间站的搭建

（图片来自墨竟天合无锡数字图像科技有限公司官方微博公布的《流浪地球》部分视觉特效）
https://m.weibo.cn/1341392114/4344994796618102

5.3.3.4 手办与雕像的三维制作

"手办"也称作"首办"或"首版",原名GK模型(GARAGE KIT),指打样时做的参考品,现特指以动漫、电影、游戏角色为原型制作的周边衍生品,通常为高精度、可拼装的小尺寸雕塑作品,如图5-55所示。尺寸更大的通常叫作雕像(statue)。

图5-55 朱碧·多拉以及初音手办

目前约八成的手办为3D打印制作而成。大体流程为:前期策划、概念设计、三视图以及承重等设定,随后在三维制作软件中建造高精度模型。为了便于打印、涂装及运输,需要将模型拆分成部件。高模完成后,由3D打印制作母模,并通过翻模、修模等工序制作模具。最后,涂装完成样品,与买家商定量产的标准、费用及品质参考。

由于不需要贴图、动画等环节,三维制作人员在手办制作中的主要工作就是建模。一般来说,工作方式为直接在ZBrush中雕刻高模。素模完成后可以进行顶点着色,以供厂家涂装时参考。需要注意的问题是模型及细节的精度与厚度要求,具体如下。

(1)模型与细节尺寸有最小精度要求。打印机的喷嘴直径是固定的,即打印机拥有能打印的最小尺寸,低于该尺寸将无法实现。

(2)模型与细节都要进行一定程度的夸张,做得深厚一些。一方面,实物打印出来能更为结实,太过细小的位置有断掉和变形危险,这些位置包括模型壁厚、线条直径、刻线等,雕刻时须加厚处理。另一方面,后期打印和翻模会产生不同程度的细节损失,例如翻模时约有0.1mm的缩水。因此结构和纹理都须做得更为深刻,最后得到的实物才能更接近设定。

其他具体问题需要看到打印实物,才能对症解决。

除了游戏、影视动画、实拍影视、手办制作等主要应用领域,三维制作在产品演示、文物重建、AR旅游、建筑可视化、工程模拟、广告宣传片、数字化城市等领域都得到了广泛应用。各行业及领域的具体需求不一,设计师必须根据实际项目和客户需求制定工作流程与技术规范。

5.4 岗位案例解析

5.4.1 3D数字手办制作：二次元少女

本书讲解3D数字手办——二次元少女的制作，如图5-56所示。

图5-56 二次元少女

使用软件：ZBrush、3ds Max、Marmoset Toolbag。

制作方案：以ZBrush雕刻外形，并进行顶点着色。制作步骤大体分为以下五步。①制作素体人物；②添加贴身物品与头发；③摆放姿势；④顶点上色；⑤Marmoset Toolbag渲染。

制作要点：整体形体塑造；二次元脸部特征；女性特征处理；体块化毛发制作；体缝的雕刻；模型管理；顶点着色的上色方式；Marmoset Toolbag的布光方式等。

原画如图5-57所示。

图5-57 原画

1. 二次元手办分析

"二次元"是一种文化类型，通常用于指代游戏、动画作品中的角色，以及实体手办。制作之前，可以多观察参考图片，掌握其脸部的形体，如图5-58所示。二次元角色的脸部比例可以参考婴儿头骨，五官偏下，眼部到嘴部距离比较紧凑；侧脸轮廓比较像猫的侧面。

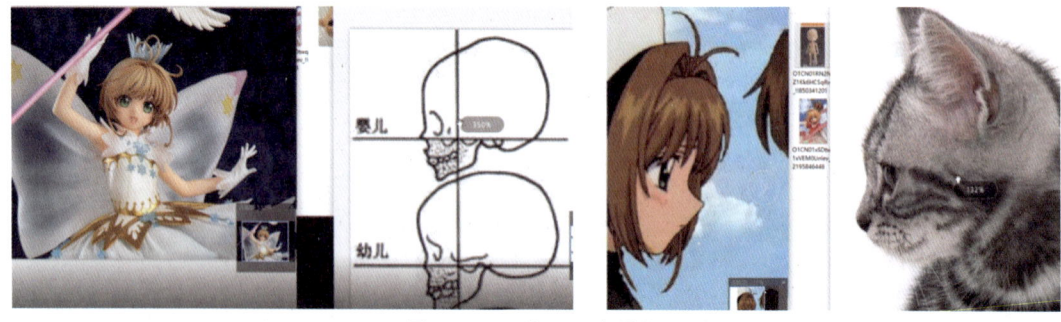

图5-58 二次元手办分析

也可以多观察其他二次元手办的成品图，了解其五官的处理方法。二次元角色面部通常很平，没有太多的结构起伏；嘴部与眼部有些则不进行刻画，而是使用贴图，如果有任何一点偏差都会比较奇怪。有些手办会有轻微的五官刻画，如眼眶或者张开的嘴部。

2. 前期准备工作

（1）设置输入法。

大部分软件使用Shift键频率相当高，与很多中文输入法冲突；建议使用英语为默认语言，防止切换至中文。

（2）设置数位板、压感笔与触控，如图5-59所示。

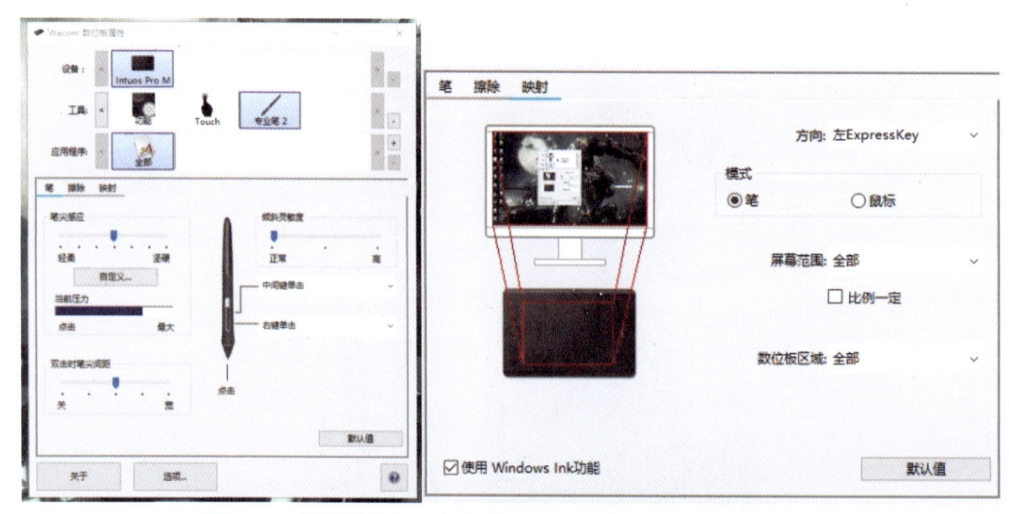

图5-59 调试数位板，根据自己需要，设置数位板映射范围

第 5 章　角色模型

使用压感笔的时候，长按会被认为右键操作，从而出现右键菜单，妨碍操作，建议关闭其功能。可以在控制面板的"笔与触控"选项（注意，不是Windows设置中的"笔与触控"）中，取消默认的勾选，如图5-60所示。

图5-60　感压笔使用注意事项

（3）Zbrush中UI与界面设置，如图5-61所示。

图5-61　以自己的操作习惯，配置自定义窗口

可以为常用的笔刷设置快捷键，提高操作效率。

ZBrush中大部分默认快捷键都是功能名称首字母与Ctrl键、Shift键以及Alt键的搭配，我们可以仿照这一点，将功能相似的笔刷设置为相同的数字，搭配辅助控制键。例如黏土堆砌笔刷（ClayBuildup）与标准笔刷（Standard），可以设为"1"与"Alt+1"；收缩笔刷（pinch）与膨胀笔刷（inflat），可以设为"2"与"Alt+2"；移动笔刷（move）与拓扑移动笔刷（move topo），可以设为"3"与"Alt+3"；抛光笔刷（SPolish）与动态切削笔刷（TrimDynamic），可以设为"4"与"Alt+4"。其他常用如DamStandard笔刷也可以进行快捷键的设置。

ZBrush默认的背景为渐变色，若是觉得不便于观察，可以在文件菜单中将其改为纯色背景，如图5-62所示。

图5-62 为便于观察，将渐变色背景改为纯色

3. ZBrush角色身体雕刻

（1）头部建模。

方式一：灯箱（LightBox）中有卡通角色头像，可以在此基础上进行改造。参考成品手办以及动漫中形象，调节侧面造型，如图5-63所示。

图5-63 调节侧面造型

注意：雕刻的时候打开透视，如图5-64所示。

如图5-65所示，面部造型需要口腔往前提，鼻梁往里压；观察原画，额头比较宽大，可以从不同角度查看调节。

图5-64 打开透视　　图5-65 调节面部造型

方式二：从球体开始雕刻。

使用遮罩，拖出下颌。调整眼睛与鼻子的形态，将眼窝推进去、眼角两侧往里收，鼻尖尖一点，完成头部的雏形，如图5-66所示。

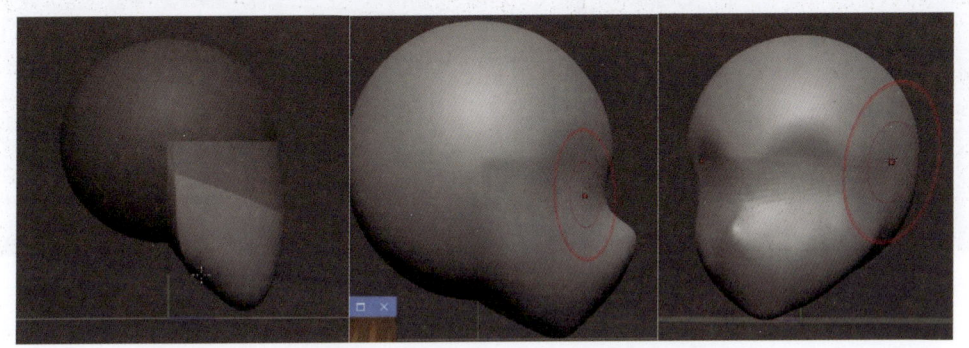

图5-66　调整五官，完成头部雏形

添加耳朵，放置在靠下的位置。注意耳朵的三角造型以及与头部衔接的部分。可以使用黏土工具对其进行塑形。卡通角色的耳朵不用太复杂，中间略有凸起即可，耳廓可以深一点，如图5-67所示。

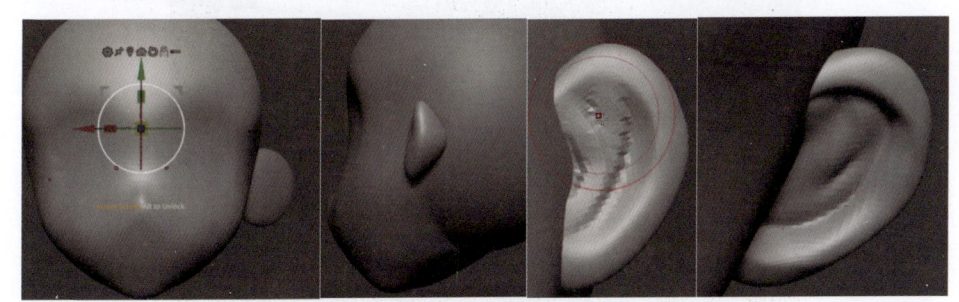

图5-67　调节耳朵

使用插件Zplugin的子工具大师（SubTool Master）进行对称，并仔细调整耳朵位置，如图5-68所示。

图5-68　调整耳朵

使用Dynamesh，将头部与耳朵合并为一个物体，如图5-69所示。

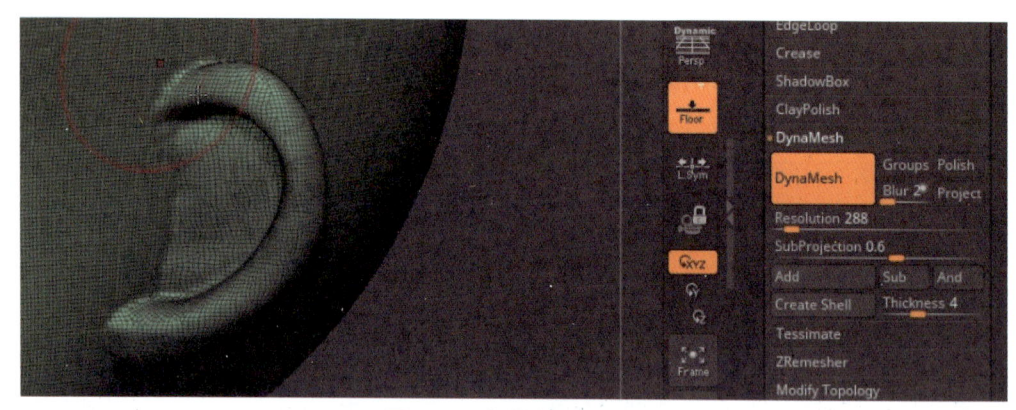

图5-69 合并耳朵与头部

添加脖子。女生颈部比较纤细，上下部直径差不多，衔接处适当放大，如图5-70所示。

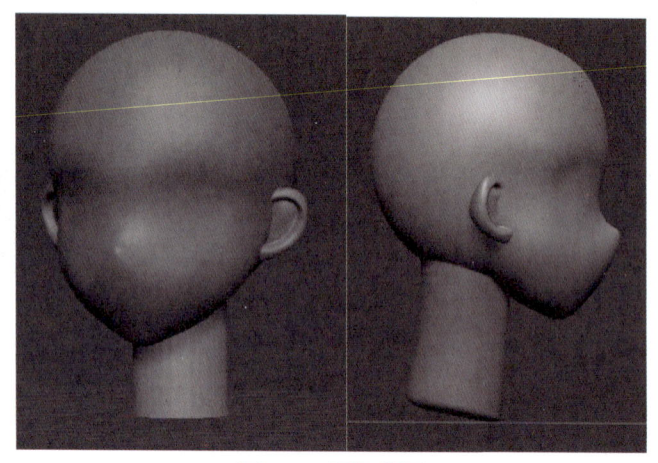

图5-70 添加脖子

修饰额骨（前方较为扁平，到约三分之二处开始转折）、眉弓、耳朵、脸颊等局部，完成头部大型，如图5-71所示。

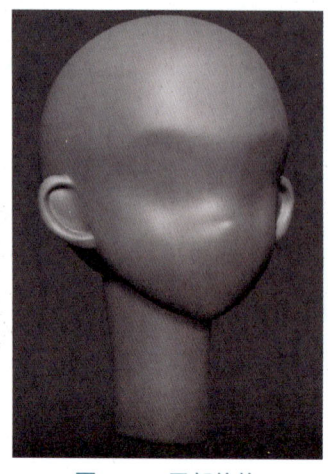

图5-71 局部修饰

（2）女性身体建模。

雕刻女性角色的难度大于男性角色。男性肌肉较多，而女性体脂率较高，因此在雕刻的时候，需要清楚哪些部位是肌肉，哪些部位应以曲线表达。二次元的女性角色，会将一些特征夸张处理。可以找身材高挑的欧美女性作为参考，也可以参考实体手办。

先使用球体或圆柱体将身体各部位搭建出来，包括胸部、腰部、腹部与胯部，如图5-72所示。

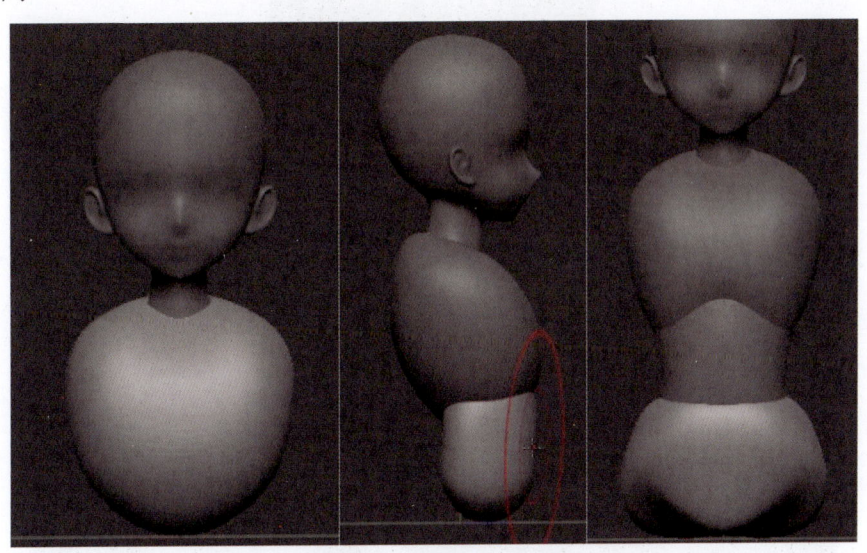

图5-72　女性身体建模

注意脖子与胸腔的穿插，不要有生硬的凸起，要让它们的形状符合整体肌肉结构。胯部较大，与肩基本同宽。手肘稍微弯曲，手臂呈自然下垂状态。可以使用遮罩进行分组，区分上臂与下臂。下臂可以做长一点，以衔接手掌。修改姿势时，先将Gizmo 3D操纵器位置移动至手肘处，再进行旋转，使其接近原画姿势，如图5-73所示。

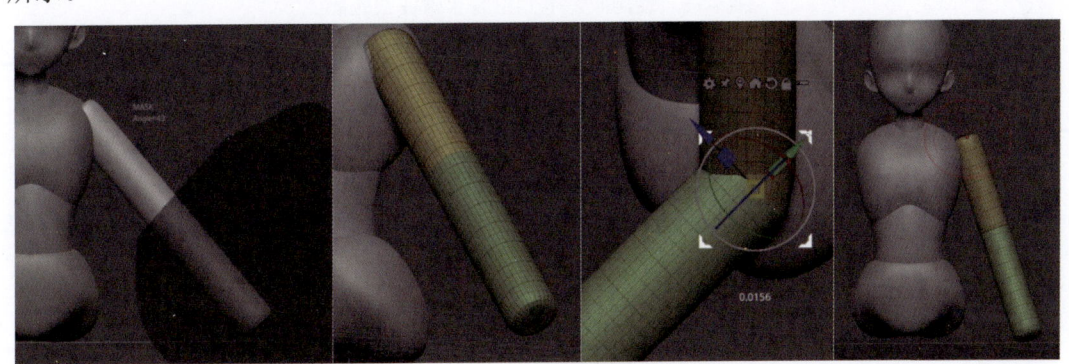

图5-73　手臂建模

调整肩部与胸大肌的穿插，后部略高，如图5-74所示。

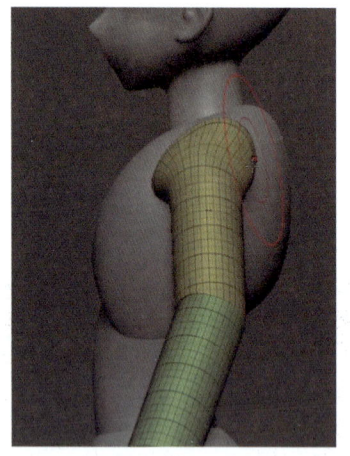

图5-74 调整肩部与胸大肌的穿插

使用收缩笔刷绘制手臂曲线轮廓,如图5-75所示。

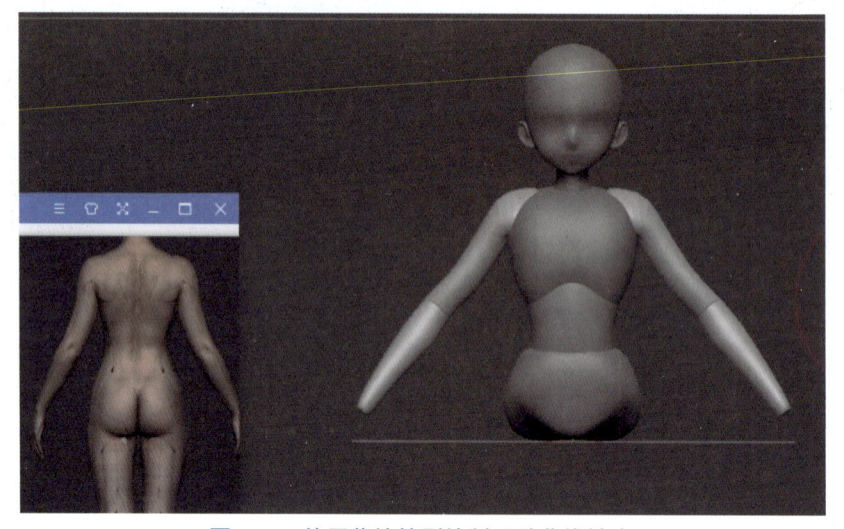

图5-75 使用收缩笔刷绘制手臂曲线轮廓

使用与制作手臂同样的方法,制作腿部大型。注意脚后跟与后脑平齐,如图5-76所示。

图5-76 脚后跟与后脑平齐

注意腿部肌肉分布与形状，如图5-77所示：大腿肌肉偏向前凸出，以表现力量感；膝盖内侧有肌肉；大腿内侧有脂肪堆积，小腿内侧有肌肉；小腿外侧相对平直，比较贴近腓骨。

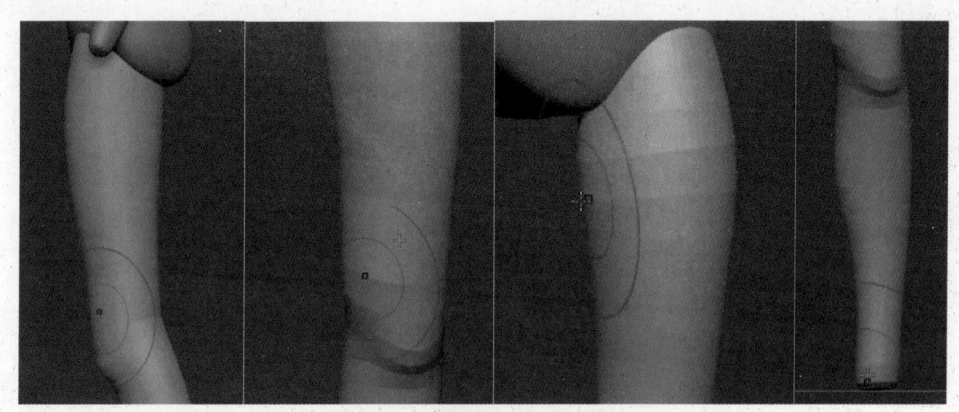

图5-77　腿部肌肉分布与形状

身体大型基本如图5-78所示。

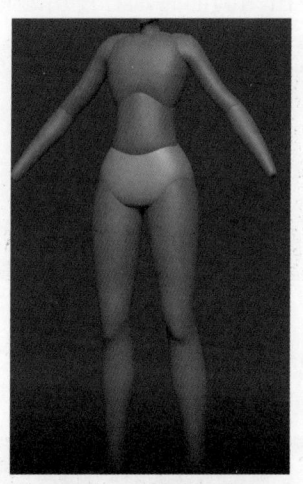

图5-78　身体大型

手办模型是固定姿势，手指动作可以直接摆出来。制作时从中指开始，将单个手指形状调好后，复制出其他手指即可，不用逐一制作。增加圆柱面数后再进行弯折，制作出姿势，如图5-79所示。女性手指较为纤细，少有结构刻画，注意指头根部略粗。

图5-79　手指制作

制作指腹时，默认圆柱头部有大量三角面，须对其重新布线，如图5-80所示。

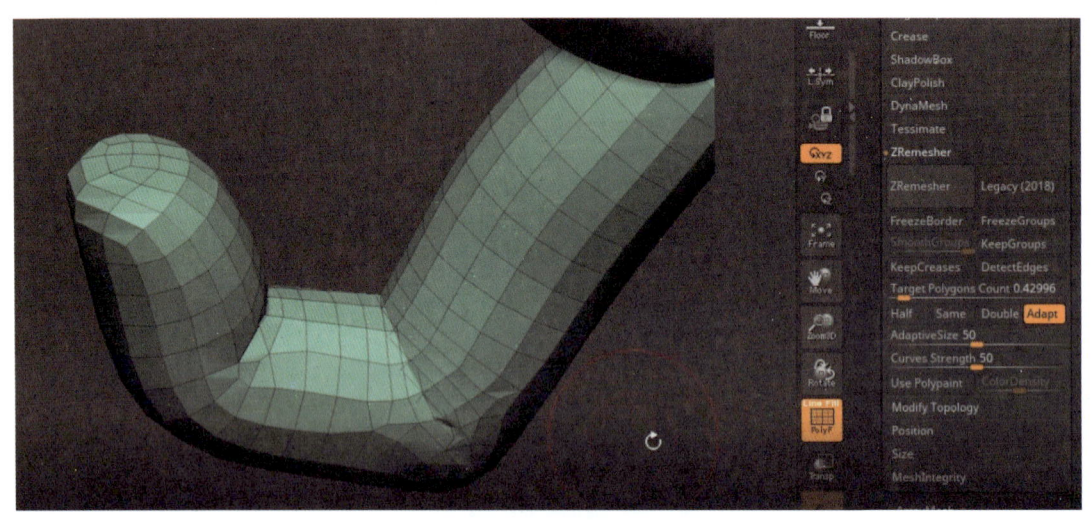

图5-80　指腹制作

使用黏土笔刷雕刻指肚，做出饱满的感觉。使用遮罩制作指甲，如图5-81所示。

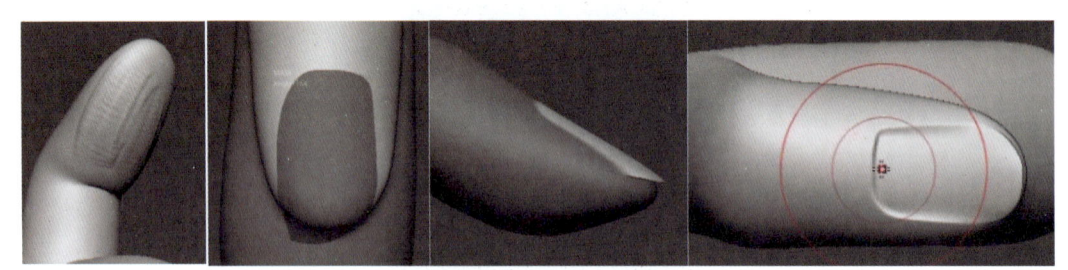

图5-81　指甲制作

复制出其余手指，将gizmo控制器放在根部，调整手指的位置和角度。注意手指间要保持距离，这样进行DynaMesh操作时不会连在一起，如图5-82所示。

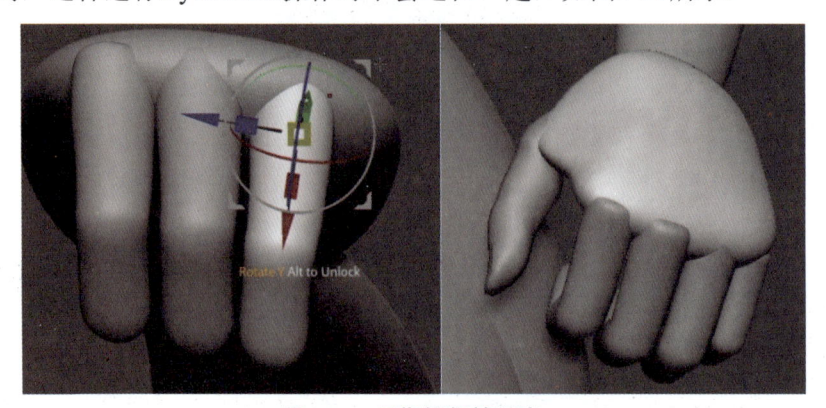

图5-82　手指间保持距离

此时身体所有模型部件搭建完成（运动鞋之后单独制作，可忽略脚部）。合并所有子物体，测试DynaMesh操作，如图5-83所示。重点观察手指，如果手指连在一起的话，须再调整指间距离，调整后将衔接处进行平滑处理。

图5-83 合并所有子物体，测试Dynamesh操作

接下来对身体进行重新布线。将身体模型在子物体中复制一个，使用ZRemesher重新布线，并增加细分级别，依次投射原物体，直至指甲盖这样的细节处映射出来，如图5-84所示。随着细分级别升高，投射的运算时间以4倍递增。

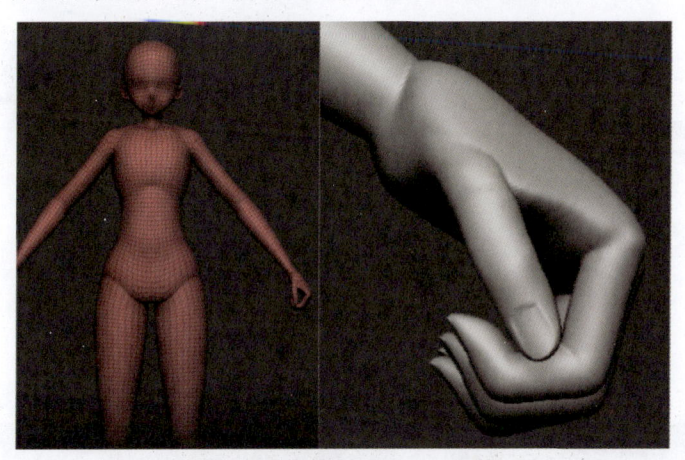

图5-84 对身体进行重新布线

如果用笔刷直接刷出胸部，难以控制形体；这里可以用球体搭建，再进行Dynamesh、ZRemesher等操作，如图5-85所示。

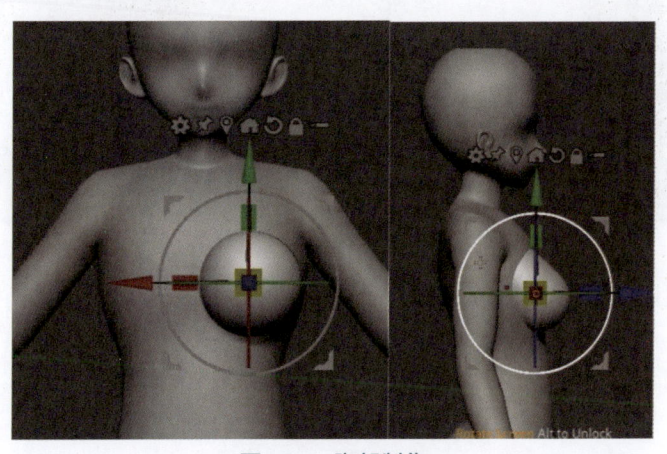

图5-85 胸部制作

注意衔接部位,尤其是腋下的结构,如图5-86所示。

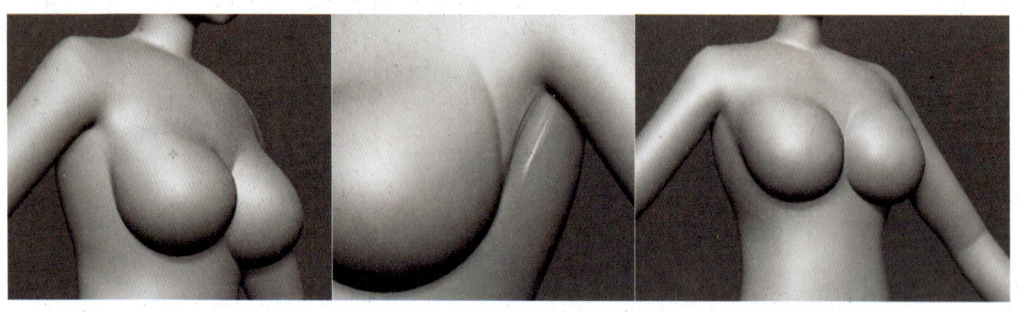

图5-86　注意衔接部位

(3)局部细雕。

大型及布线完成后,可以着手局部细雕。

例如,锁骨的造型像一把弓。只是这把"弓"的末端没有肌肉支撑,因此会有明显凹陷,如图5-87所示。

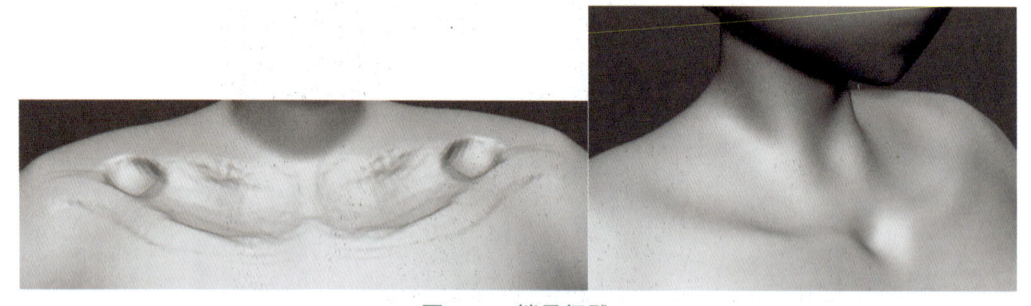

图5-87　锁骨细雕

根据参考图,雕刻肌肉的中型结构,如图5-88所示。

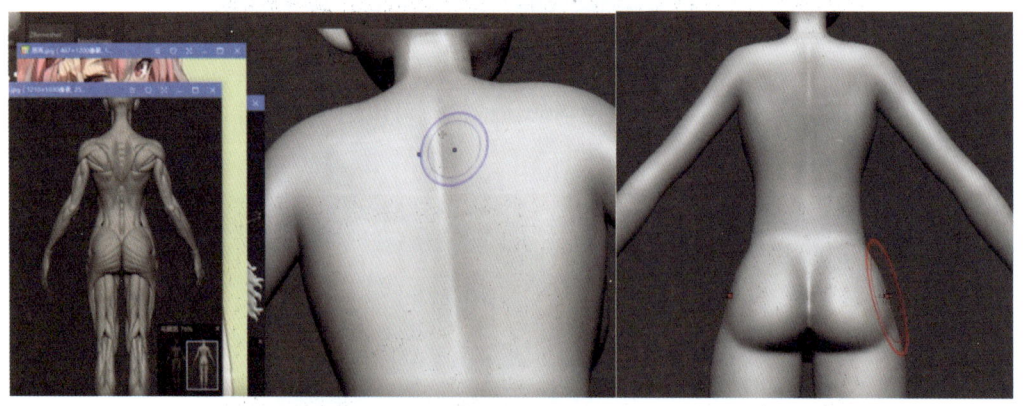

图5-88　根据参考图,雕刻肌肉的中型结构

腹部肌肉曲线不能像男性那样夸张,如图5-89所示。

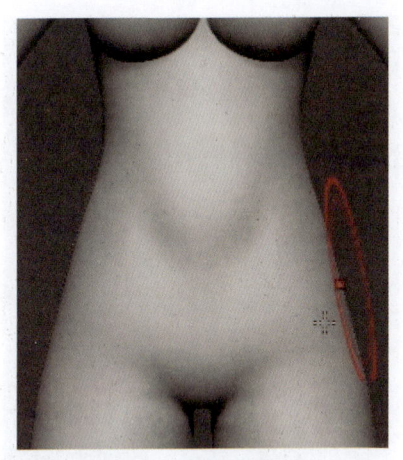

图5-89　腹部肌肉曲线

膝盖内侧的肌肉需要细雕出来，如图5-90所示。

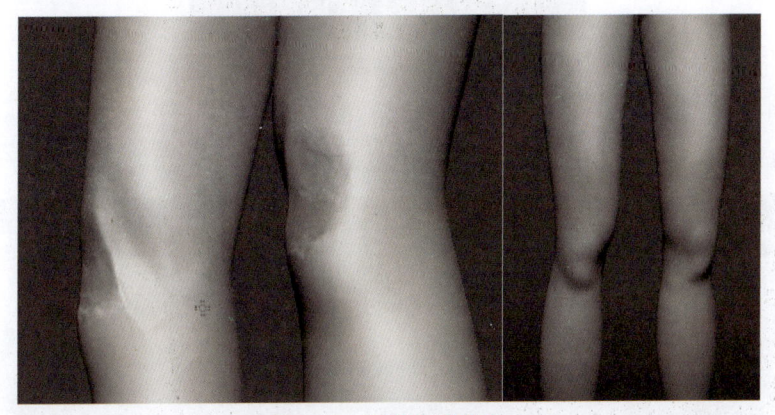

图5-90　膝盖内侧肌肉

手臂的肌肉集中在肩部即可，如图5-91所示。该角色是网球运动造型，肩膀锻炼比较多，三角肌可以明显一点。细雕肌肉时，可以先雕凹陷，然后再顺着肌肉块进行填充。

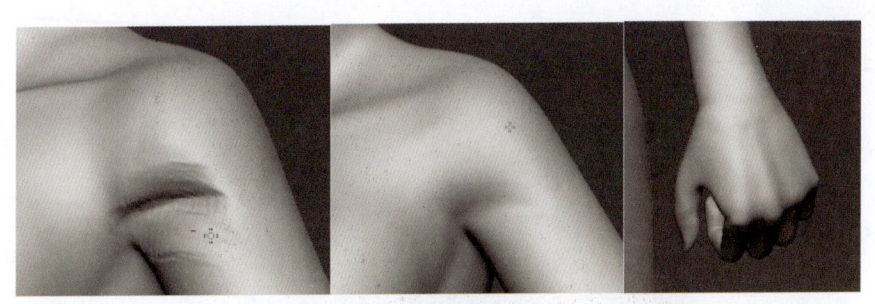

图5-91　手臂肌肉

人体完成效果如图5-92所示。

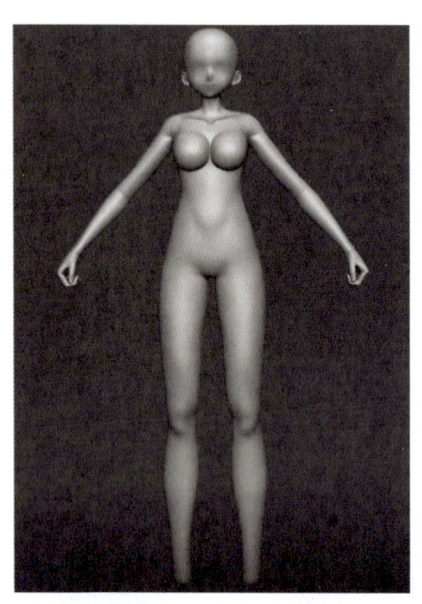

图5-92　人体完成效果

（4）制作头发。

头发做成块面状。分叉的部位使用两个头发块拼搭在一起，如图5-93所示。

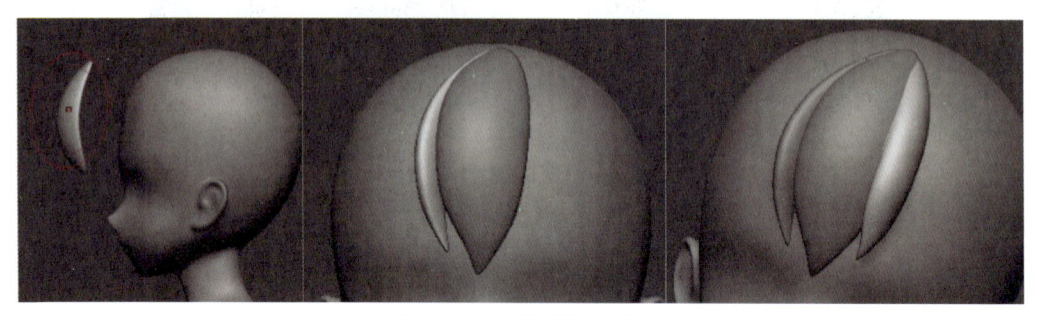

图5-93　头发制作（1）

长条状头发可使用立方体来搭建。头发有大幅度的转面，可以通过遮罩来制作，如图5-94所示。

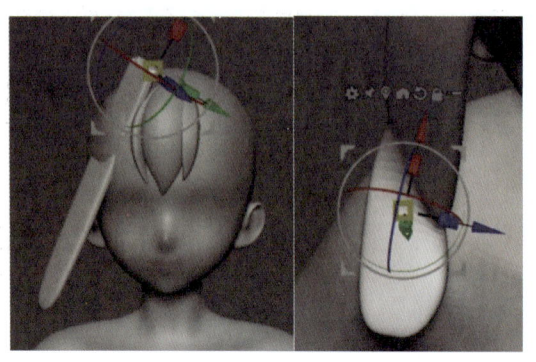

图5-94　头发制作（2）

后脑勺的头发使用遮罩，整块挤出，如图5-95所示。

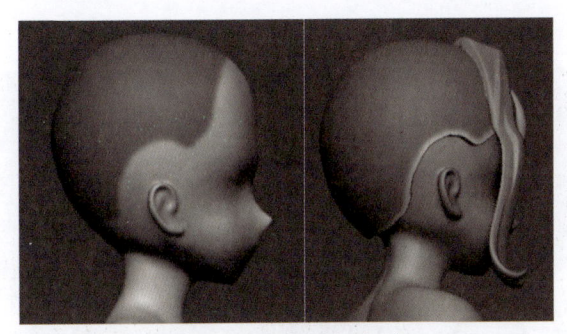

图5-95 头发制作（3）

重新布线，增加细分。绘制扎成双马尾的后脑勺。头发分开的缝隙类似闪电状，拐角处可以做自然延伸。绘制大致的头发走向，如图5-96所示。

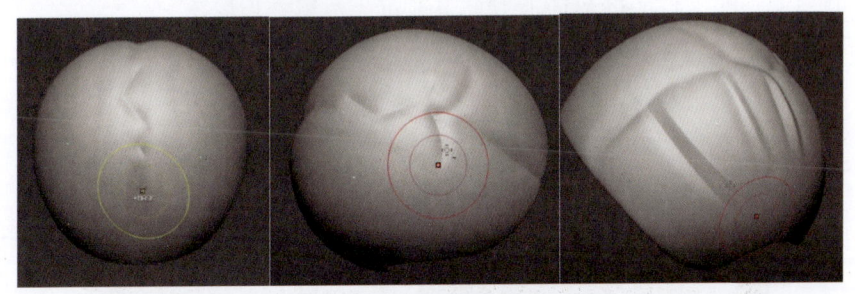

图5-96 头发制作（4）

制作双马尾，如图5-97所示。

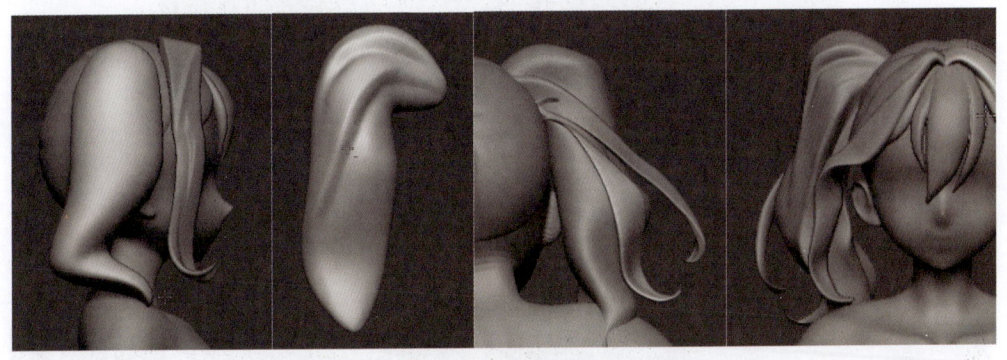

图5-97 制作双马尾

将刘海合并，仍然是使用DynaMesh与ZRemesher，并进行调整，如图5-98所示。

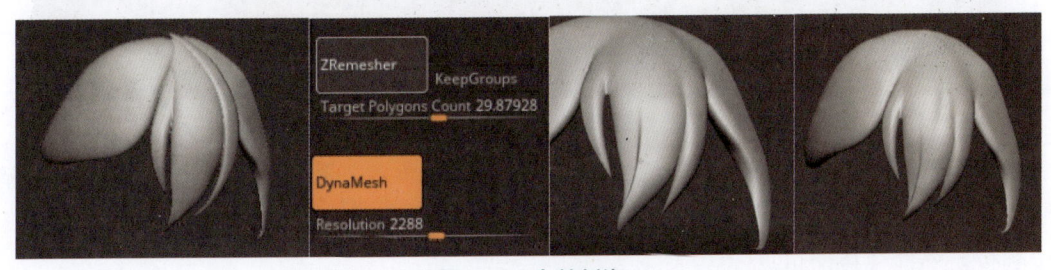

图5-98 合并刘海

马尾需要更蓬松,将模型复制一层并调整,如图5-99所示。

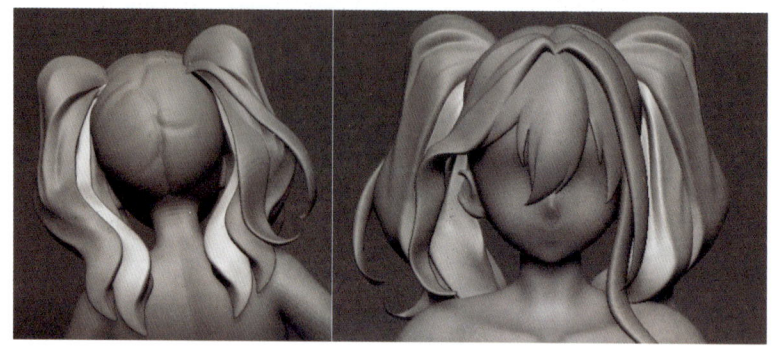

图5-99 调整马尾

马尾的形态会随之后的姿势而改变,目前可先放置在肩膀上。

大型完成后,可以再增加细碎的头发,如图5-100所示。注意,碎头发不要在一个平面上,尽量做出交错感。

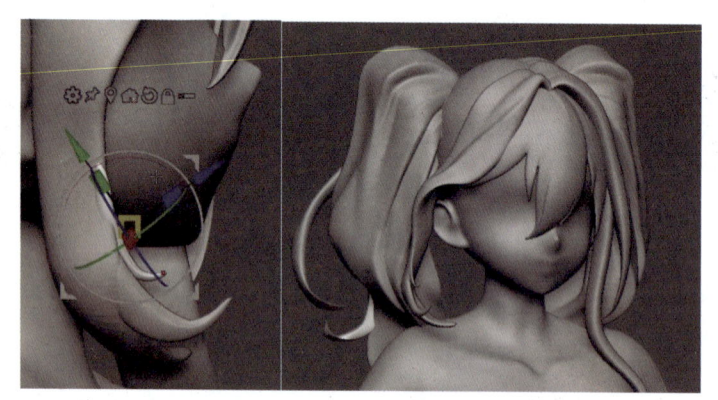

图5-100 增加细碎的头发

(5)服饰制作。

从里层的背心开始制作。使用遮罩框选出背心的形状,做出紧绷的感觉,如图5-101所示。

图5-101 服饰制作-背心

修整背心轮廓并雕刻褶皱与缝纫线,如图5-102所示。腋下褶皱呈现扇形,中间褶皱去除对称,不要做得太杂。缝纫线可使用alpha,并开启lazy mouse。线条要清晰,一步到位,不能模棱两可。

第5章 角色模型

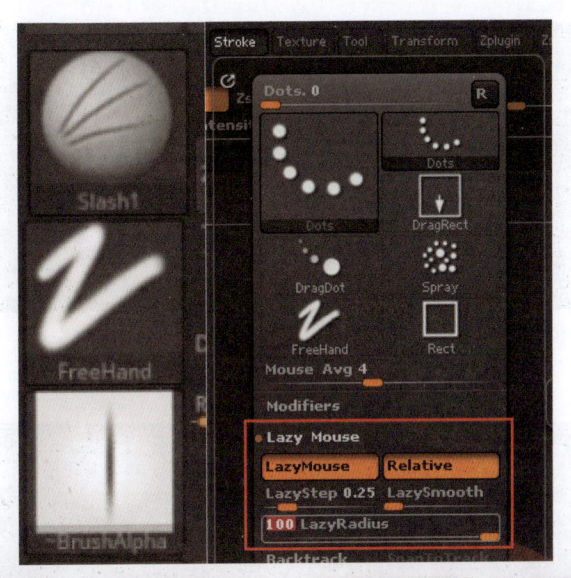

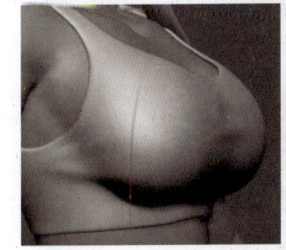

图5-102 修整背心轮廓并雕刻褶皱与缝纫线

紧身裤可以从人体上直接裁剪。复制人体，将上半身切除，如图5-103所示。

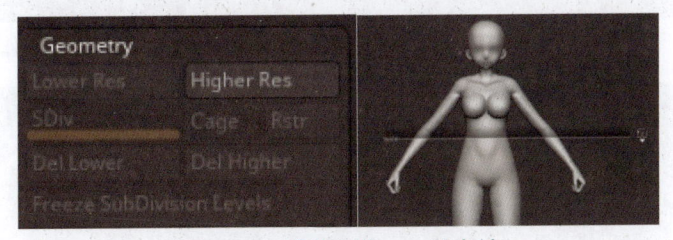

图5-103 服饰制作——紧身裤

用变形中的膨胀，将运动裤边缘挤出，如图5-104所示。

图5-104 服饰制作——运动裤边缘

重新布线后，略微调整裤腰线，不要太平直，而是与身体有所互动。
调整肌肉形态，添加缝纫线细节，做出大腿肌肉紧绷的感觉，如图5-105所示。

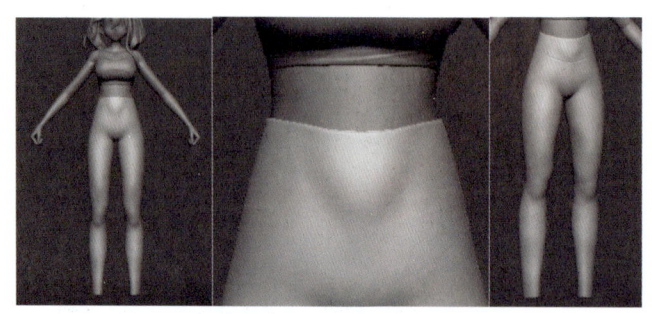

图5-105　调整肌肉形态

制作脚踝、袜子与鞋子，过程如图5-106～图5-110所示。

图5-106　创建一个立方体，使用压平工具切出鞋子形状

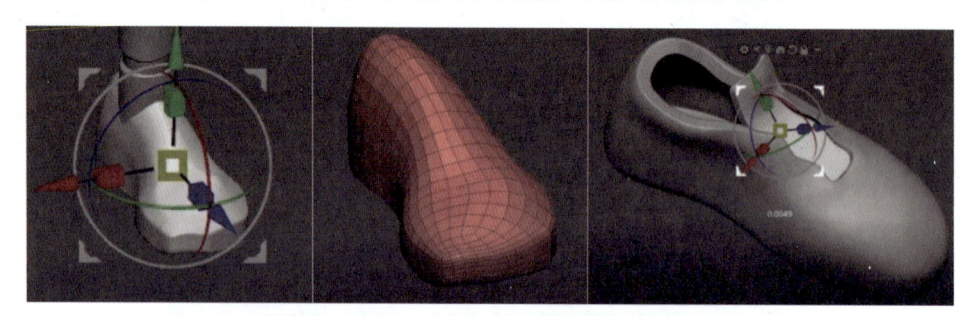

图5-107　做出鞋子大型，重新布线，根据其结构与部件逐一制作

图5-108　使用生成曲线笔刷绘制出鞋带

图5-109　使用移动工具制作鞋带的穿插
（也可以在Maya或3ds Max中制作，会容易一些）

图5-110　使用蒙版挤压出纹路，也可以直接雕刻细节

4. 3ds Max道具建模

发饰、网球拍等道具模型在3ds Max中制作。将ZBrush雕刻的模型面数减少，作为参考导出。不需要腿部参考，可以将其切除。在3ds Max中先设置单位，再导入参考模型（不要缩放），如图5-111所示。

图5-111　3ds Max中设置单位

制作发卡：创建Box，转化为多边形建模，如图5-112所示。

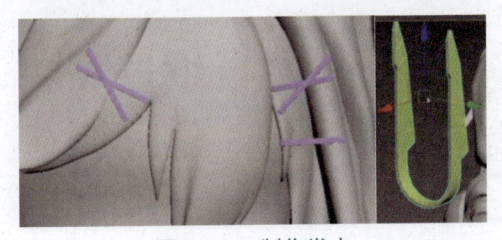

图5-112　制作发卡

制作网球拍，如图5-113所示。

图5-113　制作网球拍

将模型导回ZBrush，确定网球拍摆放位置，如图5-114所示。

图5-114　导回ZBrush，确定摆放位置

5. ZBrush还原原画中的角色姿势

（1）给身体分组。

为了方便之后修改姿势，先根据身体各重要关节进行分组。把细分级别调至最低（图5-115），在移动模式下，按Ctrl+Shift键拖动出遮罩，再进行自动分组。注意事项如图5-116、图5-117所示。

图5-115　移动模式下拖动出遮罩

图5-116　按组拆分并删除腿部

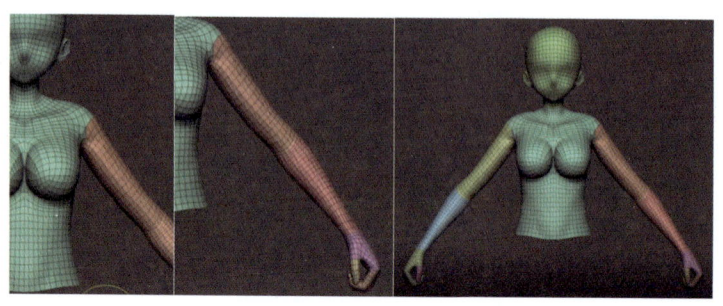

图5-117　手臂与胸部的分组，越接近肩部关节越好；依次按前臂、手腕、大拇指与四指进行分组

将运动鞋单独分组，方便之后调节姿势，如图5-118所示。

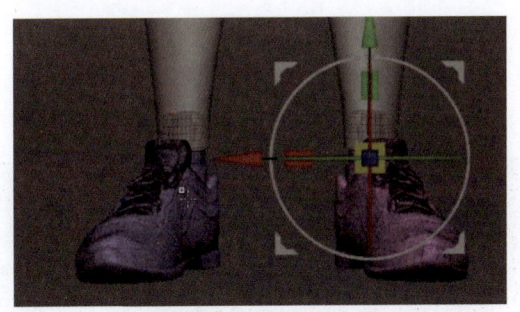

图5-118 脚部单独分组

（2）调整姿势。

有了分组，很容易对组进行遮罩。调节大臂动作时，记得将坐标移至肩部。如图5-119所示，调节左臂自然下垂，右臂及腕部动作可以进行轻微优化。头部微微歪斜，调整头发跟随头部动作。

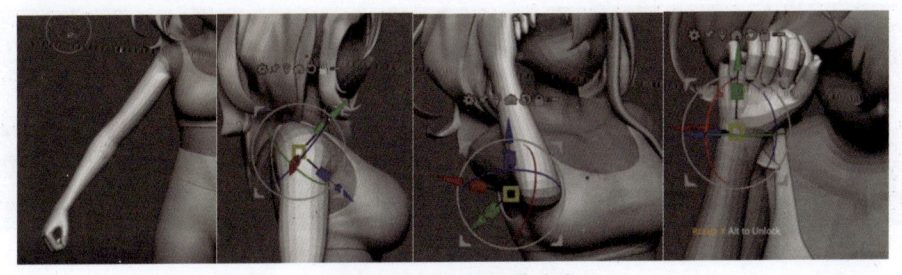

图5-119 调节手臂动作

人体重心在左腿，左腿与身体几乎同轴，左脚略微外翻；右腿往外侧旋转，仔细调节右脚脚踝，做出踮脚的感觉，如图5-120所示。

图5-120 调节右脚脚踝

单独调节手指，握拳紧一点，如图5-121所示。

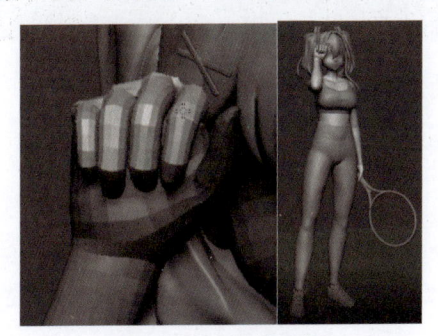

图5-121 调节手指

（3）制作外套。

3D打印对模型壁厚有要求。建模时要尽量弱化镂空或者穿插很深的效果。此处衣袖要做成实体，下摆亦需要做厚一些，如图5-122所示。

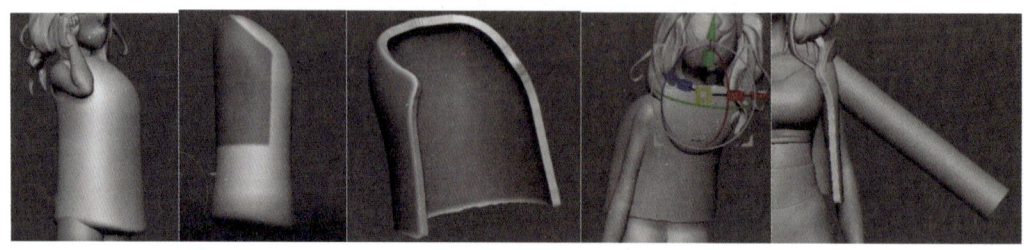

图5-122　搭建外套的基本形态

模型DynaMesh后重新布线，进行分组，根据身体姿势调出大致形态，如图5-123所示。

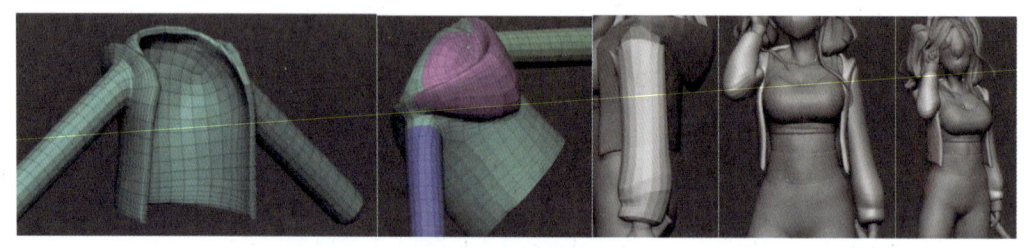

图5-123　调整外套

对衣服进行细雕，如图5-124所示。宽松部位可以用交叠的方式去表现；注意袖口布料的堆积。

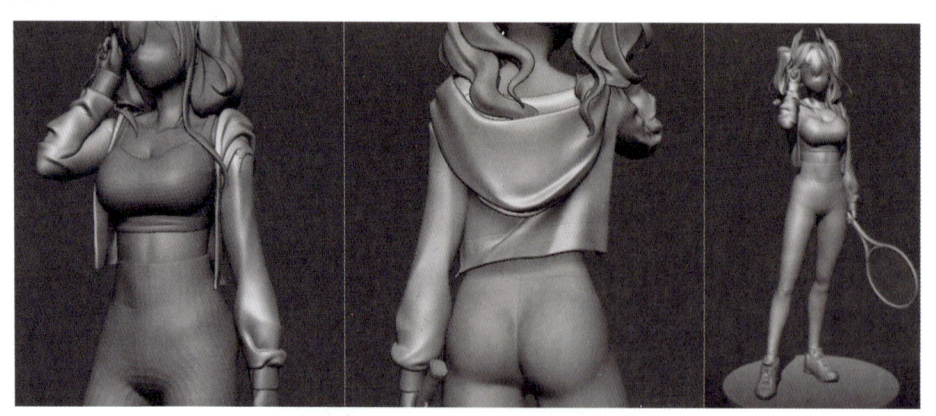

图5-124　对衣服进行细雕

6. ZBrush赋予模型顶点颜色

手办无须进行UV展开和材质设置，只需使用点着色，为模型每个顶点赋予颜色，作为打印后涂装参考即可。点着色的精度取决于顶点数量，因此可能需要提高级别，但最好不超过一千万。进行画笔、材质球等相关设置，如图5-125所示。

图5-125 进行画笔、材质球等相关设置

卡通角色的颜色基本都是纯色，略添加阴影即可。选择颜色，先为皮肤上色，如图5-126所示。适当添加皮肤的颜色变化，某些部位的肤色较深，如指尖、关节、下巴、锁骨、乳沟、胯骨、肩胛骨、脊椎等。也可添加少许头发、衣服的阴影。

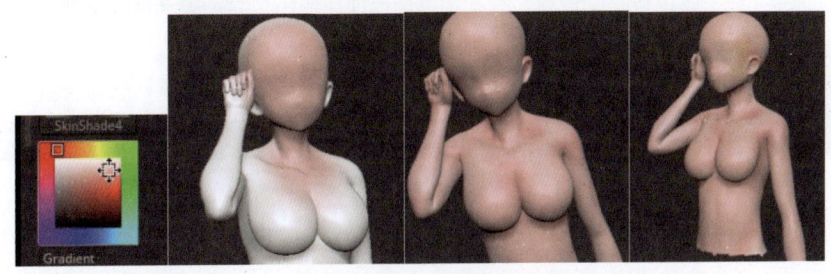

图5-126 皮肤上色

如图5-127所示，头发上色时可先平铺纯色，再添加阴影与高光，尽量不要使用纯黑；利用Alpha绘制背心上的商标。

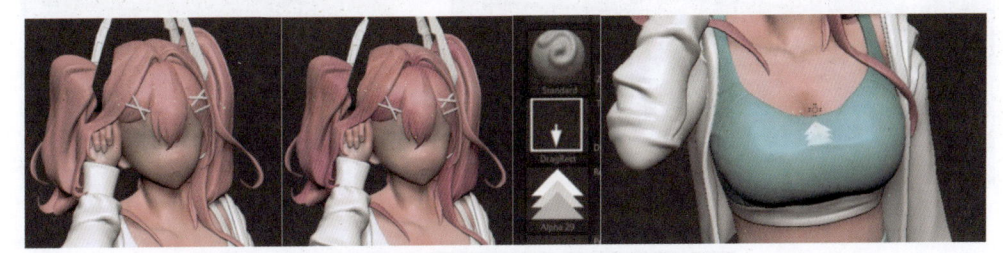

图5-127 头发上色，绘制商标

如图5-128所示，绘制五官时可使用图层面板，便于修改，并保留皮肤底色。绘制时降低笔刷羽化值，使笔触更为清晰。注意，眼白不要只用纯白。

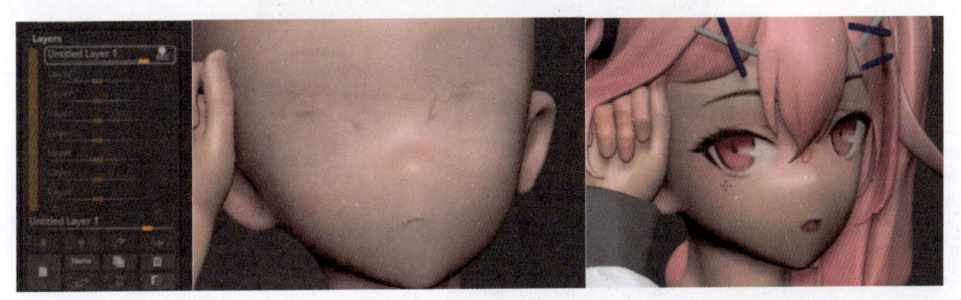

图5-128 五官绘制

7. Marmoset Toolbag最终渲染

将模型整体导出ZBrush，导入Marmoset Toolbag，相关设置如图5-129、图5-130所示。

图5-129 先进行基础设置，基本颜色选择顶点颜色；为场景选择天空贴图

图5-130 降低场景亮度；打开摄像机安全框；视角设为30°，减少透视变形

  设置灯光，从上方创建主光，背面创建轮廓灯光，过暗的阴影位置补光，如图5-131（a）所示；一一调节灯光的亮度以及灯光长宽值，软化阴影边缘，如图5-131（b）所示；设置模型的表面粗糙度，如图5-131（c）所示。

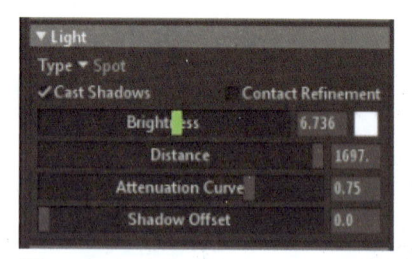

图5-131（a）创建灯光　　　　图5-131（b）调节灯光亮度等属性

图5-131（c）设置模型的表面粗糙度

  查看灯光效果，如图5-132（a）所示；设置背景色，如图5-132（b）所示。

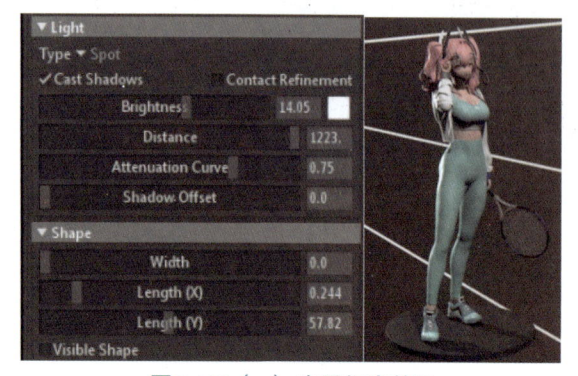

图5-132（a）查看灯光效果　　　　图5-132（b）设置背景色

设置摄像机,对准焦距,渲染最终效果图,如图5-133所示。

图5-133　渲染最终效果图

5.4.2　次世代角色制作：犬神

本节讲解3D犬神的制作,如图5-134所示。

图5-134　犬神

使用软件：Marmoset Toolbag（八猴）3.08、3ds Max 2019、ZBrush 2019、Substance Painter 2019.2.3、Photoshop。

原画分析：犬神是人兽融合的造型,因此除了参考人类,还需要参考犬类,先收集多个角度的牧羊犬图片,如图5-135所示。

图5-135　参考犬类

注意：若透视图与三视图冲突,则以透视图为准。对三视图中不合理的部分进行优化和改善。

制作思路：该模型为生物+硬表面组合。

- ZBrush中制作犬神头部与身体，导入3ds Max拓扑低模。
- 背包与皮带等道具需要找参考图。背包、武器等在3ds Max中制作大型、整理布线、设置软硬边、展开UV、打组命名等；再导入ZBrush细雕。建模时需要表现一定质感。

导入八猴烘焙法线与AO贴图；在Substance Painter中绘制贴图；导入八猴搭建场景并渲染最终动画。

1. ZBrush身体建模

（1）身体建模（图5-136）。依照原画，使用球体分别搭建躯干、四肢、脖子、头部等部位。使用移动笔刷拉出大型，让身体呈倒三角状，不需要太细。使用Zplugin中子工具大师（SubTool Master）的镜像插件（mirror），对称调节四肢的位置与形态。

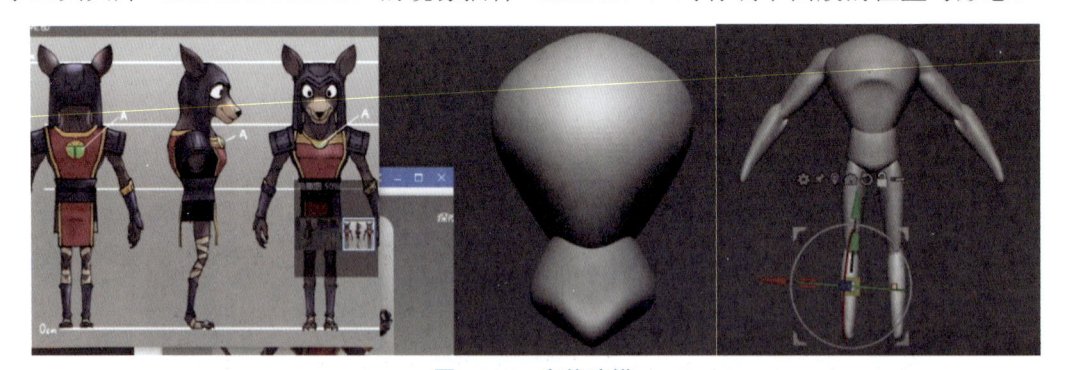

图5-136　身体建模

需要注意的几个地方如下：①搭建时，顺着肌肉走向将其大体形态制作出来（图5-137），观察模型剪影来调整轮廓；②从胸腔前方可以看到一点背阔肌；③四肢和身体的连接部位处理；④上臂与前臂的角度处理。

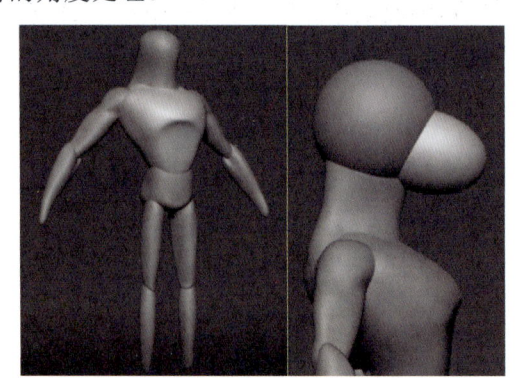

图5-137　注意肌肉走向

（2）搭建五官（图5-138）。对照透视图调节耳朵位置与形态；将嘴部一分为二，做出张开一点的效果，方便之后制作口腔和牙齿；做出眼窝凹陷的效果；注意鼻梁连接处。

图5-138 搭建五官

(3)搭建手部与脚部(图5-139)。手指是4根,脚趾是3根。注意指节、指肚的形状,手指朝向和位置,以及手背弧度。犬神站立方式为前脚掌着地,重心在前。

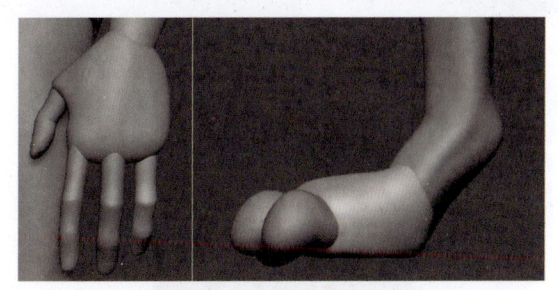

图5-139 搭建手部与脚部

对比原画,调节整体比例,如图5-140所示。

图5-140 对比原画,调节整体比例

(4)选择多个子物体,在gizmo 3D操纵器中打开多选,按Ctrl+Shift键选择需要的子物体,一起调整位置及比例;各部位进行对比、衔接、修正,没有问题后DynaMesh为一个整体,如图5-141所示。

图5-141 调整位置及比例,对比、衔接、修正

-149-

连接部位影响布线的接缝要抹平,对布线有利的则可留下,如图5-142所示。

图5-142 处理连接部位

(5)重新布线,如图5-143、图5-144、图5-145所示。

图5-143 低模大概10000面,ZRemesher时进行设置

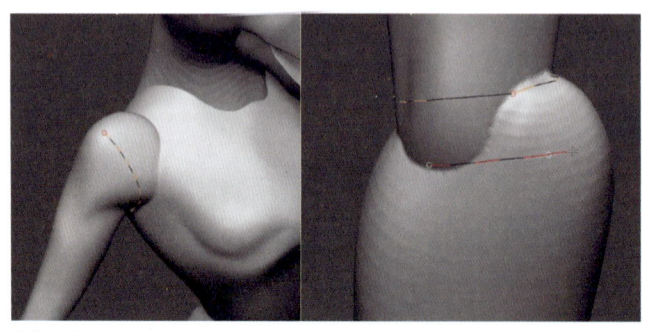

图5-144 某些部位需要循环线。观察环线,使用ZRemesher guide笔刷绘制引导线

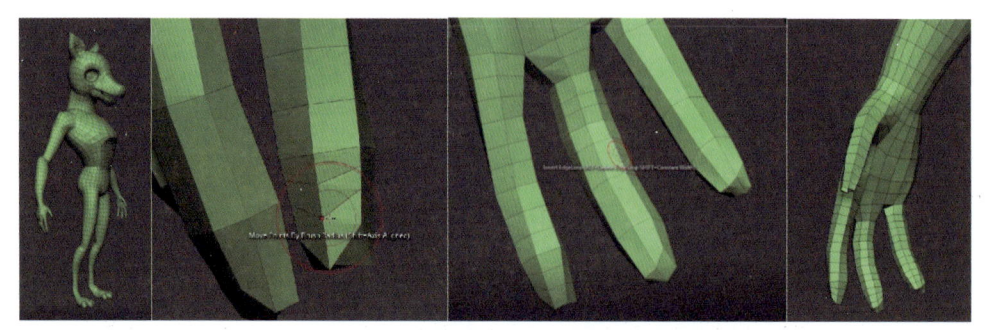

图5-145 观察胳膊、手腕、手指等部位的环线是否正确

(6)手部细节较多,可增加环线细分,并对多边形进行处理。

(7)将重新布线前的模型细节投射到布线后的低模身上,提升级别,反复投射,直至两者基本吻合，如图5-146所示。观察面数，此时约为38万，可以开始雕刻高模了。

图5-146 投射

2. ZBrush角色身体高模雕刻

（1）头部细雕。绘制眼球，修理眼眶直至与眼球贴合，如图5-147所示。

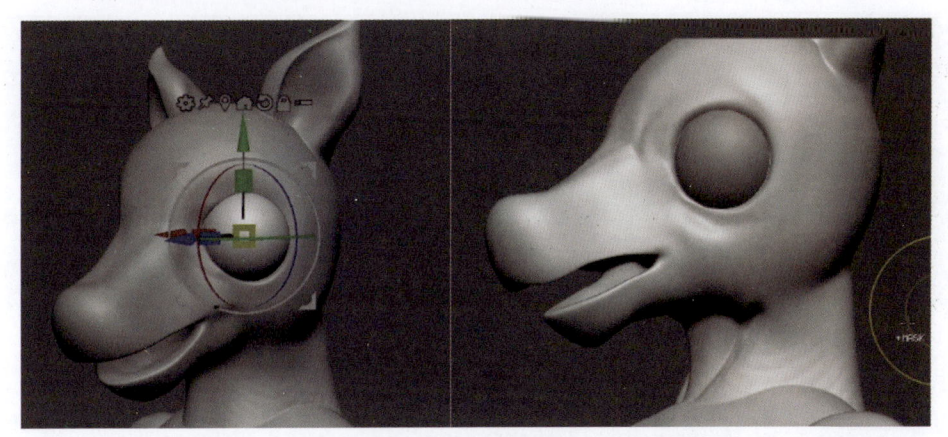

图5-147 眼部雕刻

逐一雕刻颈部、鼻头、眉弓、眼角、眼皮、耳骨，注意虚实结合，如图5-148所示。

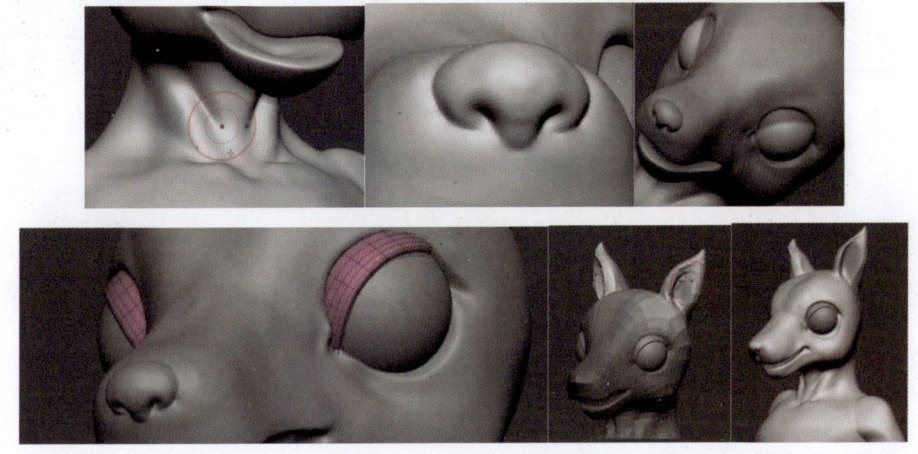

图5-148 颈部、五官雕刻

（2）身体肌肉雕刻。对比参考图，使用Dam standard笔刷快速划出肌肉块；用黏土笔刷容易控制深浅，可顺着走向添加肌肉。注意，雕刻肌肉时保持整体感，不要太散，如图5-149所示。肌肉不要过于强壮，需要略作卡通化处理。

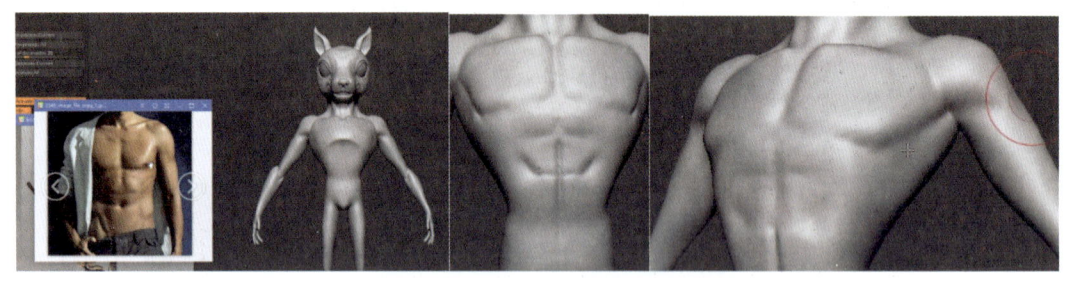

图5-149　前锯肌、三角肌、胸大肌交汇在腋下

侧视图显示的后背很厚实，可以对其线条进行一定的优化。注意，背部肌肉走向趋势，背部肌肉整体感特别强，不要刻画太深，只须注意结构清晰的地方，如图5-150所示。

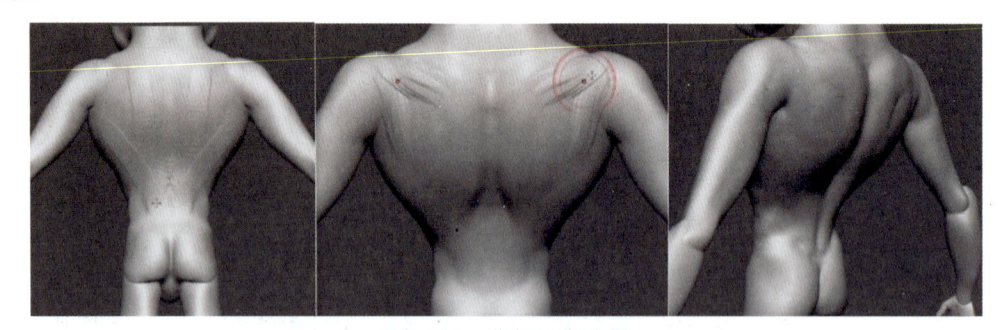

图5-150　背部肌肉雕刻

手臂与腿部肌肉不是很雄壮，而是精瘦型，做出紧绷感。刻画时无须太用力。三角肌可以做得挺拔一些；注意三角肌和肱二头肌之间相互交叠。组成三角肌的三块肌肉若隐若现地表现即可，如图5-151所示。

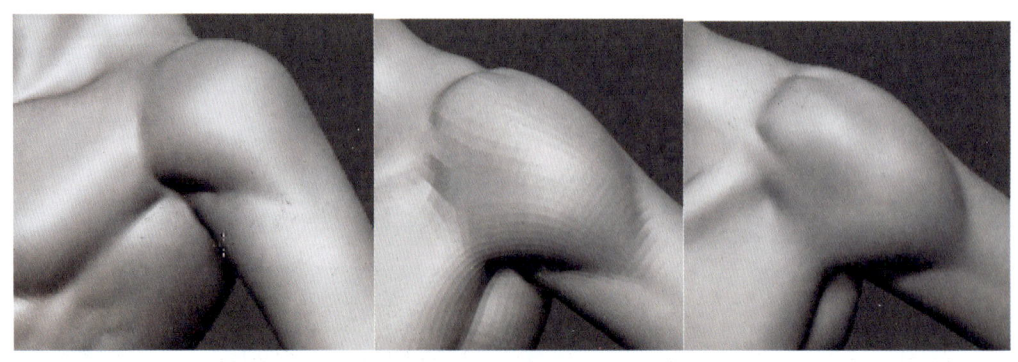

图5-151　手臂肌肉雕刻

观察自己的双手制作手部，如图5-152所示。注意：手腕由骨骼支撑起来；虎口比较紧绷，转折位置很关键；手背骨骼内侧的肌肉有一定走向。

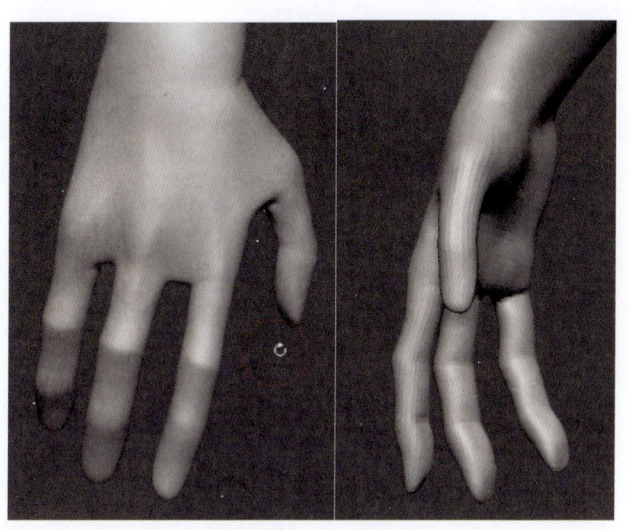

图5-152　手部雕刻

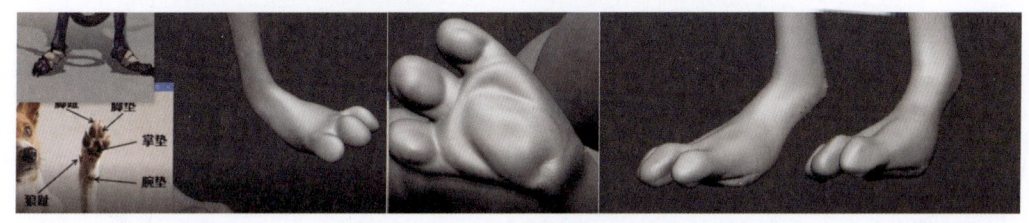

（3）制作脚部，如图5-153所示。

图5-153　制作脚部

（4）制作指甲（图5-154）。使用圆锥创建，设置为八棱锥，高度两段，在此基础上修改形状。注意修整指甲与手指交接处。复制出其他指甲，分别调整它们的大小、位置及角度。

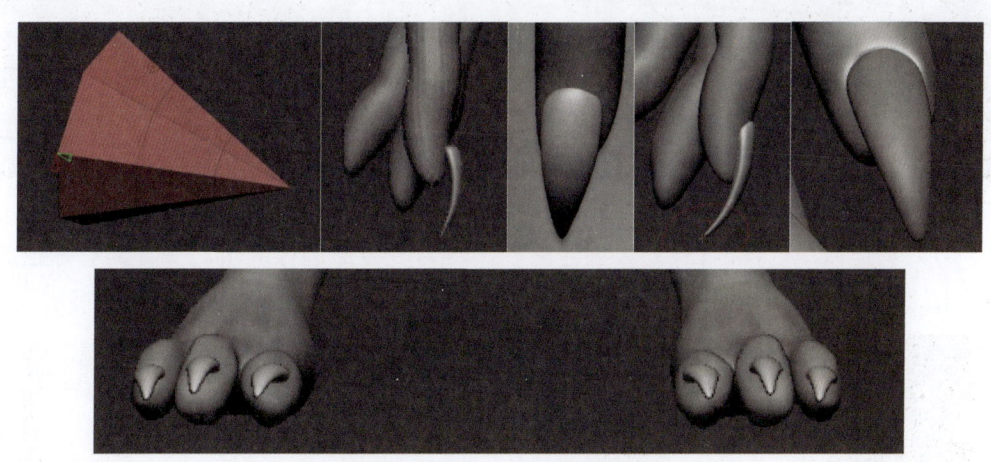

图5-154　制制作指甲

完成犬神身体高模，如图5-155所示。

图5-155　完成犬神身体高模

3. 使用3ds Max制作装备和武器

接下来制作装备与武器的中模,须将身体模型导出至3ds Max作为参考。将身体模型降至2级,合并所有子物体导出。

3ds Max中设置单位为厘米。观察犬神身高,放缩至1.8米,并重置变换。注意角色双脚着地、塌陷模型、修正轴心位置至世界坐标中心,完成准备工作,如图5-156所示。

图5-156　3ds Max设置

（1）制作肩甲（图5-157）。创建圆柱,转为多边形进行编辑,并将其对称摆放。内部凹凸结构将在ZBrush中雕刻。

图5-157　制作肩甲

第 5 章　角色模型

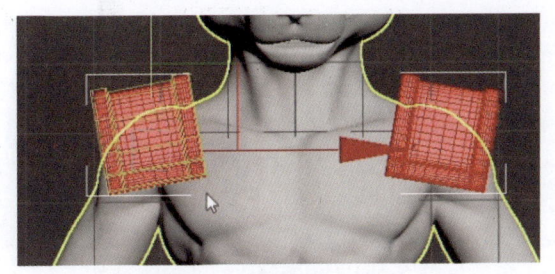

图5-157　制作肩甲（续）

（2）制作头盔（图5-158）。创建球体，将其放置于头部，转换为多边形，调整其大型；依次添加对称、壳、平滑修改器。修改布线，注意边缘卡线。绘制耳朵，挤出边缘，注意段数。头盔上的花纹亦将在ZBrush中完成。

图5-158　制作头盔

（3）制作衣服，如图5-159、图5-160、图5-161所示。

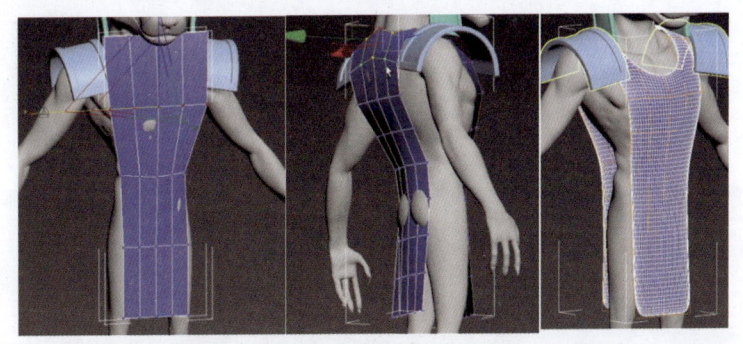

图5-159　创建平面，用多边形拖动出外衣形状，调整至贴合身体

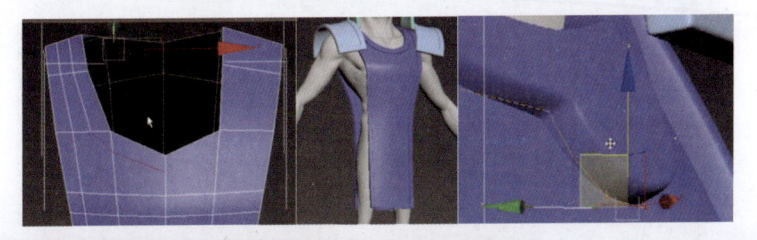

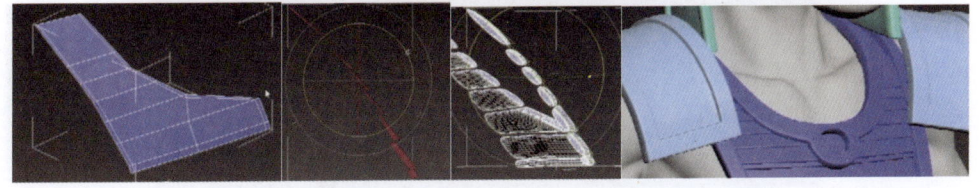

图5-160　为边缘进行卡线，并从中挤出包边等部件装饰

- 155 -

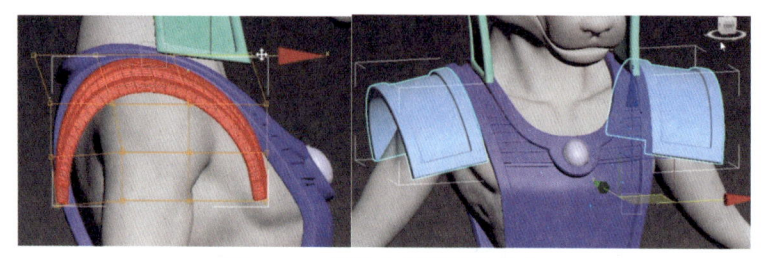

图5-161　调整肩甲至贴合外衣

（4）制作腰带、护手、护腿，如图5-162所示。

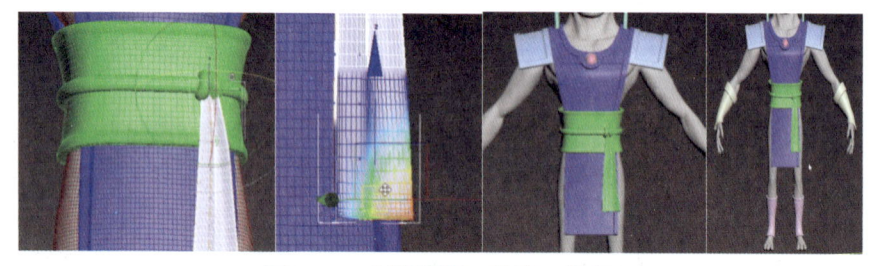

图5-162　制作腰带、护手、护腿

（5）制作道具，准备工作如图5-163、图5-164、图5-165所示。

图5-163　道具较多，可利用图层面板进行整理，并为背包单独创建图层；同时整理场景与贴图

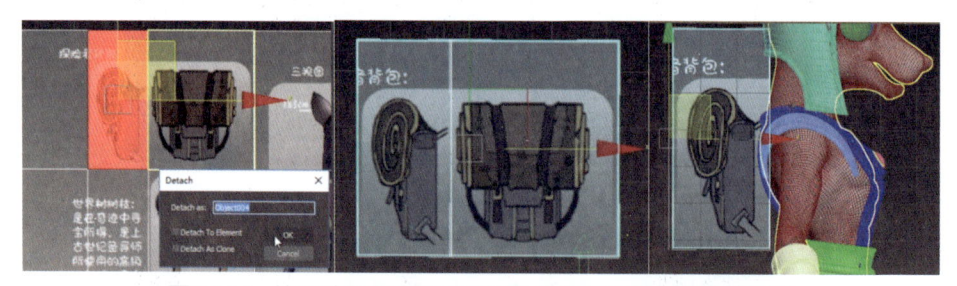

图5-164　按照贴图显示的原画划分出各个道具，并进行分离

图5-165　冻结参考面片。贴图若显示不清晰，可在视口设置中将视口贴图分辨率设置为4096

准备工作完成。在bag图层中开始建模，如图5-166所示。注意：背包上有背带勒住，有松紧变化，可以使用push修改器做出中间勒紧、四周膨胀的效果。

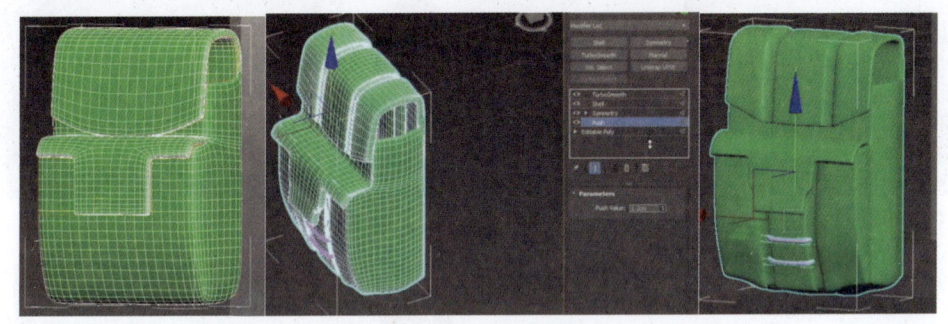

图5-166　背包建模

（6）制作卷被，如图5-167、图5-168、图5-169、图5-170、图5-171、图5-172、图5-173所示。

图5-167　创建螺旋线，设置圈数、半径等参数，打开可渲染属性，使用MMD修改器调整形状

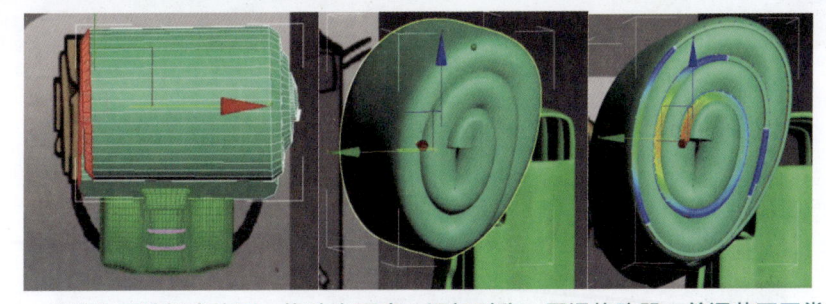

图5-168　转换为可编辑多边形，拖动出厚度；添加对称、平滑修改器，并调节不正常的面；制作并调整包边

图5-169　制作卷被上背带造成的勒痕，使用环切工具切出环线，旋转其角度，为了不影响形状，先将边锁定

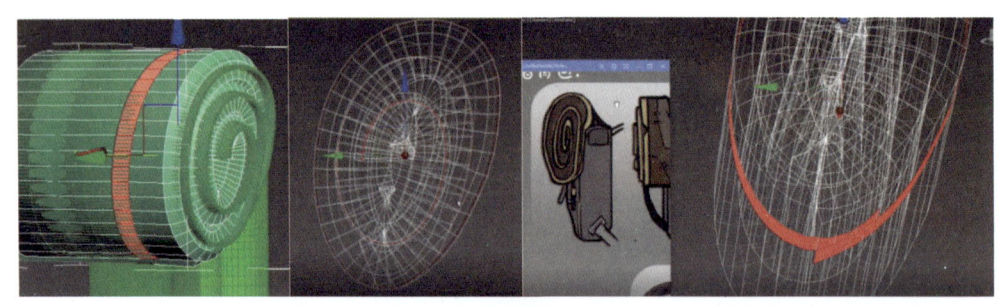

图5-170 切角切出背带。删去无用面。分析原画结构,保留一定的重叠的面以制作交叠的背带

图5-171 加壳,加线,调整背包被勒的形状。为背带、背包卡线,注意工整

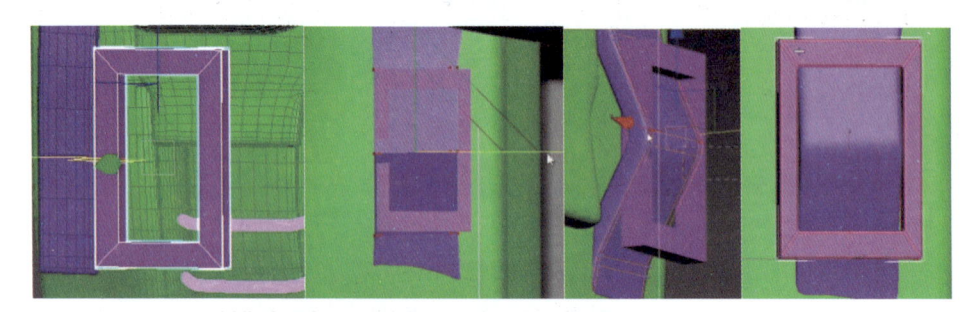

图5-172 制作金属扣。调整背带与金属扣的位置以及相互关系。注意卡线

图5-173 完成背包

(7)制作背包肩带,如图5-174所示。对照背包与身体,创建样条线,调整顶点位置。整理肩带与背包的关系。

图5-174　制作背包肩带

使用软选，旋转背带，多个角度观察背带是否自然，如图5-175所示。观察原画，注意接口处的倾斜角度，如图5-176所示。布线不够平整的地方，可以先删去环线，再使用环切工具添加环线。

图5-175　使用软选，旋转背带，多个角度观察背带是否自然

图5-176　制作接口、缝线等细节

（8）制作武器，如图5-177、图5-178、图5-179、图5-180、图5-181所示。

图5-177　新建武器图层

图5-178　依照背包前期的设置方式，调整与设置参考图。使用样条线工具创建武器

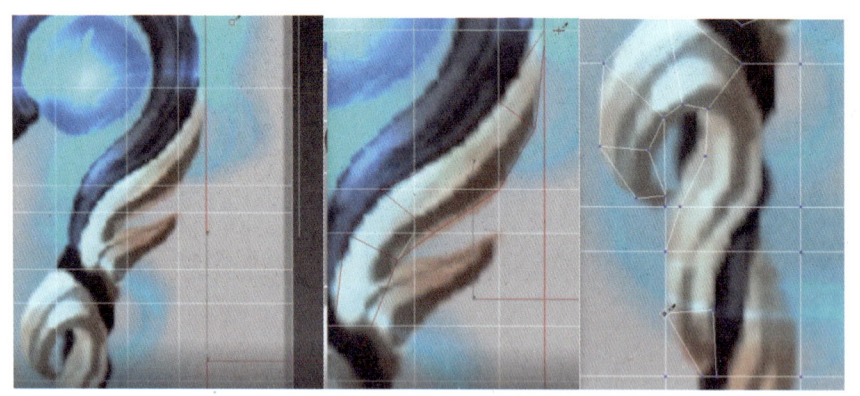

图5-179　制作武器上的花纹装饰，创建平面后转为多边形，根据节点，裁剪出花纹形状

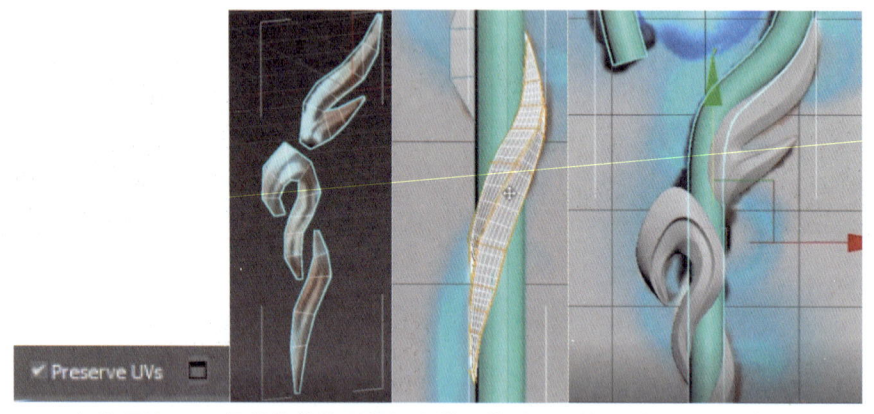

图5-180　勾选保持UV，调整花纹的形状与布线，将不需要的面删除。使用多边形等工具，
加线、加壳、加平滑，调整顶点位置，让装饰物缠绕在拐杖上

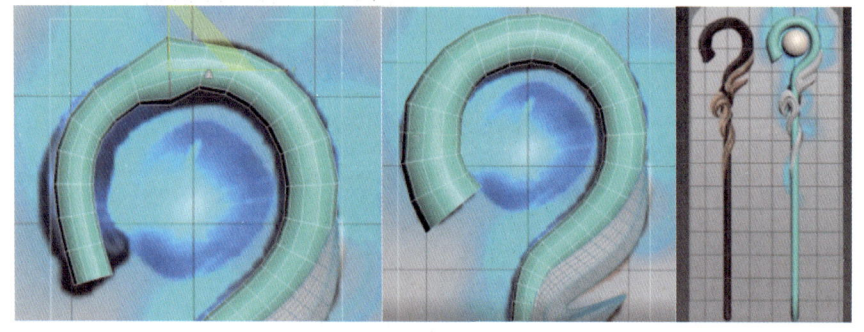

图5-181　对照原画，调整拐杖外形

4. ZBrush武器装备高模细节雕刻

（1）武器装备分批导出。隐藏ZBrush中已有的身体模型；先将不对称模型选中导出，再将其他模型一一导出。导出选项中Faces选择Polygons，如图5-182所示。注意：不要进行优化。

图5-182　ZBrush中导出设置

打开ZBrush，装配各部件，并检查是否有破损，如图5-183所示。

图5-183　装配各部件

（2）制作内衬（图5-184）。绘制遮罩并挤出；调整之后，重新布线。

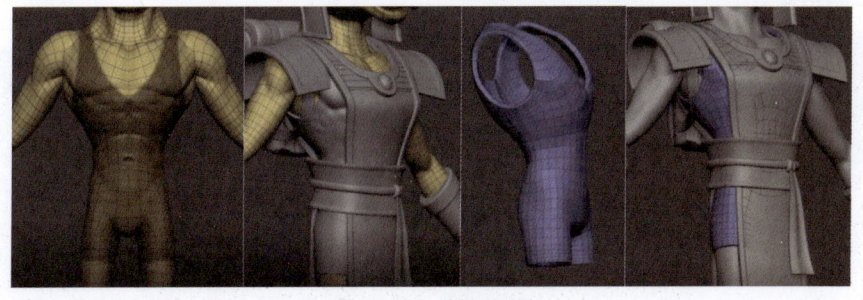

图5-184　制作内衬

（3）制作绑带（图5-185）。

用同样的方式绘制遮罩，用变形中的膨胀选项来制作锁边。一层绑带过于单薄，再复制一层，并为其分组。

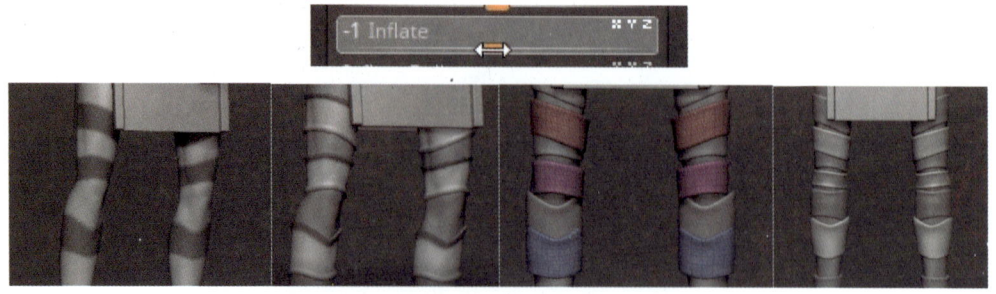

图5-185 制作绑带

大致形态出来后，做不对称处理。脚背上的绑带也按上述方法制作，如图5-186所示。

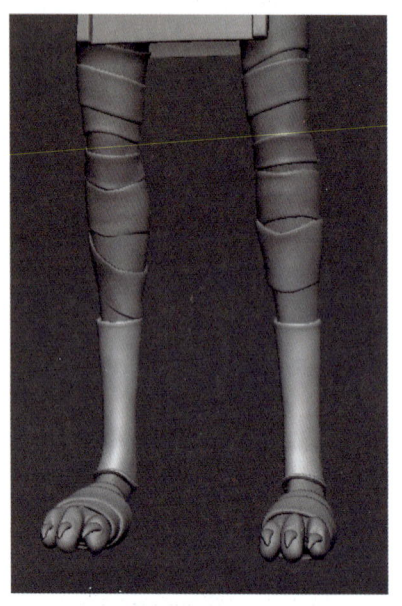

图5-186 制作脚背绑带

（4）雕刻头盔（图5-187）。增加段数至100万面左右。绘制遮罩，注意擦除内部遮罩；可以对遮罩进行锐化再挤出。

图5-187 雕刻头盔

（5）雕刻肩甲与护手花纹（图5-188）。花纹不能太深，否则之后生成AO贴图将会是一条纯黑线，不利于使用生成器。

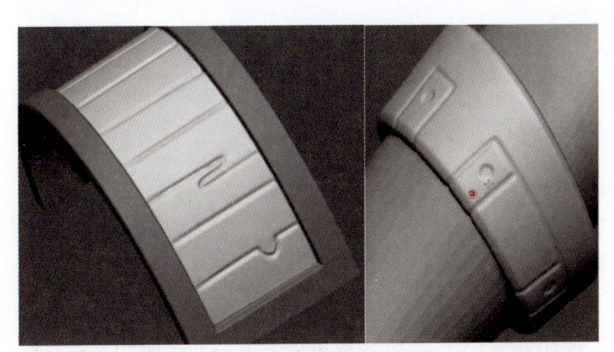

图5-188 雕刻肩甲与护手花纹

（6）雕刻衣服、护手、绑带上的褶皱（图5-189）。原画上的褶皱很清晰，请按照原画去表现。

需要注意如下几点。
- 绑带褶皱要顺着捆绑方向；
- 绑带需要卡边；
- 布料有一定厚度，不是单层的；
- 膝盖拱起的部位，褶皱不要太锐利；
- 正面褶皱少于背面；

腰部、脚踝等地方褶皱有堆积。

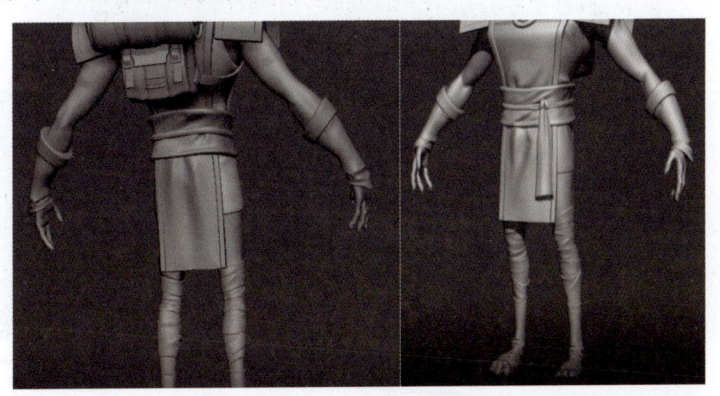

图5-189 雕刻褶皱

（7）雕刻宝石细节（图5-190）。开启Lazymouse绘制遮罩并挤出。

图5-190 雕刻宝石细节

（8）雕刻背包褶皱（图5-191）。雕刻时注意做出类似羽绒服、棉被的质感。

注意褶皱的分布与形态：松弛的地方，褶皱大而明显，甚至可以做一些堆叠；越紧绷的部位，褶皱越小。应在接缝处挤出细小的褶皱；而中间部位不要有太多褶皱，保持整体性。

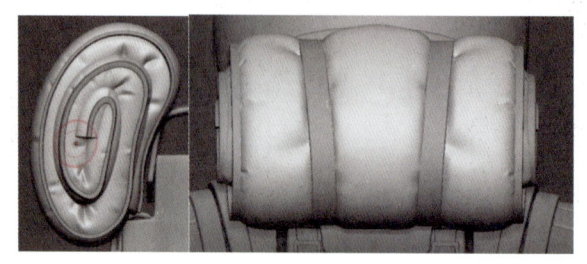

图5-191　雕刻背包褶皱

（9）雕刻棉被上的补丁（图5-192、图5-193、图5-194）。为不破坏原有造型，新建图层，在图层上雕刻补丁细节，之后可以进行自由删除或修改深度等操作。

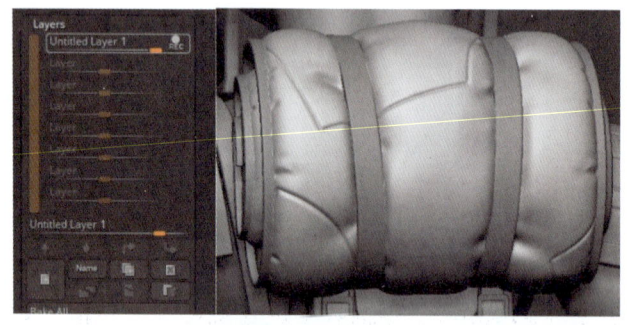

图5-192　褶皱和补丁过于对称不好看，对原画进行一定修改

图5-193　补丁上的缝线可以再新建图层，绘制遮罩时保证粗细度基本上一致

图5-194　平滑处理，使线头圆润一些，更类似缝线。线头处可以补充一些褶皱

（10）雕刻法杖（图5-195）。将木棍的纹理结构雕刻出来，并使用压平笔刷压平修整。

将中间的宝石做出天然矿石的感觉，可在圆球上做一些不规整的切角，更能凸显质感。

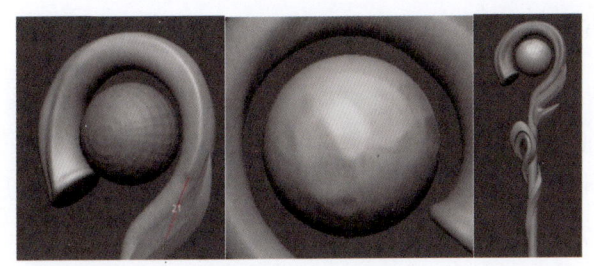

图5-195 雕刻法杖

（11）原画中的细节基本完成，接下来可以添加一些破损，如图5-196所示。在铠甲、护手、头盔外壁容易磨损处，做出使用与磕碰痕迹，如图5-197所示。

注意：破损不要做得太小，否则之后制作的贴图像是出现错误；也不要做得太大，烘焙有难度。

图5-196 制作破损

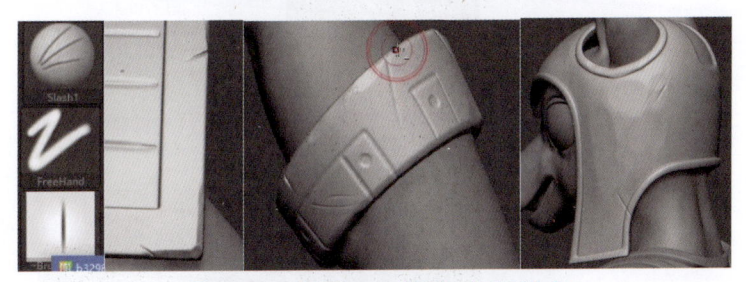

图5-197 使用Slash笔刷，添加划痕

整体调整后，高模完成，如图5-198所示。

图5-198 高模完成

5. 3ds Max拓扑模型

（1）减面并导出高模（图5-199）。目前模型有超过1500万个顶点和3000万个三角面。高模导出之前，须先把面数降低，可以使用Zplugin中的减面大师（Decimation Master）工具。减面大师计算时只考虑面之间的角度，因此操作之后模型将全部变为三角面。减面计算时间与顶点数量相关。

面数不多的模型减面后可能产生变形，因此没有过多雕刻的地方可以不用减面，只须对超过100万面的模型进行减面即可。面数默认减为20%，对于身体模型来说，这个数量过少，可设为50%。

注意：每次减面都需重新计算（Pre-process Current）；

计算时使用大量CPU资源，不要做其他操作；

减面前最好对子工具模型进行逐一分析，确定是否需要减面，减多少；除非布线均匀，否则不要使用全部减面（Decimation All）；

有层的模型先塌陷，再减面。

图5-199　减面并导出高模

减面完成后，将所有模型全部合并，导出减面高模。

（2）制作低模。将ZBrush中的原高模全部降级。有些模型面数仍然非常高，它们有可能是在3ds Max中先平滑再导入ZBrush。可以先对它们继续降级细分（Reconstruct Subdiv），直到无法退级为止，如图5-200所示。

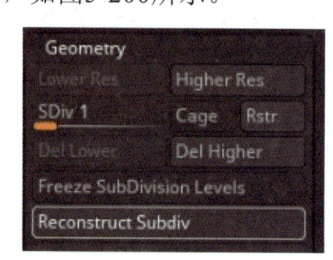

图5-200　降级细分（Reconstruct Subdiv）

第 5 章　角色模型

经雕刻后，原先3ds Max中制作的原始低模无法直接使用，需要将它们从ZBrush中导出低模，如图5-201所示。检查并调整分组和穿插，调整分组，避免模型在3ds Max中散开。

图5-201　导出所有降级的低模

打开原先制作衣物、武器的3ds Max文件，在此基础上调整。新建图层"low"，导入低模。此时模型与ZBrush中的分组相对应，与原始子物体无关。

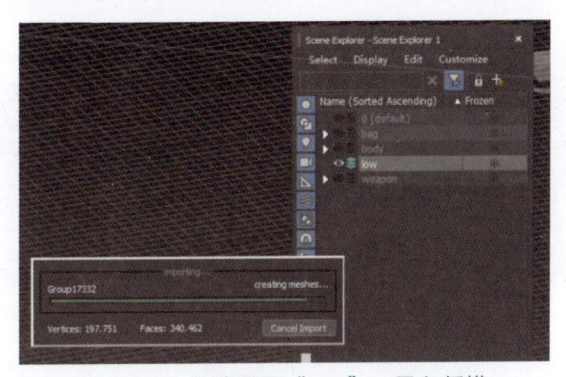

图5-202　新建图层"low"，导入低模

新建图层"high"，导入减面高模。注意：无需勾选"import as single mesh"。让高模与低模的分组能一一对应，方便后续操作。

图5-203　导入减面高模

为区分高模与低模，可为其赋予不同颜色，如图5-204所示。模型交叠的时候，能看出谁高谁低。ZRemesher降级的低模，体积应略小于高模。

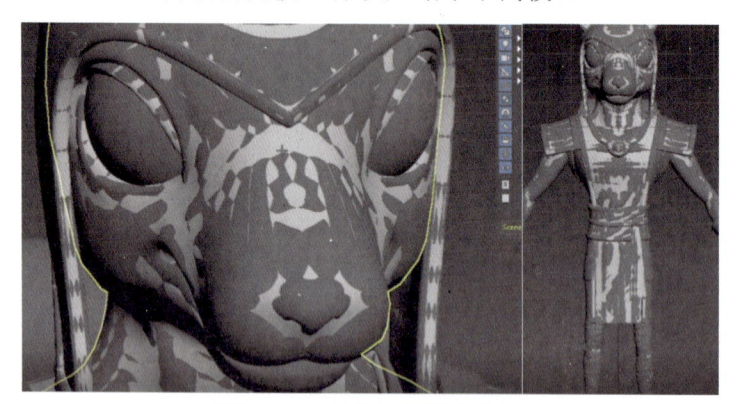

图5-204　高模与低模的交叠

视口显示设置如图5-205所示。

图5-205　为便于观察，进行视口显示设置

模型要求是两万面，目前身体和背包已有一万多面，衣服5000面，加上其他细节，远超面数要求。

由于模型个数较多，需要事先分配。身体和四肢的环线可以精简；绑带、贴身衣物可以做成一体；结构独立的、无法合并为一体的模型，可以用各种方式去展现细节，以节省面数，如图5-206所示。

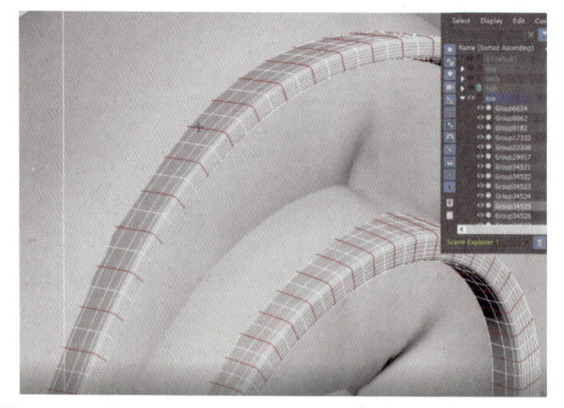

图5-206　在3ds Max继续清理、减面；删除非必要的面

（3）拓扑身体。将低模转换为多边形；高模保持为Mesh（Mesh的运算量小于Poly），并显示为半透明。

面部是着重修改的地方。观察高模与低模相互的穿插，修改其中不合适的地方，布线过多的删去，不够的加线，如图5-207所示。

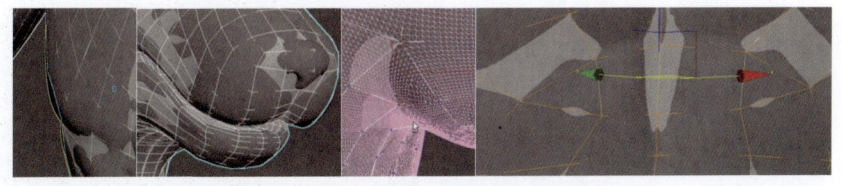

图5-207　面部拓扑

将需要拓扑在一起的模型进行合并；对贴身的绑带、指甲等物体进行塌陷，如图5-208所示。

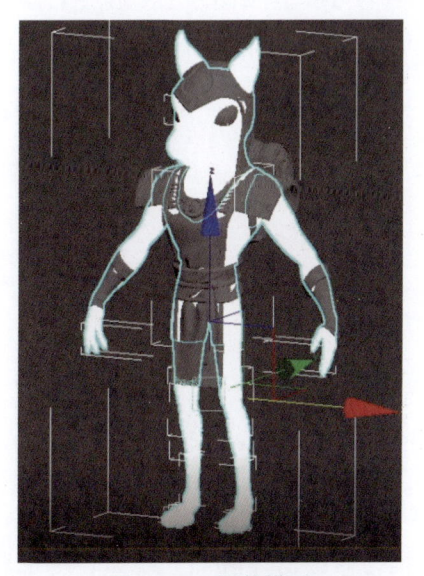

图5-208　调整模型

身体与内衫可以合并在一起，此时须判断使用谁的布线。经观察，身体布线有诸多不妥，因此可以删除、整理被遮挡的身体部位以及内衫内侧，使用焊接的方式，将内衫与身体合并起来，如图5-209所示。

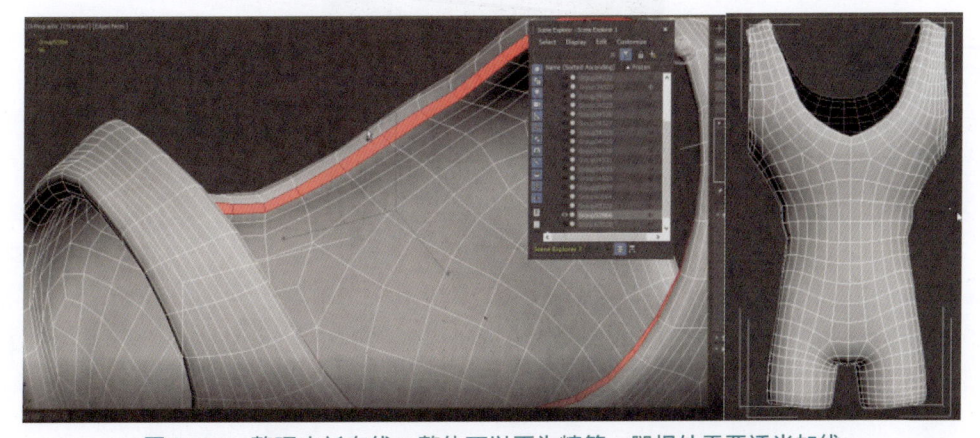

图5-209　整理内衫布线，整体可以更为精简，腿根处需要适当加线

将内衫与身体边界上的顶点进行点对点焊接，如图5-210所示。右侧是对称出来的模型，可以尽管多删。调整期间观察高低模型，确保契合度。

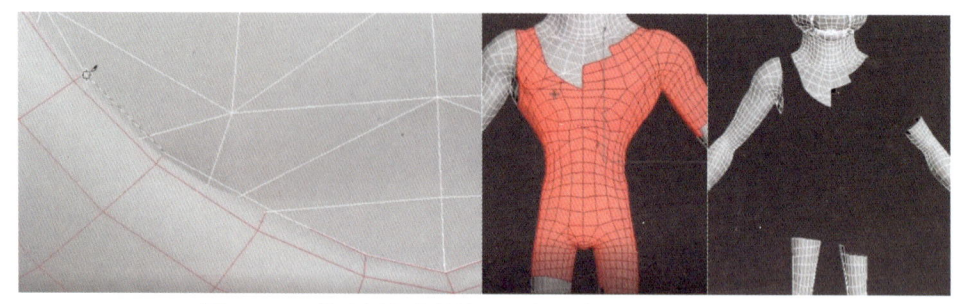

图5-210　将内衫与身体边界上的顶点进行点对点焊接

将身体和内衫光滑组分开，如图5-211所示。

图5-211　将身体和内衫光滑组分开

（4）制作绑带。使用推力修改器（Push）略微让腿部膨胀，包裹高模。在腿上完全卡出绑带是不现实的，况且不能破坏环线。因此须在保证环线的基础上，做外轮廓的变化，如图5-212所示。

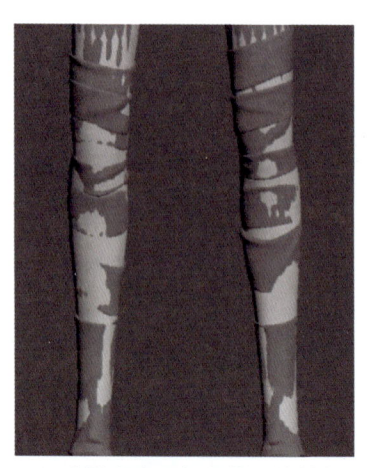

图5-212　略微膨胀腿部低模，使其包裹高模

（5）优化身体布线。腿部环线过多，适当删除，注意脚趾布线不要被破坏，必要

时使用手动结束环线选择，如图5-213所示。

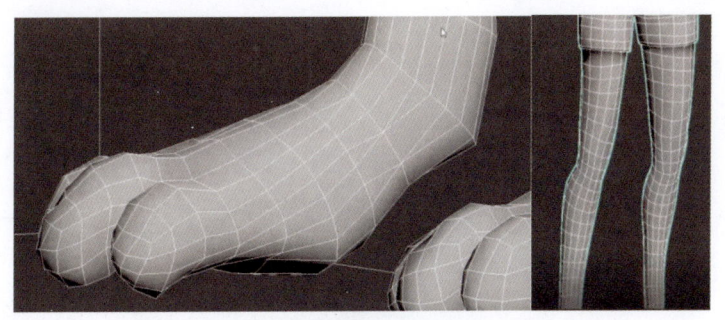

图5-213 优化脚部布线

整理乱掉的布线，以及五边面，如图5-214所示。

布线要流畅，卡在最需要的位置。转折大的地方保留面数多一点；平缓部位则无需过多面数支撑。

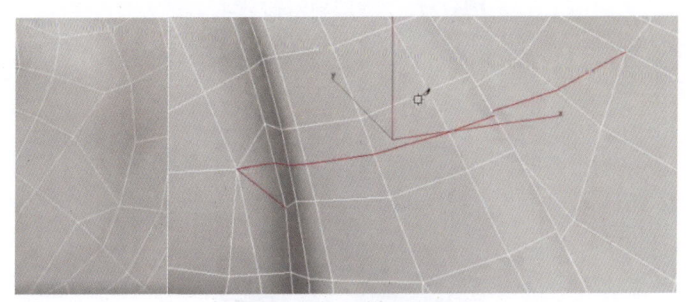

图5-214 整理布线

布线不均匀处，可以打开约束调节，或直接删除环线，再重新添加环线，如图5-215所示。

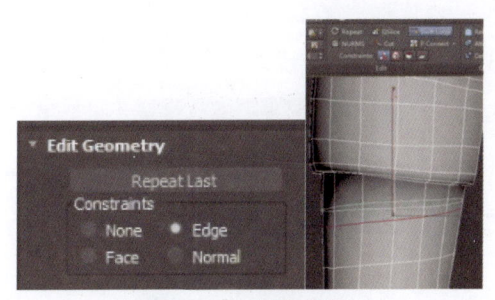

图5-215 优化布线

一般来说，角色颈部必须修整布线。从面部衔接到身体，Zremesher设计出来的布线通常比较多，因此需要手动调整，对颈部密集的布线不断疏化；此外，面部需要制作肌肉与表情动画，可能还需要加线，让脸颊部位具备足够的循环线。

注意：

删除循环线的时候主要考虑角度，转折较大的保留，影响不大的删除。

身体内侧是主要删减的部位，大量细节都在外侧，内侧肌肉量较少，所以很多线可以合并。

要保留中线，以便UV裁切。

肩部与手臂减线：

根据实际情况，肩部上方布线疏密得当，腋下过密，合并环线时须选择合适的线，如图5-216所示，可以腋下隔一条选，肩部隔两条选，跳过三角肌，在肌肉结束位置选择。

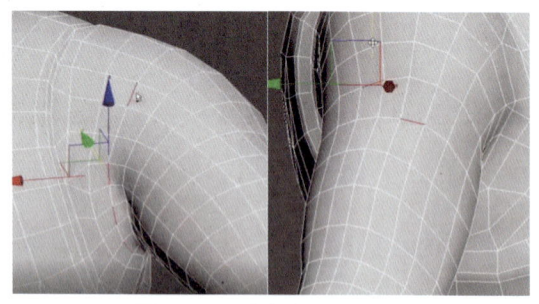

图5-216　肩部与手臂减线

不要浪费面数，线只放在有用的地方，如轮廓线、动作线等。

类似地，在手腕与手背处截断环线，如图5-217所示。

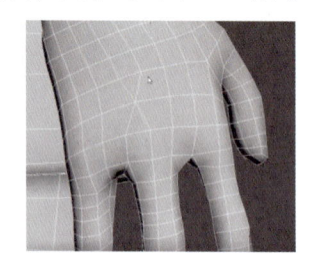

图5-217　手部调整

大拇指处的布线有些问题，应该有环线环绕活动关节。手动修改与整理布线。转折很大的部位及时补充加线，如图5-218所示。

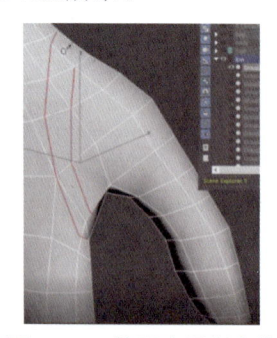

图5-218　整理大拇指布线

布线不均匀处，使用石墨工具，顺着高模形态将布线刷平，如图5-219所示。

图5-219　使用石墨工具

（6）整理护腿与脚部绑带，如图5-220所示。

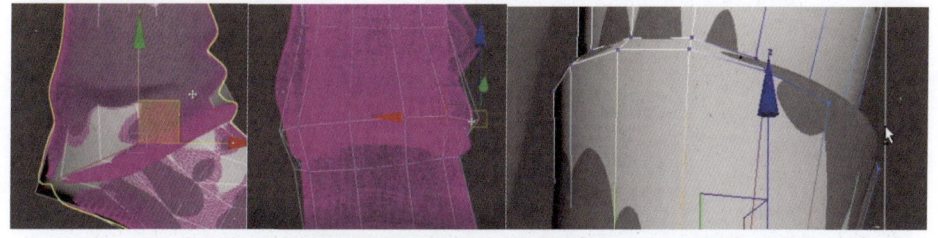

图5-220　护腿下部堆叠的部位须手动加线并调节形态

（7）拓扑指甲。若将指甲做成单独的模型，与指尖的穿插将破坏边界，且无法用贴图解决；为了省面，这里将指甲与指尖做成一体，使用贴图表现指甲，如图5-221、图5-222、图5-223所示。

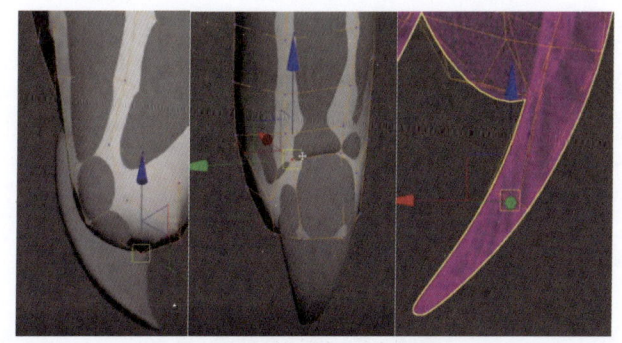

图5-221　顺着高模，卡出多边形形态，注意不能与高模有太大偏差

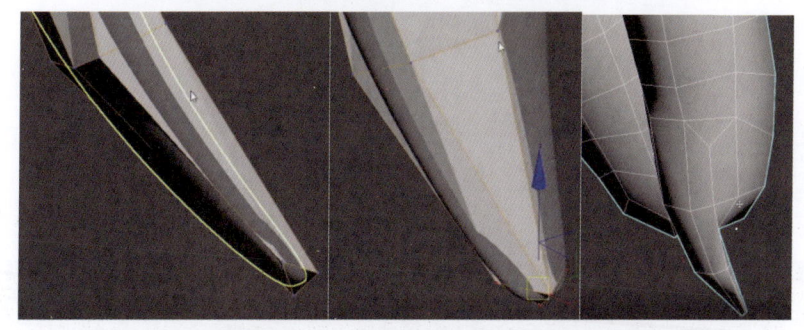

图5-222　注意指甲尖的造型与布线

图5-223　其他指甲使用同样的操作；可以把做好的指头进行复制，再焊接到其他指头上

使用推力修改器，整体略微放大低模手臂，使其包裹高模，如图5-224所示。

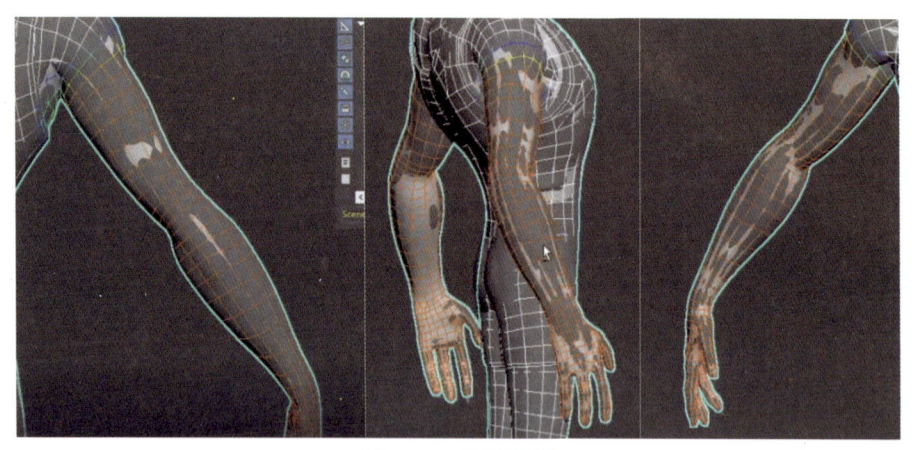

图5-224 调整模型

依次将头部、头盔、肩甲、护手、腰带等部位进行拓扑与整理。

对低模进一步优化：

将所有模型塌陷。此时可能有肉眼不可见的、重合的顶点，选择所有顶点，进行焊接，如图5-225所示。

图5-225 焊接顶点

整理五边面。面模式下，可使用石墨工具，在选择栏中检查大于四边的面（图5-226），找出所有的五边面。然后可以切换至顶点，直接使用连接命令（connect）将它们变成三边面。但为了避免方向上的错误，最好使用手动连接。

图5-226 检查大于四边的面

反复检查至没有四边以上的面，至此，模型工作全部完成。

6. 3ds Max角色身体UV拆分

设置光滑组：

观察模型，有些部位有大片黑色，一些坚硬的转折显得比较模糊。这是因为目前模型光滑组有问题，导致转折角度偏大的面上呈现弊端，所以首先要处理光滑组。在面或元素级别中查看光滑组情况，如图5-227所示。

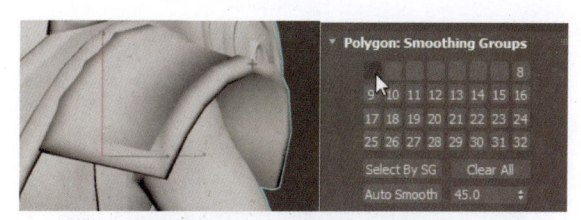

图5-227 观察并处理光滑组

清除原先的光滑组，先统一ID为1。内衫、护腿单独指定光滑组为2（为方便选择，可以先切出内衣，再焊上），外衫包边单独设置光滑组，如图5-228所示。

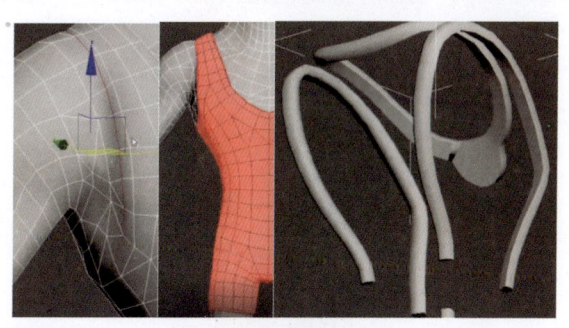

图5-228 设置光滑组

依次将指甲、头盔、法杖、背包、口腔等设置完毕。UV展开时，将依据光滑组进行拆分。

UV展开：

将模型全部塌陷，添加UV展开修改器，添加棋盘格程序贴图，调节重复度，完成准备工作。此时默认UV状态非常混乱，进一步整理，如图5-229、图5-230、图5-231所示。

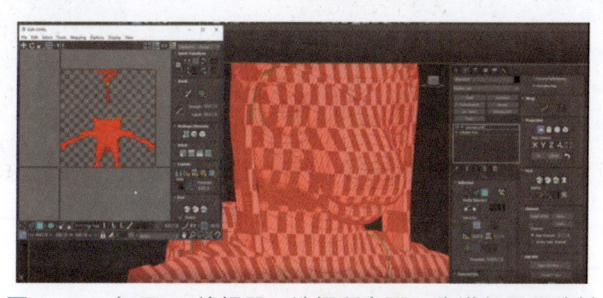

图5-229 打开UV编辑器，选择所有面，先进行平面映射

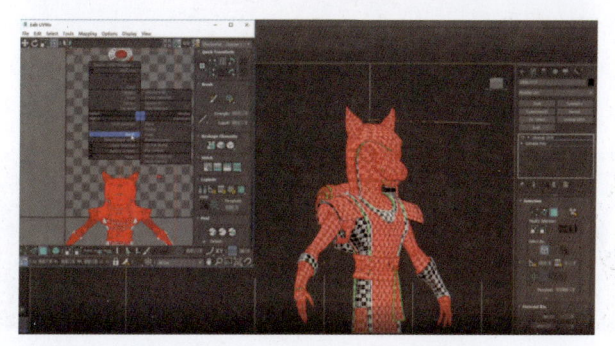

图5-230 根据光滑组断开UV：将不同光滑组ID的面——断开（break）

图5-231　单独处理法杖、眼球等

整理模型，将对称模型的一侧删除，包括四肢、护手、护腿、背带等小物件，如图5-232所示。

图5-232　整理模型

接着开始逐个展平。每完成一个，就将其塌陷。

头部展平（图5-233）：先把眼眶内部与口腔裁剪开。脸部可对称操作，再镜像焊接，得到一张轴对称的UV（模型也要焊接上）。

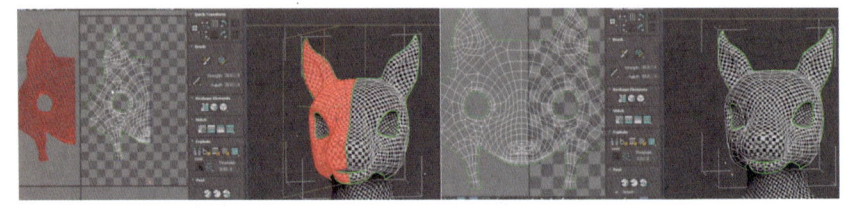

图5-233　头部展平

注意：

身体展开后棋盘格显示大小要基本一致，如图5-234所示。

手指的UV接缝须仔细处理。

脚指甲可从中间切开。

角膜UV可以放大；牙齿直接打直即可。

图5-234　手指、脚趾、角膜、牙齿等小部件UV展开

其他展开注意事项如图5-235、图5-236、图5-237图5-238所示。

图5-235 全部拆分完毕后进行排列。其中脸部和眼睛的占用面积可以适当放大

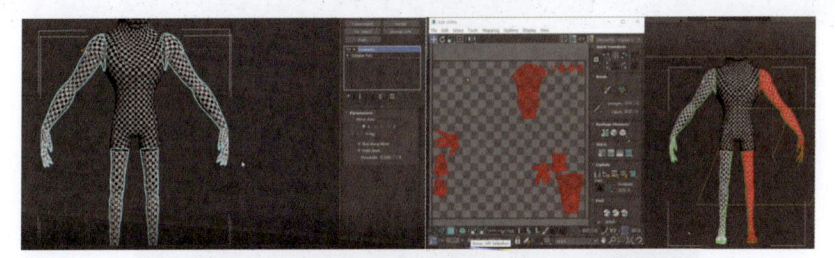

图5-236 模型补完，添加对称修改器，同时将对称的UV挪至下一象限u2v1

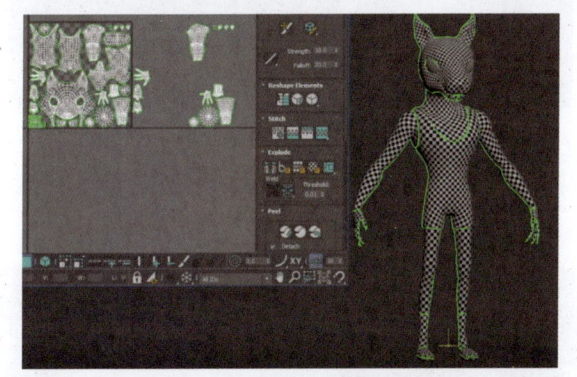

图5-237 全部完成后，将需要合并的模型进行合并焊接

图5-238 将武器装备展平。腰带等部件尽量将UV打直，最大限度撑满图片

7. Marmoset Toolbag（八猴）法线与AO贴图烘焙

身体和装备将分别在八猴中进行烘焙。

先将不相邻的物体单独分出。相互交叠的物体，包裹框会重叠在一起，映射出一些不该有的信息，为此，必须将其分开烘焙，如图5-239所示。

两套UV、两张贴图分别赋予身体和装备两组不同的材质球。装备模型命名为"11_low""12_low"等,赋予1号材质;身体模型命名为"21_low""22_low"等,赋予2号材质。

图5-239 分批次导出身体和装备等模型进行烘焙

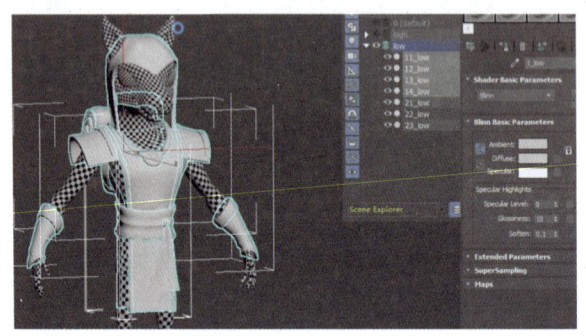

图5-240 分别赋予身体和装备两组不同的材质球

高模与低模用同样方式进行分组。命名亦与低模相对应,如图5-241所示。注意观察色差,不要漏选。

图5-241 高模分组

将高模与低模以三角面方式导出,如图5-242所示。

图5-242 导出高模与低模

注意：牙齿和舌头没有高模，不需要烘焙法线，但AO贴图需要单独烘焙，将其拆开为"24_low""25_low"，如图5-243所示。

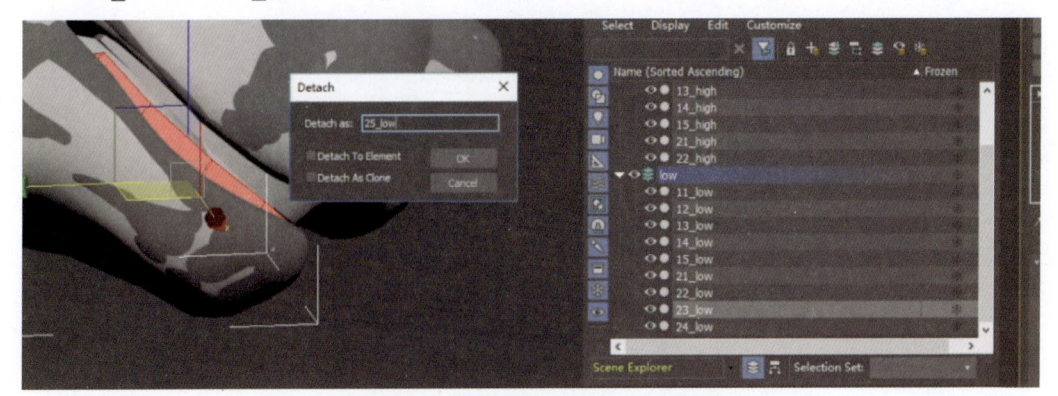

图5-243　对牙齿和舌头进行单独输出

在八猴中新建一个烘焙文件夹，如图5-244所示，按照分组导入高模与低模，软件将自动适配至合适位置。

图5-244　新建一个烘焙文件夹

选中低模，观察并调节包裹框大小，让其与模型尽可能贴合，如图5-245所示，但注意不要穿插。如需要微调，打开绘制偏移（Paint Offset），直接在UV上绘制映射范围。面积小的模型须仔细观察是否穿帮。

图5-245　观察并调节包裹框大小

调整完毕后，依次勾选法线与AO进行烘焙，法线设置翻转y轴，如图5-246所示，尺寸2048像素，抗锯齿4x，设置保存路径。

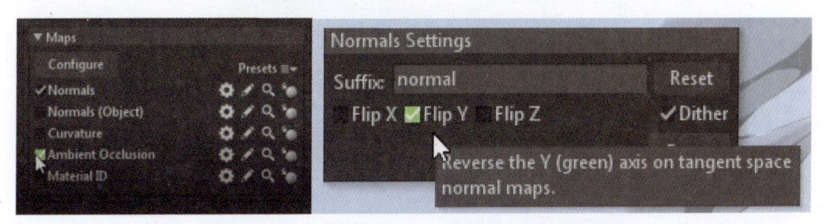

图5-246　法线贴图与AO贴图烘焙的设置

输出后查看并检查法线问题，如图5-247所示。

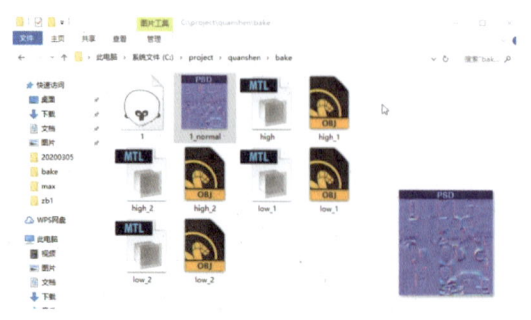

图5-247　输出后查看并检查法线问题

AO贴图一般会烘焙两张，如图5-248所示，分别代表开启和关闭选项中的忽略组（Ignore Groups）。开启将会接收烘焙组间互相遮挡的光影关系，关闭则去除其相互影响。两张贴图各有用处，一般使用带光影关系的AO贴图，但如果低模匹配不到位，将使用不带光影关系的AO贴图进行修改。

图5-248　烘焙两张不同的AO贴图

在Photoshop中修复法线与AO的破损处，如图5-249所示。

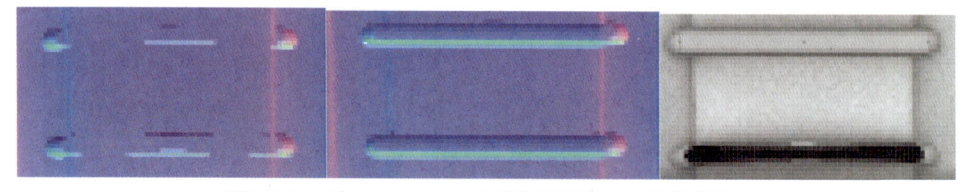

图5-249　在Photoshop中修复法线与AO的破损处

至此1号材质的装备烘焙工作全部完成，采用同样方法烘焙身体模型，得到2号贴图相关设置如图5-250所示。

图5-250　身体的手指、脚趾、嘴部，包裹框无法一次性设置好，一定会产生相互对穿，需要大量手动绘制修正

注意：身体的AO输出设置中，不要勾选ignore groups，否则眼睛转动时将出现穿帮。

由于高模腿部是非对称模型，低模的UV却做成对称，此处不得不修改低模腿部UV，去除对称，如图5-251所示。替换原有的低模后，八猴将自动更新。

图5-251　修改腿部UV

其他设置如图5-252、图5-253所示。

图5-252　3ds Max中渲染身体的UV线框，保存为24位Tga格式

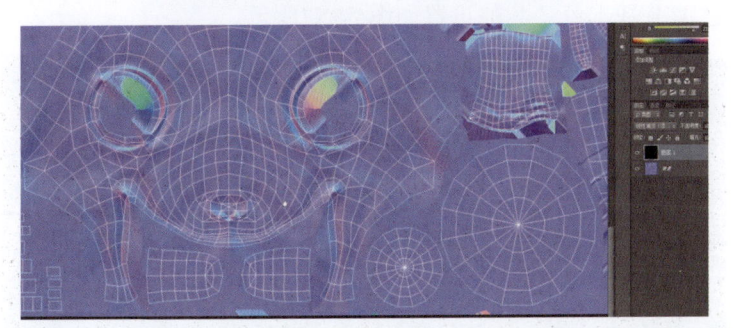

图5-253　在Photoshop中将UV线框叠加在法线贴图之上，检查边界是否破损或其他问题

至此，角色UV已展开，并且得到了较好的法线贴图与AO贴图。贴图绘制之前的准备工作全部就绪。

8. Substance Painter模型材质与贴图绘制

基础设置：

贴图尺寸2048像素，DirectX模式，导入法线与AO贴图。于纹理集设置中添加进来，并烘焙其他基础贴图，如图5-254所示。

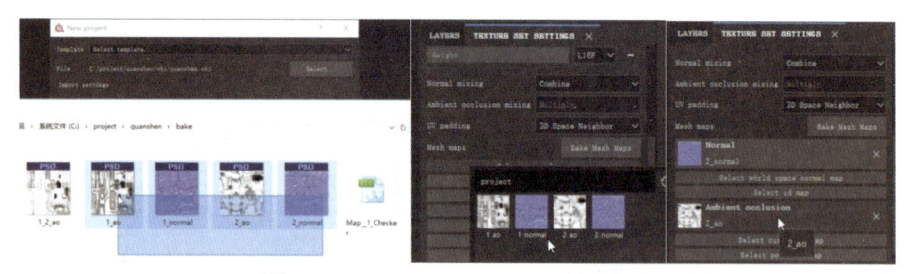

图5-254　Sabstance Painter基础设置

挑选一张单色Hdri贴图，如图5-255所示。因为是卡通角色，环境光最好不要自带颜色，影响贴图绘制。

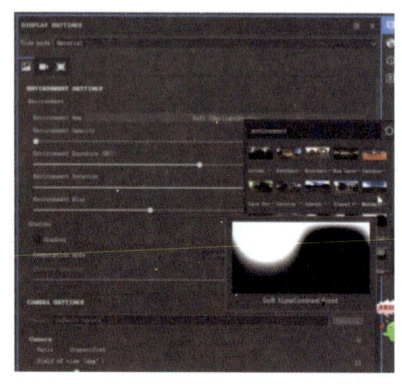

图5-255　挑选一张单色Hdri贴图

材质设置：

为身体添加智能材质，如图5-256所示。通过遮罩区分皮肤和内衫的材质。外衣布料太多，内衫可以选择皮质材质，与外衣做出质感上的差异。护腿材质可在内衫基础上加一个图层颜色调节基本色。其他设置如图5-257所示。

图5-256　为身体添加智能材质

图5-257　眼睛、牙齿、舌头使用Creature Tongue材质；牙齿与指甲一般使用大理石纹理

依照原画，身体颜色为深紫，指甲颜色为黑色；添加填充图层，调整其基本色。其他设置如图5-258、图5-259、图5-260所示。

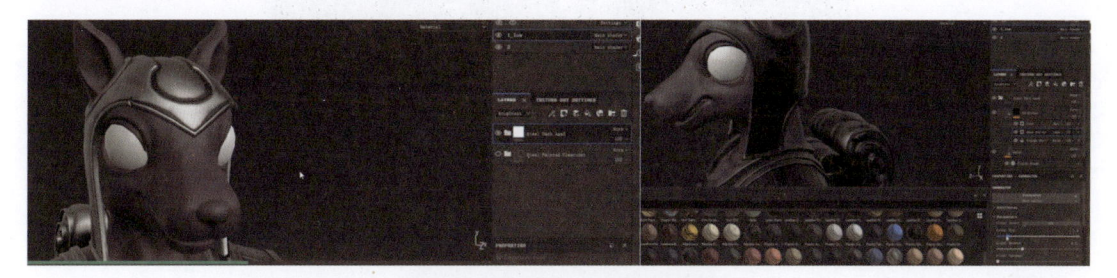

图5-258　测试与调整头盔材质。修改头盔颜色，可添加填充层，修改百分比来调整其显示颜色

图5-259　依次将各部位材质制作出来

图5-260　新建文件夹，将"2"号材质身体模型的所有图层都存放在内

为背包等制作材质，逐一调节颜色与纹理。Substance Painter中有很多木头的智能材质球，可以多次尝试。如果纹理方向不对，找到其中的纹理层进行旋转。相关设置如图5-261、图5-262所示。

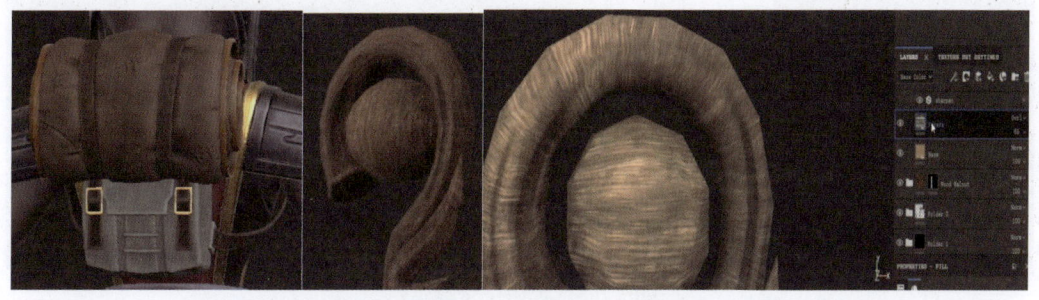

图5-261　木纹等纹理特别明显的物体，UV展开时一定要打直，纹理才能顺着模型走向

图5-262　魔杖中的宝石使用带有自发光通道的材质球，目前没有显示效果，需要随后激活自发光通道

绑带与胸前宝石材质设置：

由于大部分模型的材质单一而清晰，易于选取，因此在烘焙基础贴图时没有烘焙ID贴图；而绑带、宝石分别与腿部及铠甲模型合为一体，为了方便管理材质，最好使用ID贴图来进行选择，如图5-263所示。

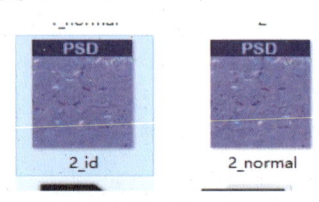

图5-263　复制一张法线贴图文件，在Photoshop中将其改造为ID贴图

在Photoshop中，对照法线贴图或UV线框，使用多边形选区工具来选取绑带部分，并赋予颜色。与其他部分的颜色差距越大，随后ID选择的效果越好，如图5-264所示。

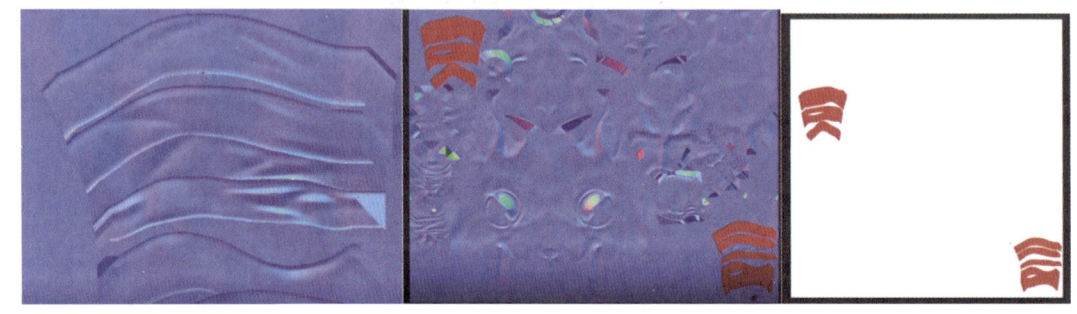

图5-264　Photoshopkh中制作ID贴图

将ID贴图导入项目中，按照颜色添加遮罩，为绑带修改基本色，如图5-265所示。

图5-265　修改绑带基本色

用同样的方法设置宝石，如图5-266所示。

图5-266　宝石设置

为宝石添加细节，添加遮罩、light生成器等调整图层效果。凹陷细节不够深刻的话，可以继续添加黑色图层，通过脏渍生成器加深刻线，如图5-267所示。

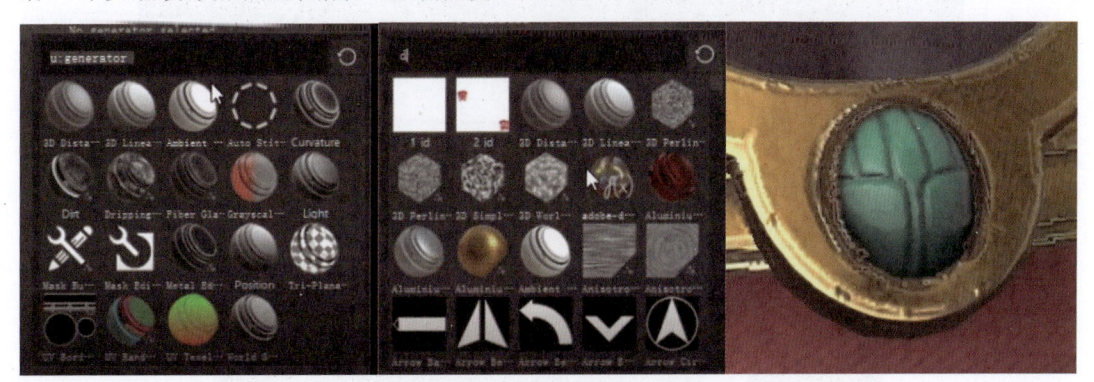

图5-267　为宝石添加细节

绘制眼睛（图5-268）：

绘制角膜、瞳孔、高光与阴影。角膜可增加一点高度。

图5-268　绘制眼睛

添加SSS通道与自发光通道：

真实的皮肤在光照下会产生次表面散射，显示轻微透光效果。为了更好地表现皮肤材质，在纹理集设置中添加Scattering通道，并于显示设置中激活次表面散射，如图5-269所示。

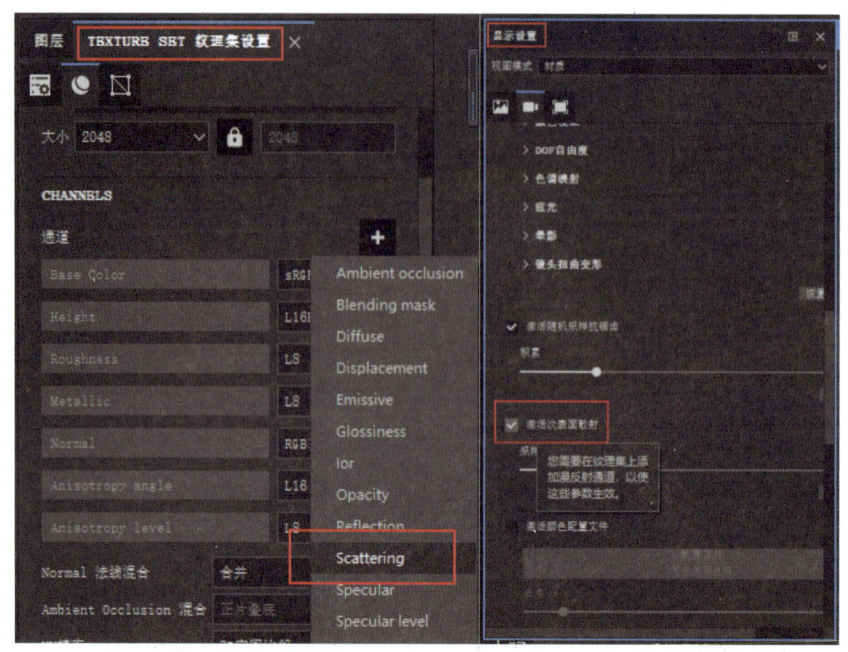

图5-269　在纹理集设置中添加Scattering通道，并激活次表面散射效果

透出内层的肉色，一般为红色，如图5-270所示。

图5-270　透出内层的肉色，一般为红色

在纹理集设置中添加自发光通道（Emissive），可见魔杖宝石已经变亮，如图5-271所示；但其亮度没有影响周围物体。此时显示不是最终效果，引擎中将会有效果，随后将在八猴中继续调节。

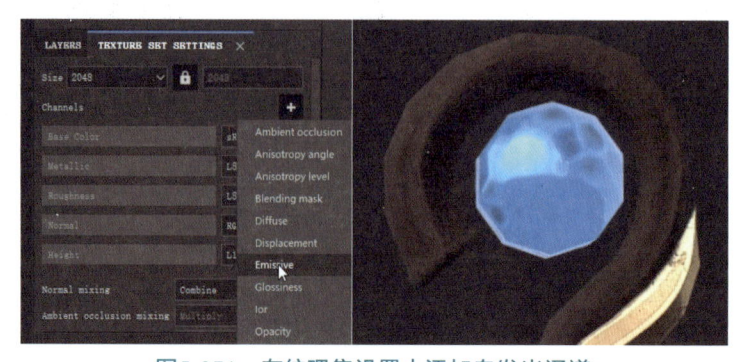

图5-271　在纹理集设置中添加自发光通道

胸前宝石的自发光颜色盖住了原色，将自发光颜色改为绿色，如图5-272所示。

图5-272　颜色调节

绘制皮肤：

新建一个棕黄色图层，在遮罩上修改其显示范围，注意开启对称，如图5-273所示。

图5-273　新建图层

绘制一个光滑的鼻子，保留基本色和粗糙度两个通道；略微绘制一些高光和阴影，如图5-274所示。

图5-274　绘制鼻子

烘焙光影（图5-275）：

新建黑色图层，添加生成器，选择Baked Lighting Stylized，将光影烘焙成一张漫反射贴图；使用叠加方式（Overlay），强度设为50~60即可。

图5-275　烘焙光影

导出贴图（图5-276）：

在导出设置中选择使用的引擎。注意：须选择包含3S通道的UE4选项。

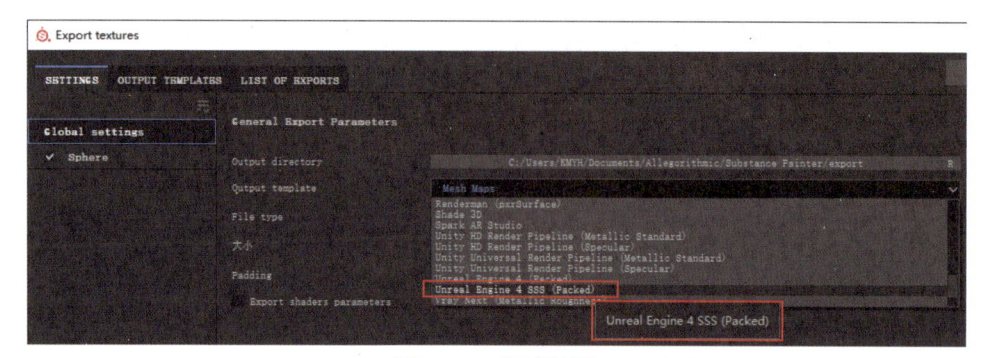

图5-276　导出贴图

9. Marmoset Toolbag（八猴）最终渲染

在模型制作的最终环节，可以在八猴中观察模型进入到引擎后的状态，并且进一步调整模型与贴图。将3ds Max中最终需要渲染的模型以三角面导出至八猴。

基础设置：

Sky中选择一张明亮的背景。

对身体材质进行适配，如图5-277所示。将法线（注意y轴需反向）、粗糙度、SSS、金属度、AO等通道一一设置；身体无需打开金属通道；武器装备则无需SSS通道。

图5-277　对身体材质进行适配

逐一加载贴图。注意固有色不能有色相偏移。自发光不够明显的话可以把数值调大，如图5-278所示。

图5-278　调整数值

三点光源架设：

降低背景光照。添加右前方灯光作为主光源，颜色偏暖，面积调大一些进行柔化，如图5-279所示。

图5-279　设置主光源

添加左后方灯光作为轮廓光，面积调大，尤其上下范围，使其覆盖住整个身体；颜色偏冷，与主光产生冷暖对比，如图5-280所示。

图5-280　添加轮廓光

添加左前下方灯光，颜色红色，亮度调低；此灯用于凸显金属质感，增强橙黄色金属的饱和度，如图5-281所示。

图5-281　凸显金属质感的灯光

动画演示：

为模型添加一个旋转地台，如图5-282所示，并为地台添加阴影。注意：地台将作为所有模型的最上层，模型将跟随地台一起旋转。

图5-282　添加旋转地台

调整摄像机参数（图5-283）：设置安全框；默认分辨率1080p，画幅比16∶9，修改背景颜色，可以将饱和度降低，凸显模型轮廓。

设置焦距，将焦点聚在脸部，调节镜头模糊程度。

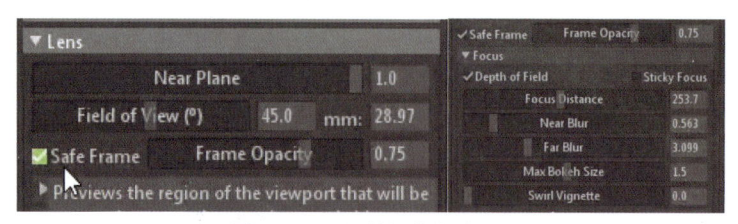

图5-283 调整摄像机参数

增大光晕，使金属有炫光效果。可以对渲染图像做一些后期处理。卡通角色可以加一点锐化，使其边界更为清晰。相关装置如图5-284、图5-285所示。

图5-284 图像后期处理

图5-285 渲染设置中，勾选Enable GI，能观察到自发光物体产生的光照影响

最终导出：

设置分辨率、保存格式、抗锯齿、渲染质量等，渲染单张图片或动画演示。最终导出效果如图5-286所示。

注意：若要更改模型，可直接将模型删除，保留场景、材质以及后期调整。

图5-286 最终导出效果

5.5 实操考核项目

本章项目素材可扫描图书封底二维码下载。

1. 项目一

①考核题目：下载附件"罐子.rar"。在罐子模型的基础上，以图5-287为范例，为罐子制作布巾。时间：60分钟。难度：3级。

图5-287　考核素材——罐子

②考核目标：还原照片，制作布料。
③考核重点与难点：
重点：造型准确；布线合理。
难点：模型有体积感以及布料质感；布褶富有节奏感，疏密得当，有软硬变化。
④考核要素：
整体视觉效果：布料的形体感、体积感、质感；布褶变化。
文件规范：文件格式；文件命名。
⑤参考答案：如图5-288所示。

图5-288　参考答案

2. 项目二

①考核题目：下载附件"hand_low.rar"。在提供的基础模型"hand_low.obj"之上，进行雕刻和细化，如图5-289所示。提交不同角度截图2张以上。时间：60分钟。难度：4级。

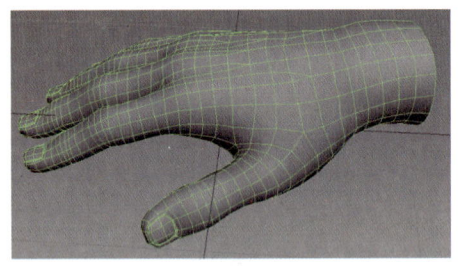

图5-289　考核素材-手部

②考核目标：能在规定时间内雕刻较为工整的手部模型。
③考核重点与难点：
重点：雕刻局部结构和细节。
难点：结构准确，具有较为丰富的细节。
④考核要素：
整体视觉效果：模型工整，结构准确，细节较为丰富。
文件规范：文件格式；文件命名。
⑤参考答案：如图5-290所示。

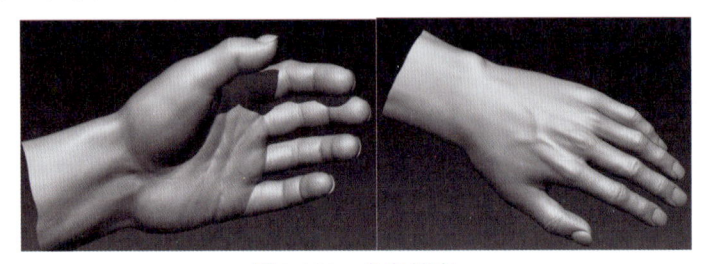

图5-290　参考答案

3. 项目三

①考核题目：参考图5-291所示的原画，雕刻龙头，渲染并提交多张效果图。时间：60分钟。难度：3级。

图5-291　考核素材——龙

②考核目标：在规定时间内雕刻龙头，整体把握和推进。

③考核重点与难点：

重点：对原画的观察和分析；基本雕刻能力；大型把握能力和整体推进能力。

难点：整体造型与局部细节的把握和控制。

④考核要素：

整体视觉效果：还原原画到位；模型工整；结构合理；形体美观；有较为丰富的细节。

制作规范：子工具操作；DynaMesh雕刻；Zremesher重新布线。

文件规范：文件格式；文件命名。

⑤参考答案：如图5-292所示。

图5-292　参考答案

4. 项目四

①考核题目：如图5-293所示，据提供的场景文件"scene.fbx"，为场景进行灯光、环境及渲染设置，提交1张夜景效果图，灯光数量与位置、摄像机景别、角度、焦距等自选。时间：30分钟。难度：3级。

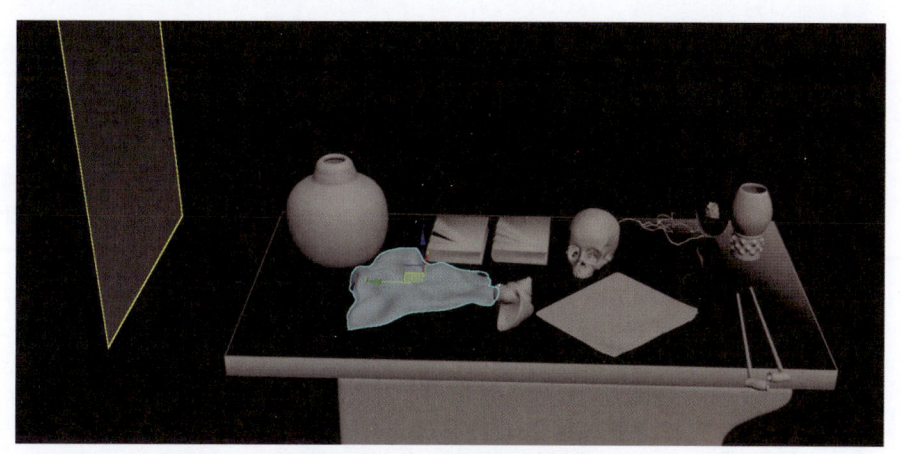

图5-293　考核素材——场景

②考核目标：在规定时间内完成夜景灯光环境设置。

③考核重点与难点：

重点：灯光渲染系统；夜景效果。

难点：画面整体感与层次感；夜景与灯光效果。

④考核要素：
整体视觉效果：夜晚时间段；空间层次；画面整体感。
文件规范：文件格式；文件命名。

5.6 评分细则

中级考题根据考察内容分为模型雕刻、UV展开、材质与贴图制作、灯光与渲染设置等。具体评分参考考题要素。

模型雕刻评分细则：
- 整体视觉效果，占该题总分90%，考核点包括准确还原原画、细节到位、制作工整等。
- 文件规范，占该题总分10%，考核点包括提交的文件格式、命名符合考题要求等。

UV展开评分细则：
- 制作规范，占该题总分90%，考核点包括UV分割位置合理、UV排布规范等。
- 文件规范，占该题总分10%，考核点包括提交的文件格式、命名符合考题要求等。

材质与贴图制作评分细则：
- 整体视觉效果，占该题总分70%，考核点包括准确还原原画、色彩和谐自然、质感准确、图案位置准确、比例及尺寸准确、细节到位、绘制工整等。
- 制作规范，占该题总分20%，考核点包括各项流程规范等。
- 文件规范，占该题总分10%，考核点包括贴图尺寸、提交文件格式、命名符合考题要求等。

灯光与渲染设置评分细则：
- 整体视觉效果，占该题总分70%，考核点包括渲染图像具有较为丰富的层次、色彩和谐自然、色温舒适、光效氛围符合考题要求等。
- 制作规范，占该题总分20%，考核点包括灯光基本参数、阴影类型与质量、曝光程度等符合题目要求。
- 文件规范，占该题总分10%，考核点包括提交的文件格式、命名符合考题要求等。

综合型考题，根据考核侧重点分配分数。

第 6 章 场景模型

中级三维制作在初级基础上，对于三维场景中的模型、材质、贴图、灯光、渲染等重要环节都有更高的要求。从业人员在影视、动画、游戏、VR、3D打印等主要应用领域有各自的工作流程和技术重点。

培养目标

本章要求掌握三维场景建模的规范标准和操作技能，具备良好的造型设计能力，能够高效、规范地完成项目中的道具、场景以及商业项目中各类常规三维场景模型、材质贴图、灯光渲染等模块的设计与制作。

就业面向

主要面向影视、动画、游戏、VR交互、广告、栏目包装、产品设计等领域，从事专业的三维场景中的模型、贴图、材质、灯光、渲染等工作。

6.1 岗位描述

6.1.1 岗位定位

该模块对应的岗位主要为三维场景模型师、材质贴图师、灯光渲染师、特效师等。

三维场景模型师：影视与动画行业中主要为硬表面模型师，负责制作各种零件、车船、机械等模型。游戏行业中为场景模型师，还可能细分专门制作CG场景或者武器道具的模型师。游戏公司的场景模型师不仅制作道具、场景等模型，还须为其制作材质与贴图。

材质贴图师：为模型设置材质、制作各类贴图。

灯光渲染师：为场景设置灯光并渲染。

特效师：制作场景特效。

人员须熟悉职场基本守则与行为规范，以及公司的规章制度。

6.1.2 岗位特点

岗位特点参见5.1.2。

6.1.3 工作重点和难点

该工作的重点之一在于道具模型制作。三维角色在影视、动画以及游戏等行业中的作用和地位不言而喻，它们的武器、配饰等三维道具模型在造型和质感上亦具有多样性特征。在场景模型中，道具也是最能体现考生综合水平的考核对象。因此，道具的制作在中级与高级的三维制作环节中，是学习、工作与考核的重点。

重点之二在于熟练掌握各项专类技术，如雕刻技术、贴图绘制等。无论从事哪类具体岗位，中级制作对象的复杂度和工作量明显高于初级。合格的从业人员须能在规定时间内高效完成工作任务，具备比较过硬的专业技术。

难点在于对造型能力、审美判断力等美术能力有较高要求。

中级阶段，无论是模型、材质与贴图，还是灯光与渲染，任何一个环节对观察、塑造、手绘等美术技能均有不同层面与程度的要求，对于体积感、空间感、对比、变化、视觉节奏等视觉元素要有敏锐的感知与理解。考生在美术方面须大量参考、分析、判断、取舍，综合运用美术技能，表现形体较为复杂、质感鲜明、层次丰富的场景模型。

6.2 知识结构与岗位技能

三维场景模型制作所需的专业知识与职业技能如表6-1所示。

表6-1 专业知识与职业技能（中级）

岗位细分	理论支撑	技术支撑	岗位上游	岗位下游
三维场景模型师、材质贴图师、灯光渲染师、特效师等	1.图形图像基本理论 2.三维场景制作相关概念 3.相关光学原理 4.计算机硬件基本常识	1.良好的场景造型能力 2.图像处理技术（Photoshop） 3.多边形建模技术（3ds Max、Maya等） 4.雕刻技术（ZBrush、3D Coat等） 5.贴图制作技术（Substance Painter、Mari、Marmoset Toolbag等） 6.灯光与渲染技术（Arnold、Redshift、Vray、Renderman等渲染器） （4、5、6至少选择一项）	影像采集、概念设计	视效合成、引擎动画

6.2.1 知识结构

详细要求与角色模型相同，可参见5.2.1。

6.2.2 岗位技能

详细要求与角色模型相同，可参见5.2.2。

6.3 标准化制作细则

6.3.1 场景模型的规范要求

1. 三维场景概念

三维模型是物体的多边形表示，通常用计算机或者其他视频设备进行显示。显示的物体可以是现实世界的物体，也可以是虚构的物体。任何物理自然界存在的东西都可以用三维模型表示。以游戏领域为例，三维场景模型则是游戏中的环境、机械、道具等，在模型设计过程中要逐步掌握游戏场景元素设计理念，考虑不同风格游戏的制作方法。

场景模型的构建离不开现实数据的支撑，例如街道模型、武器模型、室外/室内建筑模型等，需要了解城市规划、武器发展史、建筑设计等对应的专业资料，以真实的数据参数作为参考。

2. 三维场景制作规范要求

1）建模要求

以游戏场景为例，三维游戏场景的制作一般是先对这个场景的设计想法进行二维原画的表达，然后在三维软件进行搭建。多数三维动画软件拥有相同的建模方法，只在一些制作流程、建模工具和界面结构上稍有差异。常见的建模方式如下。

Mesh网格建模历史比较悠久，也是应用最广泛的方法。它能方便地对不同模型的不同部位进行细节的调整，达到我们想要的效果。Polygon多边形建模是目前流行的建模方法之一，用这种方法创建的物体表面由直线组成。Patch面片建模中没有太多的命令，经常用到的就是添加三角形面片、添加矩形面片和焊接命令(weld)，但这种建模方式对设计者的空间感要求较高，而且要求设计者对模型的形体结构有充分的认识，最好可以参照实物模型。NURBS建模也称曲面建模，表面是由一系列曲线和控制点确定的。凡是可以想象出来的东西都可以使用NURBS造型，其最主要的优势是既具有多边形建模方式的灵活性，又不依赖于复杂的网格来细化表面，可以用它做出各种复杂的曲面造型和表现特殊的效果。

2）材质贴图

三维游戏场景中的材质与贴图主要用于描述对象表面的物质形态，构造真实世界中自然物质表面的视觉现象。不同材质与贴图的视觉特征能给人带来复杂的心理感受，因此材质与贴图是获得客观事物真实感受的有效手段。一些造型的细部如装饰线、凹凸、镂空、浅浮雕等，都可以通过贴图增加模型的质感，完善模型的造型，这样创建的三维场景和道具才更接近现实。

3）场景灯光

场景中的灯光主要目的是最大限度地模拟自然界的光线类型和人工光线类型，一般有泛光灯和聚光灯。泛光灯给场景提供均匀照明，没有方向性，照射的区域比较大；聚光灯提供方向灯光，在照射范围之外的景物不受其影响。通常采用主灯、补灯和背灯三个光源共同影响设置的方法。

4）UV与贴图规范

UV展开时，须避免明显的错误，如不正确的重叠、拉伸等。UV摆放须尽量利用空间，塞满棋盘格，能打直的尽量打直。根据贴图精度，合理分配UV大小：细节少的部位UV适量缩小，细节多则适量放大。贴图精度要符合项目要求的分辨率，并避免物件之间分辨率有过大差异，如图6-1所示。

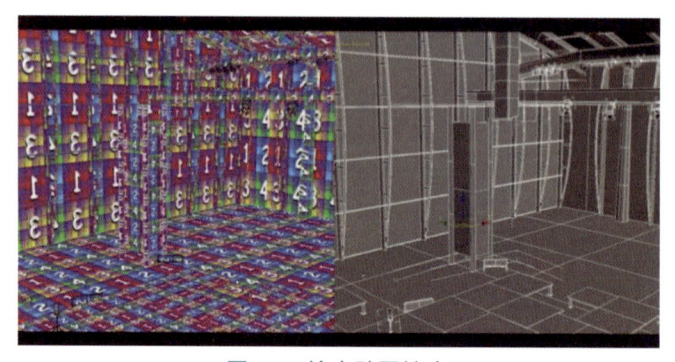

图6-1　检查贴图精度

以上是通用规范，不同领域、不同企业或者不同风格的项目都会有自身规范要求，须遵循具体项目的规范和流程，逐一完成公司的检查单。

3. 三维场景制作的工作流程及技术要点

三维场景制作在影视、动画、游戏、VR、3D打印等行业各自的工作流程中，均属于中期制作环节。不同行业中，三维制作拥有特定的工作流程与技术要点，其差异主要受两方面影响：

（1）传播渠道与呈现方式的要求。如电影荧幕相较于电视屏幕、手机屏幕，对影像质量的要求更高，因此在模型与贴图精度、色彩细腻程度、空间层次，以及图像规格等各方面的要求也随之提升。

（2）"交互"是游戏、VR等娱乐方式区别于传统影视"观看"的典型特征。不同的体验方式，其参与的状态与程度亦不同，从而对于产品各方面指标有相应的要求。目前受到硬件条件限制，各行业必须采用各自不同的解决方案。

6.3.2 场景模型的视觉表现特征

中级制作对象的形体构造较为复杂，表面富于变化，与初级制作对象相比，具有更复杂、更精细的视觉特征。从建模到材质贴图制作，从大型特征表现到细节设计与刻画，都有更多的美术要求。

1. 造型表现

1）道具

中级场景模型中的道具大都具有较为复杂的结构，比如房屋等建筑，汽车、飞机等交通工具，枪械、刀剑等武器。它们的外形通常具有较强的设计感，表面规范而工整，并包含凹槽、凸起等中小型结构及细节，一些原画设计图为了渲染气氛或者表现灯光阴影效果，会有看不清楚的形状区域存在，这些地方需要运用自己的思维分析它的结构以及布线。如图6-2、图6-3所示。

图6-2　实训项目《JET》中的室内场景模型　　图6-3　实训项目《JET》中的室外场景模型

即便简单几何造型的模型，中级也增加了很多变化和细节。比如柜子的大型是简单的立方体，初级中可能会将其边缘做成横平竖直，并且完全对称；而中级则会将边缘线条进行扭曲，刻意制作不对称部分，让轮廓更趋于变化。此外再添加斑驳、破损、划痕、凹凸、纹路等细节，使其更贴近真实生活中使用过的物品，如图6-4所示。

图6-4　实训项目《JET》中的柜子场景模型

初级阶段也会为了增加视觉变化而在贴图上绘制细节，中级阶段则须将造型上的变化和细节通过建模手段在模型上直接表现出来。

2) 卡通场景

初级阶段中的场景会进行高度抽象与概括，卡通风格偏多。而在中级阶段，即便是卡通场景，对于必要的结构，如屋顶、门锁等，也会进行一定程度的刻画。

比如初级制作的卡通小屋的主体近似蘑菇，在此基础上附加简单的多边形变形，甚至绘制贴图来表现纹理。树木则可以由简单、大块的圆锥体组成，如图6-5所示。

而在中级阶段，窗户、屋顶等具体结构可能均需要制作出来（视卡通化程度而定）。窗户的细分程度也更为精细，拥有复杂的窗户以及蘑菇屋顶造型的层次体现和相互作用，更具造型美感，如图6-6所示。

图6-5　初级卡通场景高度抽象的造型 　　　　图6-6　三维场景蘑菇屋，作者：meikuu

初级场景的构成可能是简单变化的多边形（立方体、圆柱体等）；中级则有了山坡、草地等表面形态变化，要求制作人员对场景纹理结构有一定的了解，并准确表现，如图6-7、图6-8所示。

图6-7　《无敌破坏王》，作者：里奇·摩尔

图6-8　场景模型图，作者：Sven Sauer
https://www.mattepainting-studio.com/unseenwesteros

初级模型的武器相对来说造型简单，而中级模型的武器样式更为多样，比如斧子的把手层次、机械枪支的体现，如图6-9所示。制作人员需要制作出武器机械的金属磨损感，表现武器自身以及与角色之间的相互影响。

图6-9　机械枪模型，作者：云图
https://huaban.com/pins/1447627303

3）超写实场景

超写实场景有别于传统游戏中略显"粗糙"的低面数模型，能做出接近影视级别的超写实效果，如图6-10的《驯龙骑士》动画作品以及图6-11的《战争机器》游戏作品。

图6-10　《驯龙骑士》动画作品

图6-11　《战争机器》游戏作品

超写实高模没有面数限制，可以做到无限精细，武器的磨损、布料的编织纹理等种种细节都可以表现。

总之，中级阶段的场景模型较为复杂。不仅大型结构要准确，中型结构、小型结构与细节亦需要进行深入合理刻画，并保证任一视角下都有正确的形体和体积。另外，模型塑造过程中还须体现一定的质感。泥塑、木刻、石雕、布偶等材料将在模型表面留下不同的材料与制作痕迹；常用的布料衣物，软与硬、厚与薄、膨胀与紧绷等，呈现不同的外观和褶皱起伏，需予以展现。中级建模方向的学习者须具备一定的美术能力，才能对原画有正确的观察与理解，并于三维软件中还原和优化。

2. 质感表现

初级阶段的场景模型的材质类型比较简单，贴图以固有色为主，绘制时可能只需要两三个图层，填充为单色或大面积的颜色渐变，整体视觉效果偏向平面和卡通。中级阶段要求更为多样化的质感表现。

首先，场景模型的材质种类更多。考生要准确表达原画中各类材质质感，须对金属、布料、陶瓷、塑料、木材、玻璃、草皮等常见材质的视觉属性有清晰的理解和表现。

其次，场景模型的材质有较多的变化。比如，材质的反射更为细腻，模型不同部位可能有不同的反射强度，需要更多的贴图控制。可以使用HDRI贴图为模型创造更为丰富的光照环境，从而使模型表面材质各属性特征更为凸显。

最后，场景模型的材质会相互混合影响。真实世界的材质通常并非由单一不变的材料构成，而是受到多方面影响。如现实中的木地板场景，肉眼可以通过其高光及阴影的形态判断木料的反射强度及光泽程度；地板上可能落灰，可能有水渍和刮擦的痕迹，聚集污垢；灰尘、水渍、刮擦、污垢都将影响地板的反射方式与强度。超写实贴图制作通常使用大量图层，分别控制物体的多层固有色变化、纹理、环境遮挡、磨损、划痕、脏迹等。模型呈现的材质效果更为丰富，与环境的搭配更为协调整体，真实可信。

因此，中级场景的材质与贴图方向的学习者需要对原画，以及生活中的材料有细微的观察，了解常用材质的视觉特性，同时对色彩、色调、层次、疏密、对比等有良好的审美觉知。具备相应美术能力，可以准确地制作出具有一定复杂度和真实感的材质效果果，如图6-12、图6-13所示。

图6-12 实训项目《JET》中地板的质感表现

图6-13 实训项目《JET》中金属、玻璃、塑料等不同材料的质感表现

3. 灯光与渲染

初级阶段场景模型的环境设置较为基础和单一，只需要掌握背景颜色、背景贴图、天光等基础设置，灯光氛围对模型场景的影响较小。

中级阶段学习者须熟练运用光影关系塑造和凸显模型的体积、细节、质感，以及画面的层次感与空间感。

中级制作中可能包含不同季节、不同时间段、不同场景的环境，如春夏秋冬，白昼、夜晚、黄昏，以及室内或室外等各种场景。灯光渲染师须对此类常见环境的光照、氛围有准确的认知、理解和表达；能通过灯光渲染设置，解决诸如画面过平，体积感或氛围感、距离感不够强等美术问题，如图6-14所示。

图6-14 实训项目《JET》中灯光作用下的光影使模型更具体积感，细节与质感更加突出

有时特定环境与气氛效果，如暴风雨、恐怖、神秘氛围等，也需要灯光渲染师进行营造，如图6-15所示。

图6-15 实训项目《JET》中神秘氛围的营造

6.3.3 场景模型的工作流程与技术要点

1. 三维场景在游戏领域的应用

游戏领域在三维技术应用上经历了从低模手绘到次世代的发展历程。2000年左右在三维场景模型制作上主要采用低面数模型+颜色贴图的制作方式，如图6-16所示。随后次世代游戏技术更新，三维场景模型在制作方式发生改变，使用模型+带光影的漫反射贴图+高光贴图+法线贴图，三维场景模型对比之前拥有更好的光影与体积效果。当下，

随着ZBrush、Substance Painter等制作工具的兴起、游戏引擎的不断发展,搭配硬件设备不断更新,新一代的次世代中三维场景模型使用PBR(Physically Based Rendering)流程,达到接近影视级别的画面效果,如图6-17所示。

图6-16　低模三维场景模型示意图

图6-17　次时代三维场景模型影视级示意图

而在三维道具方面,随着二次元文化的兴起,手办、道具等方面的商业行为越发兴盛,对于三维道具模型的制作要求越发精细。"手办"指打样时做的参考样品,现特指以动漫、电影、游戏角色为原型制作的周边衍生品,通常为高精度、可拼装的小尺寸雕塑作品。目前约八成的手办为3D打印制作而成。

手办类的三维道具模型制作流程可分为:素材收集、概念分析、三视图及承重设计、高精度三维模型构建、部件打印涂装、组装高模、3D打印制作母模,并通过翻模、修模等工序制作模具。最后,涂装完成样品,与买家商定量产的标准、费用及品质参考。

由于无需贴图、动画等环节,三维制作人员在手办制作中的主要工作就是建模。一般来说,工作方式为直接在ZBrush中雕刻高模。素模完成后可以进行顶点着色,以供厂家涂装时参考。需要注意的问题是模型及细节的精度与厚度要求。

(1)模型与细节尺寸有最小精度要求。打印机的喷嘴直径(即打印机能打印的最小尺寸)是固定的,低于该尺寸将无法实现。

(2)模型与细节都要进行一定程度的夸张,做得深厚一些。一方面,实物打印出来能更为结实,太过细小的位置有断掉和变形危险,这些位置包括模型壁厚、线条直径、刻线等,雕刻时须加厚处理。另一方面,后期打印和翻模会产生不同程度的细节损失,比如翻模时约有0.1mm的缩水。因此结构和纹理都须做得更为深刻,最后得到的实物才能更接近设定。

1）游戏领域三维场景模型的制作流程

（1）前期准备和基础模型。首先要确定好需要制作的场景模型所处的故事背景和风格设定，并通过网络收集对应的参考素材和参考图。例如制作古庙残寺的三维场景模型，就要收集佛教、寺庙等相关资料，并选定主要的场景元素并规划主要的场景构架。前期准备完成后，选用3ds Max、Maya或其他合适的建模软件进行建模。用Poly Modeling拖出来一个场景模型体块后，对它进行点、线、面的变形和缩放来刻画想要的效果，并注意场景模型的比例。最后添加循环边工具让模型更有细节，形状更准确，如图6-18所示。

三维场景基础模型做好后，要对它进行拆分UV，作用是便于后期绘制贴图，可用Maya自带的UV编辑器，选中模型然后打开编辑器，经过一系列的分割、合并、展开等操作，把拆好的UV图整齐地放在UV格子里。如图6-19所示，要将建筑立柱、佛首等组件拆分为各类组件。同时，在UV拆分时要尽量避免重叠和拉伸等变形，尽可能减少UV的接缝，最好是将接缝设置在摄像机等视角看不到的地方。

（2）高模的制作。这一步要做出三维场景模型组件的细节，例如佛首的面部表情、顶饰花纹、发髻纹路、建筑雕刻等，要保证模型有足够的面数才能在ZBrush里雕刻。用move和standard等笔刷来进行模型的细节雕刻，刻画细节时要逐步细分，逐渐推进，如图6-20所示。

图6-18 三维场景基础模型建模 　　图6-19 三维场景基础模型拆分UV 　　图6-20 三维场景模型细节刻画

（3）高模拓扑低模。在三维场景模型制作中，可能存在因面数太多而导致电脑性能运行不足，无法导入游戏引擎的情况。要减少面数资源，又要保证模型的细节，就须运用拓扑技术。拓扑原理是把高模的细节映射到低模上，既节省资源又能得到细节。一般用Topogun等软件来进行，要注意尽量避免有三角面的出现。

（4）制作模型贴图。基本模型做好后，选择对应的贴图，进行视觉效果制作，如图6-21所示。贴图可模拟多种视觉效果，比如颜色、质感和纹理等，大致分为颜色贴图、法线贴图和高光贴图。颜色贴图就是控制模型的大颜色、污渍纹理等色彩信息内容。法线贴图可在XNromal烘焙出来，其作用是控制模型物体的凹凸纹理，处理表面的特殊纹理，进行细节展示。高光贴图是法线贴图经过PS处理调大对比度使黑白分明，作用是控制模型物体的高光范围，使模型有更好的视觉效果。

（5）场景搭建。所有模型组件都完成后，结合场景模型的设计定位、风格特征，对模型场景进行构建与还原。在场景构建中，对三维模型组件进行调整、优化甚至增加模型组件，搭配灯光、光影等，以达到最终的三维场景模型效果，如图6-22所示。

图6-21 三维场景模型贴图　　　　图6-22 三维场景模型搭建

2）游戏场景案例制作流程浅析

观察图6-23可知，场景是一个在海上的岛屋，主要由木头、火山、植被、石头组成。模型组件较为简易，保持比例、结构、材质准确即可。

图6-23 海上小岛场景模型

（1）在Maya中制作由浅到深的场景搭建，过程中要控制好整体模型的面数、布线的合理性，以及模型的比例问题。在完成模型的同时合理分配模型UV也至关重要。

（2）在ZBrush中进行雕刻，如场景中的石头、火山、房屋、树木等，雕刻完成后使用XNormal烘焙出法线等贴图。

（3）在完成模型雕刻和高低模烘焙后，采用Substance Painter进行贴图的绘制，在绘制贴图的过程要注意不同材质的质感表现，如金属、木头、布料等要一眼就能区分材质，同时要在绘制过程中注意细节的表现，这需要我们在现实生活中注意观察物体的特征。

（4）最后采用Marmoset Toolbag 3进行渲染，作为实时渲染器，它简单便捷，内置大量的渲染材质，可以用极短的时间来预览和展示作品。

2. 三维场景在影视动画领域的应用

影视动画中的三维场景模型全部是人为设计制作，一个合格的三维场景需要模型师、材质贴图师、灯光渲染师等工作人员的共同配合，在场景设计稿、分镜头脚本、效果图等指导下完成自己的工作，其大体流程为：中模与高模制作；中模UV展开；材质与贴图制作；绑定与动画制作；灯光与环境设置；渲染输出。

与游戏领域的三维场景制作相比,影视动画领域的场景制作有很多类似的流程与技术要求:在传统多边形制作基础上,增加高模制作环节,提高模型质量;使用雕刻软件雕刻更多中小型结构及细节;高模面数可达上千万,无法直接制作动画及后期渲染,主要用于制作贴图、表现模型细节等。

影视动画场景制作与游戏场景制作的差异主要源于各自行业对渲染时间的要求不同。游戏场景制作受实时渲染限制,在模型和贴图等环节有其特殊的解决方案;影视动画中的场景制作需要依照真实物体来设计,并遵循现实世界的物理规律。

1) 三维场景在影视动画领域中的应用特点

(1) 模型面数限制。在游戏领域方面,三维场景模型的组件大多使用低模,受电脑性能的限制有严格的面数控制;而影视动画中三维场景的设计通常不使用低模,以达到最好的效果为标准,一般没有具体面数限制。

(2) 模型布线要求。无论游戏还是影视动画,三维场景模型若需要制作变形动画,都会有严格的布线要求。首先,动画场景模型和游戏场景模型在布线上最大的区别在于卡线。卡线的作用在于保护面与面的转折,使之在平滑时不出现较大范围的变形。平滑之后,卡线两边的距离大小决定了转折的软硬程度。现实生活中的物体边缘不存在绝对的面转折,而是有大小不一的曲面过渡;在很多角度上,肉眼看到的边缘高光就来自这些转面,如图6-24所示。

因此,影视动画中场景模型在处理表面转折时一般使用卡线+平滑方式,硬表面模型就是典型。而游戏中的场景模型为了节省面数,不进行卡线和平滑,通常采用光滑组ID来区分表面转折。这种转折面与面的夹角较小,视觉上硬度很大,因此一般配合法线贴图来软化转面,表现细节。其次,在布线密度和分布上亦略有不同。游戏场景模型可以看作动画场景模型的精简版,因此,游戏中场景模型的布线讲究合理和够用,在轮廓、大转折等结构突出的、关键的部位更为集中;影视动画中的场景模型布线则要求尽量均匀、整齐,如图6-25所示。

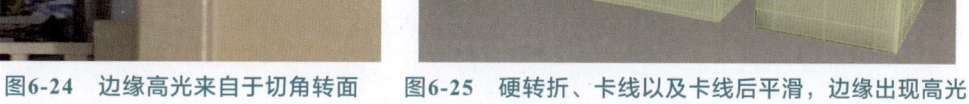

图6-24 边缘高光来自于切角转面　　图6-25 硬转折、卡线以及卡线后平滑,边缘出现高光

最后,游戏中的场景模型,很多细节可以不用建模方式制作,直接贴图进行展示;某些面数较低的场景模型组件,考虑到后期绘制贴图,可能需要通过布线做出一定的标识。而影视动画中的场景模型,多数需要通过建模直接制作出来,甚至细节亦是如此,对布线要求更为严格,如图6-26所示。

图6-26 天空中的云朵、飞艇，游戏中可用贴图表现，动画中多以建模制作

（3）制作厚度体积的差异。游戏中的场景模型，需要考虑低模烘焙带来的影响，防止烘焙出错，以及强化厚度感，通常会夸张地做出明显的切角。动画中场景模型往往不予考虑，按照实际结构制作即可，以视觉效果为准。

（4）模型增加细节的方式。游戏中的场景模型，受到电脑性能与游戏引擎的限制，多采用"低模+法线贴图"方式，而影视动画中对场景模型的制作，则多使用"中模+置换贴图（或矢量置换贴图）"方式。与法线及凹凸贴图相比，置换贴图真正改变了顶点位置，增加了模型面数，制造了表面凹凸，从视觉效果上来看更具真实感，更符合动画影视行业的要求，如图6-27所示。

图6-27 基础模型、凹凸贴图与置换贴图对比

（5）UV展开、材质与贴图制作。游戏中场景低模在UV展开时，为了确保正确烘焙贴图，通常要求光滑组ID不同的面需要切开UV，主要针对于夹角小于90度的面；而影视动画中场景模型有足够多的面数故无此要求。

同时，影视动画的材质贴图精度要比游戏更高。游戏中场景模型的贴图分辨率一般不超过4K，Substance Painter足以胜任；影视动画中场景模型的贴图分辨率要求更高，可能需要8K，甚至32K，使用Mari来绘制超高分辨率的贴图。另外，低模手绘游戏中的场景模型面数很低，光影、结构等细节全靠贴图表现，对手绘能力要求更高。

（6）渲染方式与工具。众所周知，游戏实时渲染，影视动画离线渲染。影视动画力图完美还原现实中场景的镜头特征，通过光线追踪（Ray Tracing）、路径追踪（Path Tracing）等渲染方式和算法来计算光线在镜头中的多次透射、反射，以及景深、炫光等效果，在阴影、反射、折射、全局光照等方面有着优秀的视觉效果。目前，大部分游戏主要使用光栅化（Rasterization）渲染方式，并通过技术手段"模拟"各种镜头效果，在三维场景模型的渲染质量上仍落后于影视动画。

渲染工具方面，游戏的最终画面由引擎渲染而成；影视动画目前则多使用支持PBR材质的物理渲染器，如Anorld、Redshift、Vray、Renderman，以及自研开发的渲染器。

（7）工作流程。影视动画中场景模型制作无须使用低模，与游戏相比，工作流程上少了低模拓扑环节。游戏场景模型与贴图完成后将导入引擎中测试材质贴图效果，确定无误之后再提交动作部门进行绑定与动画。最后将所有美术资源导入游戏引擎中，正式进行模型整合，以及材质、灯光与环境调试。若是没有专门的引擎动画制作部门，则由模型师负责搭建与测试。

总的来讲，三维场景模型在游戏与影视动画的应用，大多受到渲染时间和能力的限制。随着各大硬件/软件公司对光线追踪的支持，显卡性能与渲染速度不断攀升。UE5的概念性游戏作品已无面数限制，场景模型画面更为精美的同时，工作流程也更为简易。更多的游戏把光线追踪渲染与光栅化渲染结合到场景模型中，《古墓丽影》中将光线追踪用于阴影，如图6-28所示。《战地5》中水面、金属等材质表面采用光线跟踪，增强反射质感，提升游戏场景的细节水平。游戏图像渲染质量逐渐向影视动画效果靠拢。反过来，实时光线追踪将极大地优化影视动画的创作过程。

图6-28　《古墓丽影》新旧场景模型对比

2）三维道具在影视动画中的应用

三维动画特效是CG动画领域中投入最高的制作技术，因为它需要非常强大的三维制作软件和运算能力平台。当然，它所带来的视觉效果也是无可比拟的。《侏罗纪公园》《第五元素》《泰坦尼克号》这些影片中逼真的恐龙、亦真亦幻的未来城市和巨大的"泰坦尼克号"让人沉浸在现代电影所营造的"真实"世界里时，创造了这些令人难以置信的视觉效果的幕后英雄是众多的三维动画制作软件和视频特效制作软件。好莱坞的电脑特效师们正是借助这些非凡的软件，把电影艺术的想象发挥到极限，同时也为全世界观众带来了无与伦比的视觉享受。

从某种角度来说，三维CG动画的创作有点类似于雕刻、布景设计及舞台灯光的综合运用，三维特效师可以在3DCG环境中控制各种元素的组合，无论是三维模型、粒子、光线以及时间和动作，它们统统都会听候调遣。要制作出一部完整的三维CG动画，除了具备过硬的基本技能外，还需要更多的创造力。一般的三维CG动画制作都有一个比较规范的流程，包括剧本、前期设计、模型、绑定、材质、动画、特效、渲染、合成等环节。如果影片中有带有毛发或者是特殊服装的角色，还要加入毛发、服装层制作以及导出毛发、服装缓存的步骤。

在这类影视中，建模过程首先要绘出基本的几何形体，再将它们变成需要的形状，然后通过不同的方式将它们组合在一起，从而建立复杂的模型。另一种常用的建模技术是先创造出二维轮廓定义形体的骨架，再将几何表面附于其上，从而创造出立体图形。如图6-29所示，《侏罗纪公园》中恐龙道具的模型的制作，就是采用了这种方式。

建模设计师根据前期设计的造型，进入Maya或3ds Max等软件进行模型制作。简单讲，模型就是所有物体的外形，就像是人的皮肤，在后续环节则会加入骨骼。在建模阶段，设计师须注意检查是否有多余的点、线、面，是否所有的面都缝合了，法线方向是否正确，这些基本细节如果不仔细检查，将会对后续环节产生很多不必要的麻烦。另外，建模完成后，定比例也很重要，这个程序是要将所有的角色、道具、场景放到一起，从而确定它们的比例关系。

3）三维场景在影视动画中的应用

《阿凡达》无疑是三维场景在影视动画应用的成功案例：逼真的3D特效将潘多拉星球上的一切都渲染得惟妙惟肖，完美的星球生态如梦似幻。整部《阿凡达》的画面始终以蓝色为主色，色彩的搭配十分专业。而蓝色是一种天然色，给人一种清新、自然的感觉。

在细节刻画和质感体现上，《阿凡达》可以说是做到了极致，是现有影片的标杆。不同类型的岩石，其纹理和层次都有不同的刻画，表现得很真实，如图6-30所示。

图6-29　《侏罗纪公园》模型构建 　　　　图6-30　《阿凡达》场景模型构建

4）三维场景在实拍影视中的应用

三维场景在实拍影视中也有所运用。比如电影《雨果》，无法使用真正的飞机拍摄钟楼俯视场景，因此大量包含俯视的镜头是由三维场景与实拍镜头合成。前期拍摄时，三维场景制作人员须跟随剧组去拍摄现场采集素材，包括建筑场景的细节、表面贴图等。建模师创建高精度三维场景模型，用于近景与特写镜头。他们使用ZBrush与Maya为场景添加夜景、灯光等氛围细节，使得场景模型与材质都完全写实，如图6-31所示。

图6-31 《雨果》中飞机场景展现材质与贴图细节
https://www.mattepainting-studio.com/horizon-1

前期采集素材时,拍摄现场的光照环境以及天气环境也将被记录并制作为场景环境贴图,将场景融入实拍环境,避免光照穿帮,如图6-32所示。

图6-32 三维场景融入实拍环境效果
https://www.mattepainting-studio.com/horizon-1

实拍结束后,Layout部门的摄像机跟踪师将现实摄像机转化为虚拟摄像机,计算与还原各项参数信息及运动情况,将实拍画面与三维场景模型搭建在一起,并对空间关系进行精准匹配。总之,与纯动画相比,实拍影视中三维场景模型的制作,在各个环节都必须考虑现实情况,模型和材质纹理、灯光、环境、摄像机各参数及运动都必须与实拍影像完美吻合,如图6-33所示。

图6-33 CG场景光照需要与实拍镜头环境光照匹配一致
https://www.mattepainting-studio.com/horizon-1

另外，三维场景制作在实拍电影中的比重越来越大。比如Jim Knopf中使用大量CG素材，包含多个全CG镜头，如图6-34所示。随着CG技术不断发展，奇幻题材的影视作品将越来越多地搬上银幕。

图6-34　Jim Knopf中科幻场景的创建
https://www.mattepainting-studio.com/jimknopf

6.4 岗位案例解析

6.4.1 道具制作：电风扇

本案例由云图网校提供，最终效果如图6-35所示。

图6-35　电风扇

使用软件：Maya.

制作步骤：①道具模型大体制作；②模型细化修正；③白模渲染；④低模制作；⑤贴图渲染。

制作要点：整体形体塑造；机械构造塑型；模型细化。

1. 风扇三维道具分析

三维道具是一种在影视、游戏等行业较为常用的模型，往往以现实物品作为参考，通过对实物构造、大小、比例关系等数据的归纳分析，将实物通过三维技术软件，制作为三维道具模型，以便用于后期应用。风扇就是较为常见的道具之一，经常应用于游戏场景、影视场景等。

风扇实物种类较多，如图6-36所示，结合不同行业对三维道具的要求，可以以不同风扇实物作为建模数据的参考。本次以坐式老式风扇为参考对象，对三维风扇道具的制作进行较为详细的归纳解析。

图6-36 道具实物参考

根据功能特点和使用形式，风扇基本构造可以分为：底座、连接头、扇头、前网罩、风叶、夹紧螺钉、螺母、后网罩等部分，如图6-37所示。简单归纳为：底座、网罩、风叶、连接头。观察风扇实物，可以看到每个风叶较为相似，网罩圆形框架有特定划分构造。

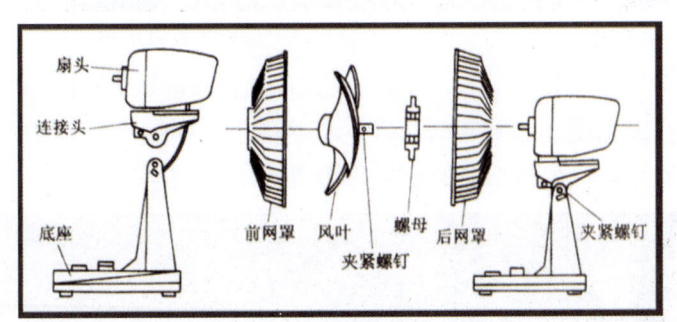

图6-37 风扇道具结构分析

2. 模型大体制作

模型大体的制作要结合道具的实际数值进行搭建，生活类道具往往以现实物品作为参考，以风扇为例，首先选定基本的风扇样式，并对大体组成部分进行概括性的塑造，各部分的比例、位置要保持基本的准确性，具体步骤如下。

1）风扇底座建模

先创建一个矩形为底座的支撑点，再创建一个矩形，设置底座大小为30*30，再切换到线框由线到面，通过挤出命令对底盘的厚度进行挤出，收缩，调整好大小并通过偏

— 213 —

移命令移动到底端，初步风扇底座建模便已完成，如图6-38所示。

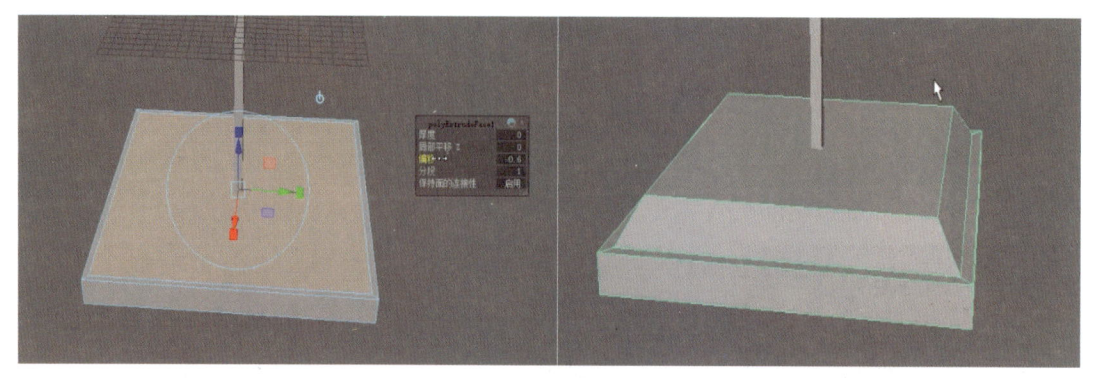

图6-38　风扇底座建模

2）风扇罩建模

创建一个大圆球，截取一半，并设置风扇的大小，再设置复制参数，利用曲面复制并细分，基础的外轮廓就已完成，如图6-39、图6-40所示。

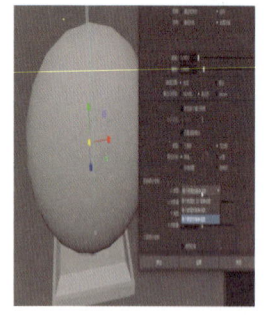

图6-39　创建圆球并截取　　　　图6-40　曲面复制并细分

随后以实物风扇作为建模参考，将底座的矩形通过连续的挤出、收缩、旋转命令，调整到合适的大小及角度，接着复制一个，通过移动命令移到合适的位置，作为风扇底部的支撑，完成底座与风扇罩部分的衔接，如图6-41、图6-42所示。

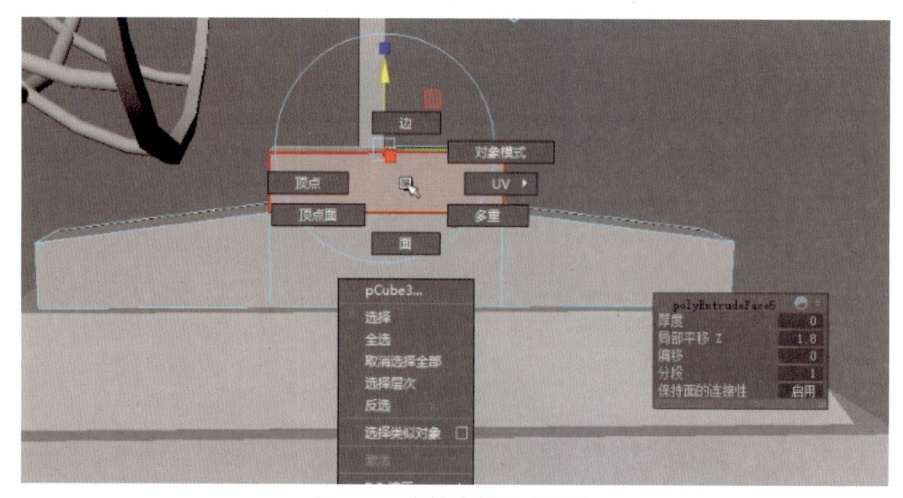

图6-41　衔接支架角度调整

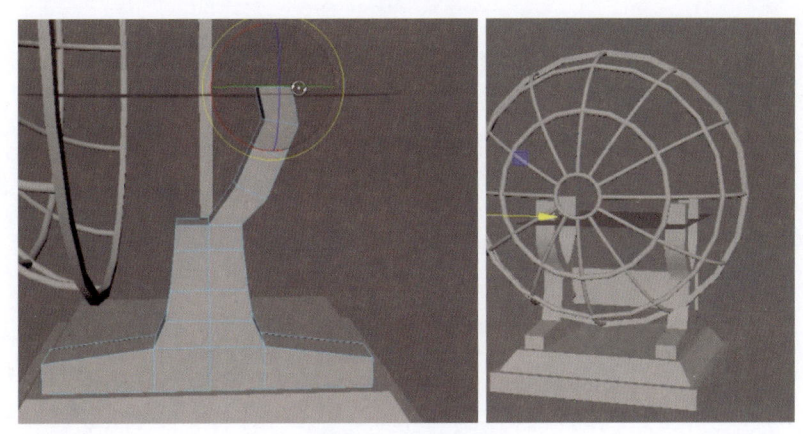

图6-42 支架构造

3）扇叶建模

风扇建模过程中，需要注意扇叶比例及角度偏转。首先创建一个矩形，根据扇叶的形状，将矩形通过局部分割多段，在矩形曲面中插入线点，通过倒角命令来拉出平滑的弧度，这样一个扇叶就制作完成了，如图6-43所示。接着通过中心点，选择数据参数复制三个一样的扇叶，分别对称，并隐藏其他构造，对扇叶角度、比例、对称性进行调整优化，如图6-44所示。

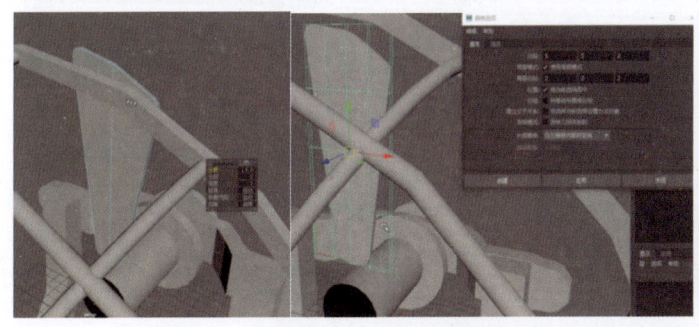

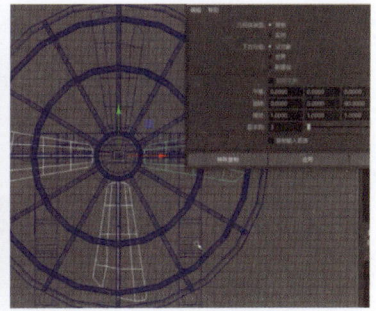

图6-43 扇叶制作　　　　　　图6-44 扇叶参数设置

扇叶调整后，制作中轴。首先创建一个圆柱，将圆柱通过反复挤出，收缩，拉长移动到扇叶的中心，结合实物数据进行参考，对中轴长度进行优化调整，这一部分的制作就完成了，如图6-45所示。

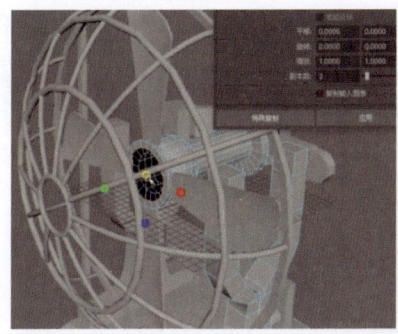

图6-45 扇叶中轴制作

3. 模型细节塑造

模型大体制作完成后，针对各组成部分，要结合现实生活中的风扇，进行细节上的塑造（例如发动机的纹理，风扇叶片的偏转角度，线路、齿轮构成等）。制作中可添加对称、平滑修改器，并调节不正常的构件比例，细化机器内部的棱角切面，初步完成整个大体模型的调整。具体步骤如下。

1）扇头电动部分制作

创建一个圆柱，旋转90°后等比例放大，结合实物参考放在合适的位置，再隐藏圆柱面。随后在圆柱面挤出一个厚度并复制，再挤出一个小一点的圆柱面，接着把隐藏的模型打开，通过挤出、收缩，再复制一个面，通过挤出命令来完成这一结构，如图6-46、图6-47所示。

图6-46 扇头外壳制作　　**图6-47** 扇头内部构造建模

在这个结构上再创建一个矩形，设置矩形的段数来平滑矩形的四个角，再插入14个边数进行挤出就制作完成了。再特殊复制18个并调整偏移的轴线，电机线圈构造就完成了，如图6-48所示。

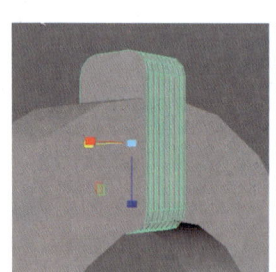

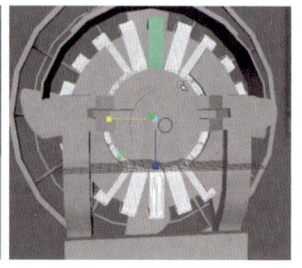

图6-48 电机线圈构造建模

风扇电机支架的制作：首先需要创建矩形，使用Ctrl+D复制，插入一条循环线，挤出再拉起来，调整形状再挤出，重复多次，调整数值，再复制一圈便可得到，如图6-49所示。

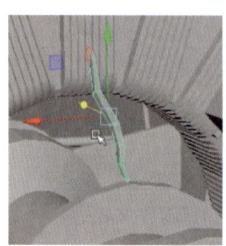

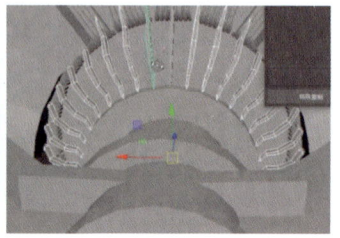

图6-49 电机支架构造建模

固定螺丝构造：画出细小的结构，这里有个螺丝钉一样的形状，创建一个多边形，再挤出、收缩多次，创建一个圆柱复制插入，并通过挤出、放大、收缩，调整合适的大小，如图6-50所示。

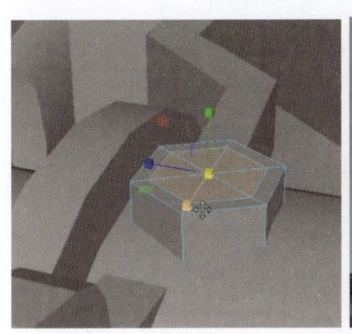

图6-50　固定螺丝构造

这部分结构中间需要删掉并拉长到里面，再调整里面部分的细小结构，如图6-51所示。

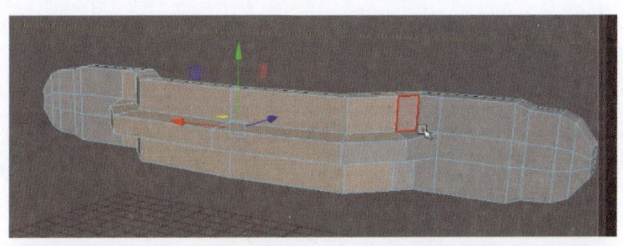

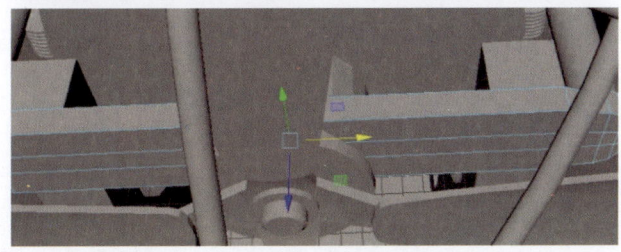

图6-51　固定结构

另外，这里有一个类似管道的横向固定结构，创建圆柱并拉长到合适的位置，再细分成铆钉的形状挤出、收缩，如图6-52所示。

图6-52　横向固定结构

如图6-53所示，线路结构要创建一条曲线并拖出，调整成想要弧度。复制一条曲线挤出，再复制一个在右边，调整不一样的形状。

图6-53　线路结构

铆钉外露结构如图6-54所示：先创建一个球体，删掉一半，旋转并调整到合适大小，再复制一个并调整位置，这样铆钉的结构就制作好了，再复制多个放到相应的位置，再将这些成组（Ctrl+G）并水平复制到右边即可。

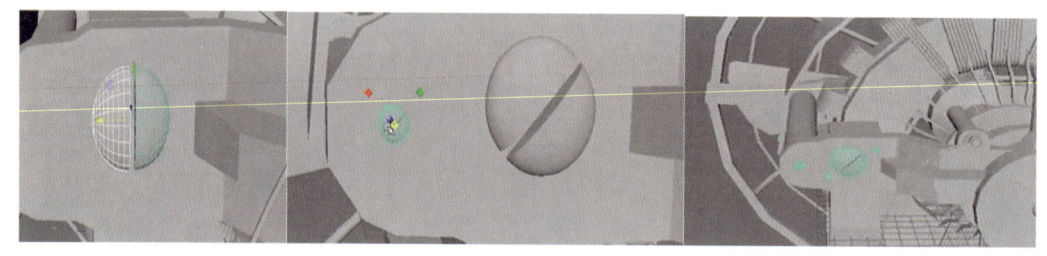

图6-54　铆钉外露结构

如图6-55所示，风扇电机部分的螺丝固定的结构可以通过挤出、收缩命令把它们做得更好。再创建一个立方体，把点选中，拉出并旋转，调整合适大小，在前面复制一个螺丝钉移到相匹配的位置，这样螺丝固定的外形结构就基本完成。

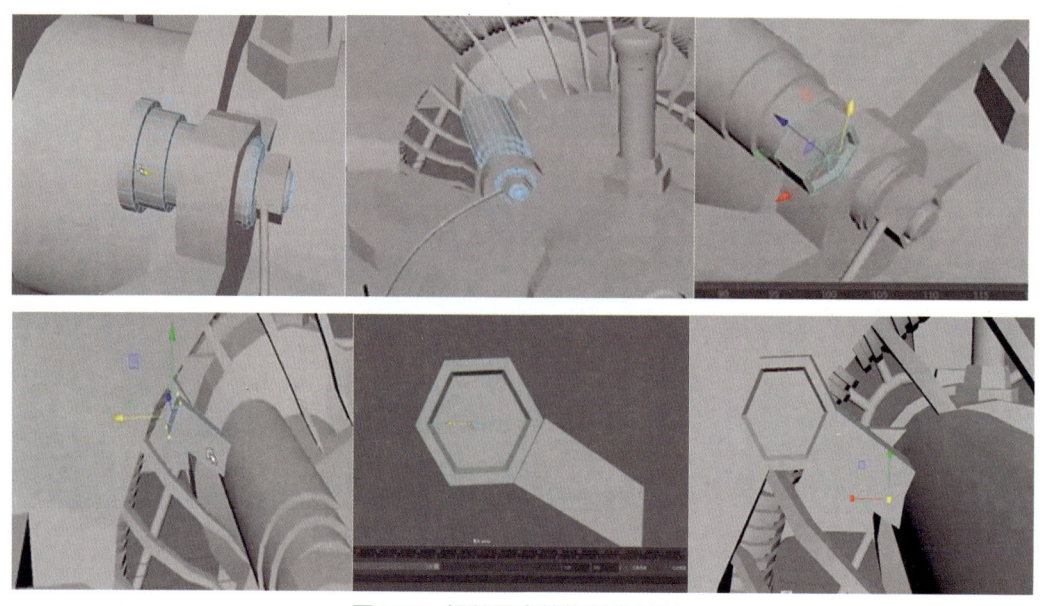

图6-55　螺丝固定结构制作过程

对弹簧两端的固定结构,先要找到一个多边形基本体,创建一条螺旋线并旋转,设置好圈数和大小,再通过挤出、旋转命令调整好位置插进去。而弹簧结构的主体部分,要选择一个圆柱体,细分段小一点并复制一个再旋转一下,再移动点进行缩放即可。将另一个圆柱体旋转并调整到合适位置,具体情况如图6-56所示。

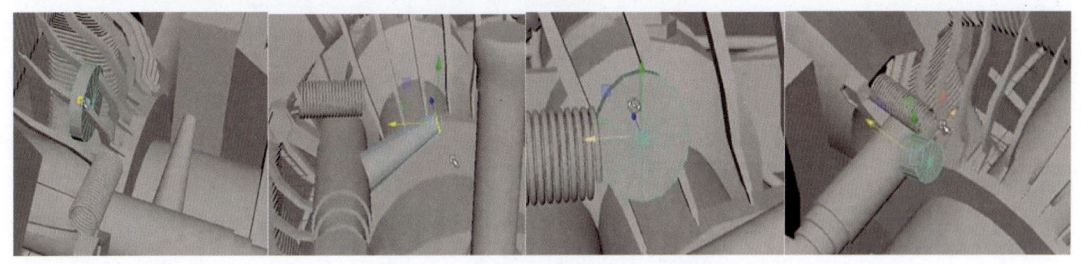

图6-56 弹簧固定结构制作过程

弹簧右侧的小型结构,则需要创建一个立方体,拉长并收缩,再将螺旋线的底部通过挤出、旋转进行连接,再复制一个立方体并拉平到相应位置,然后在立方体的顶部通过挤出、收缩再提起来,通过角度调整后,同其他结构保持部位连接即可,如图6-57所示。

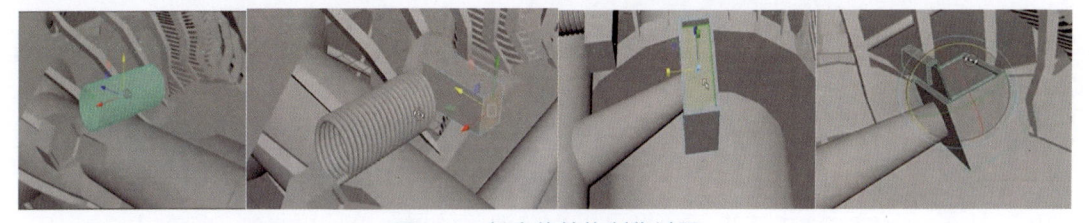

图6-57 长方体结构制作过程

在风扇电机部分的底部有个螺旋的线圈结构,制作过程也较为简单。首先创建一条螺旋线并旋转90°调整圈数及大小,再利用变形工具里的金格调整参数,再切换到点,两端大一点、中间小一点调整好即可,如图6-58所示。

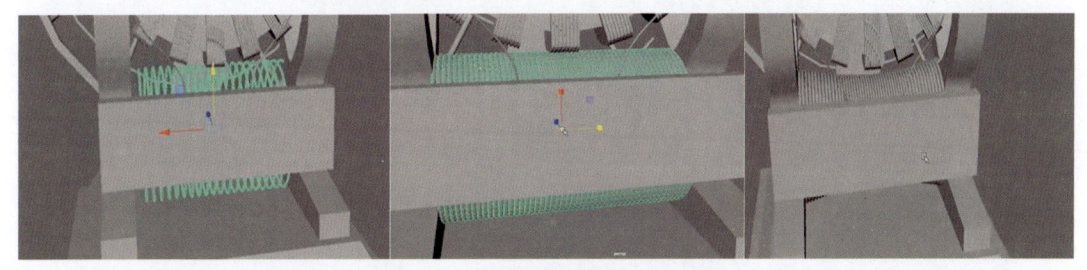

图6-58 底部线圈结构制作过程

2)固定结构和按钮开关塑造

线圈部分制作完成后,其支架挡板有铆钉固定部分。对于固定螺丝的制作,首先要创建一个立方体,再在中间插入一条线,将四个角进行倒角,在中间加入分段,让边缘结构具有弧度。

然后创建一个圆柱,旋转90°放大、压扁再进行压缩,当一个固定铆钉完成后,再将上面的铆钉复制下来，中心对齐并建立群组，再复制一个到右边，铆钉固定部分就已基本完成，如图6-59所示。

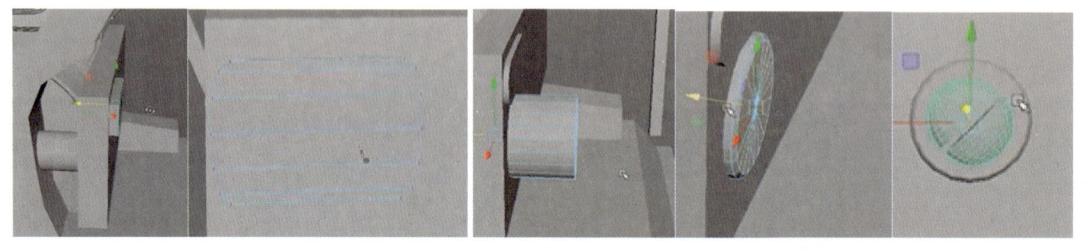

图6-59 铆钉制作

随后就是风扇按钮的制作，根据上面的步骤制作出一个立方体，并复制一个左右对齐，再复制一个圆柱旋转90°移到合适位置，并挤出、收缩（多次），如图6-60所示。

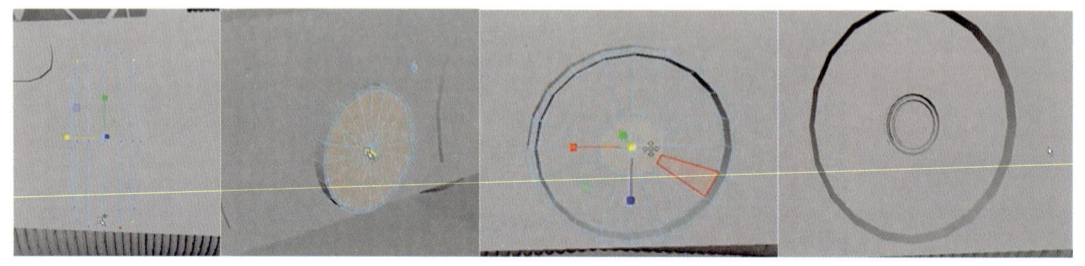

图6-60 风扇按钮制作（1）

再创建一个立方体，插入两条线并抬起来。创建一个圆柱体，底端和顶端的两面删掉。然后创建一个球体旋转90°再删掉一些，等比例缩小跟圆柱匹配。另外创建一个立方体，插入一条线，选中点进行变形再压扁，调整位置。最后再复制一个并对角度进行旋转调整，如图6-61所示。

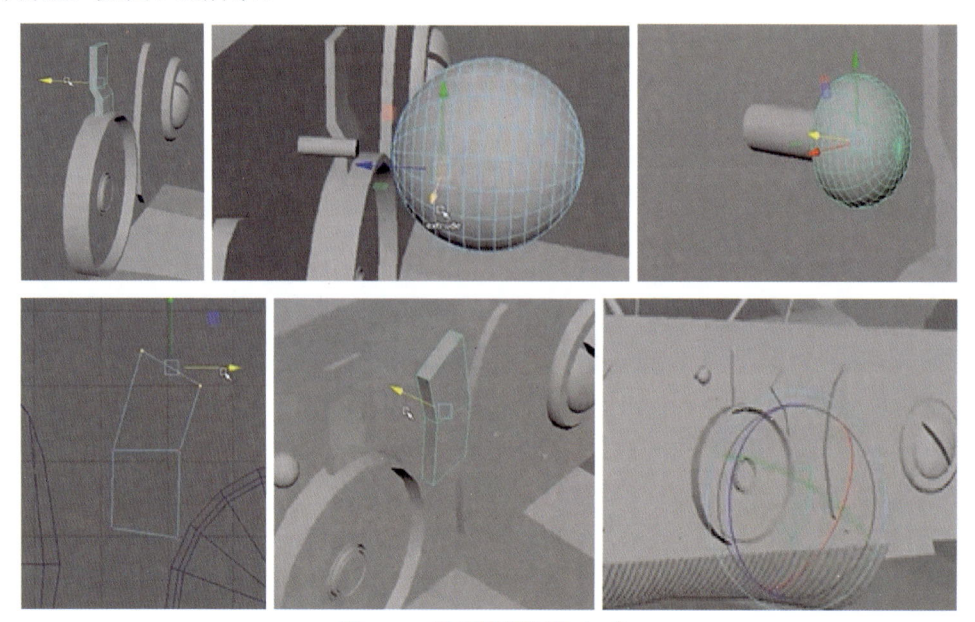

图6-61 风扇按钮制作（2）

风扇按钮完成后，在风扇台座上，还有几个小铆钉结构。直接复制其他铆钉结构，缩小比例、旋转角度并调整好位置放在底座四角，如图6-62所示，风扇基本型就已经完成了。

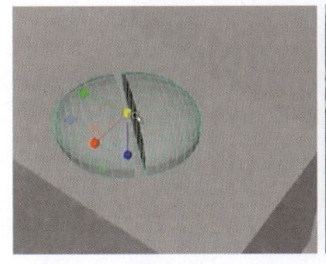

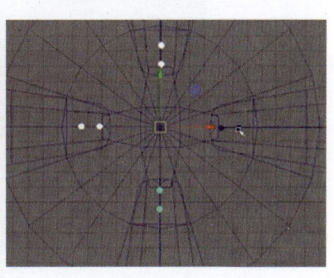

图6-62　底座固定铆钉制作

3）布偶命令细分结构

基本模型完成后，对于各部分的结构要进行细分。细分结构要用到布偶命令，首先整体全选打一个组，再复制一个并隐藏，细分结构在中模的基础上完成。

创建一个圆柱，细分改小一点，再应用布偶命令。先选圆柱，再加选另一个物体，在网格里选择布偶命令，单击应用，再复制铆钉并对齐。具体操作效果如图6-63所示。

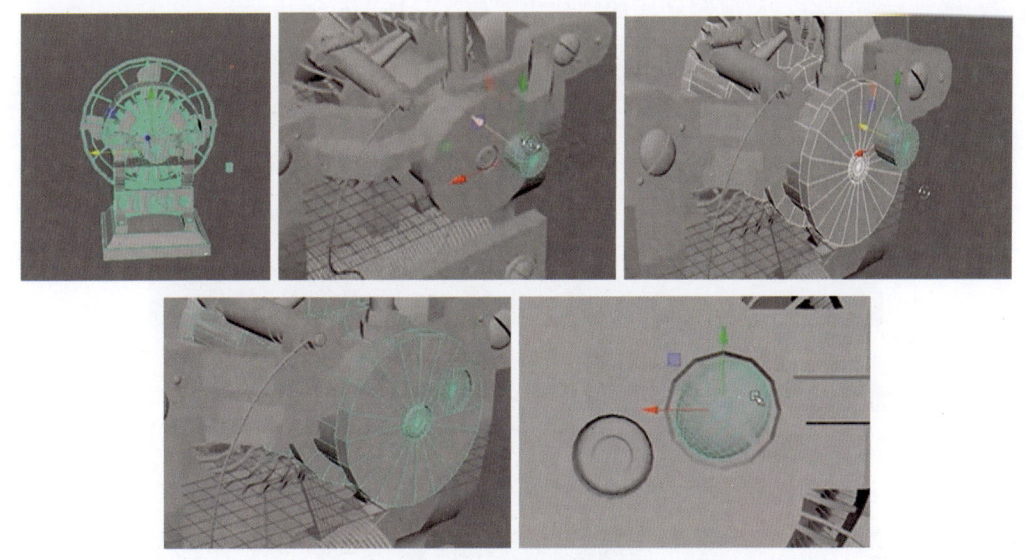

图6-63　细分结构制作

复制单个圆柱进行移动并缩小，再复制一个移动并放大，将三个结构推到物体里面。选中物体，利用布偶命令完成，如图6-64所示。接下来的步骤都一样，细分结构制作效果如图6-65所示。

图6-64　细分结构制作

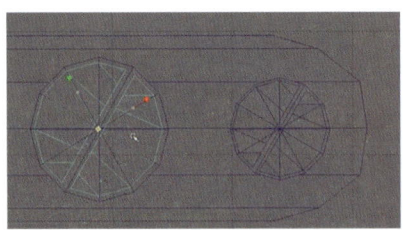

图6-64 细分结构制作（续）

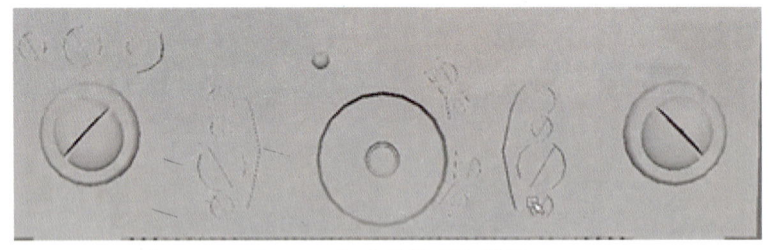

图6-65 细分结构制作效果

对于风扇底座的细节刻画，首先在底部边缘适当的加几条线，通过挤出、收缩命令包边，适当抬高一点，让风扇底座的结构更有层次，如图6-66所示。

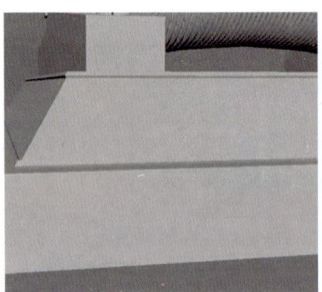

图6-66 风扇底座细分制作

4）多边面细化

先处理多余未连接的线，再选中右击做一个倒角，进行三角化处理后，中模就可以完成。接下来结构的多面细化步骤都一样，如图6-67所示。

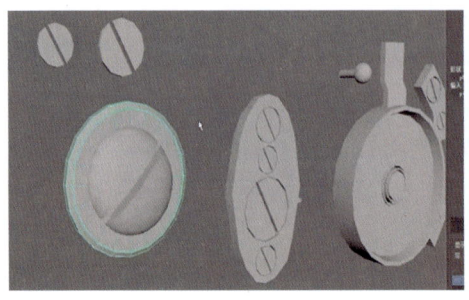

图6-67 多面细化制作效果

4. 白模渲染

风扇模型制作完成后，进行白模渲染查看模型大体视觉效果。在渲染过程中，检查模型制作是否存在失误造成的无法渲染的部分。同时，针对整体的渲染效果，对模型进行二次优化，调整视觉感官上存在问题的模型构件，具体步骤如下。

1）多角度白模渲染

将模型改换为高模：将模型设置为圆滑状态，在"修改"里找到"转化"，再单击"平滑网格多边形"，让风扇模型更具有真实感，如图6-68所示。

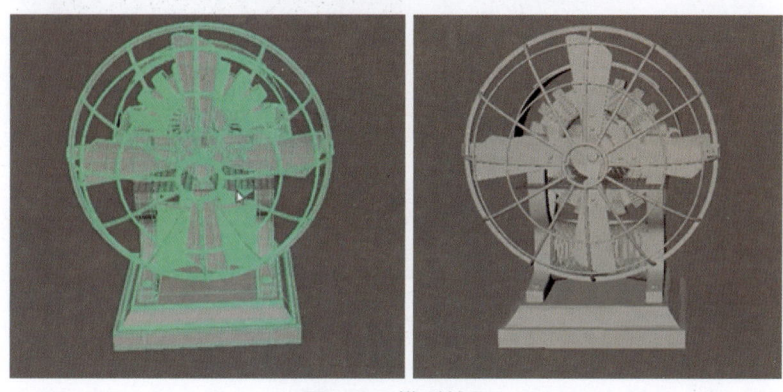

图6-68 模型转化

搭建渲染背景：先创建立方体，等比例放大，删掉多余面，保留两面作为背景板，移到合适位置，以风扇模型的大小作为参考，进行等比例放大，倒角后再加一些分段，制作一个圆滑的坡度，如图6-69所示。

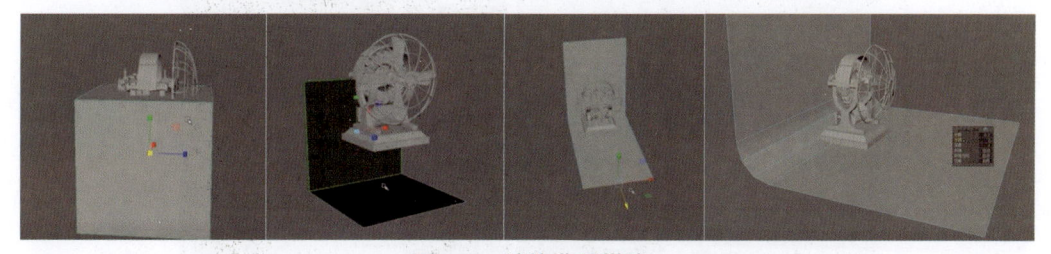

图6-69 渲染背景搭建

创建摄像机：在面板中切换视角，选择合适的视角，调节摄像机的参数及角度。锁定视角后，返回面板，选择一个灯光，设置灯光的强度，完成渲染打光，然后通过材质球设置一个新材质，如图6-70所示。

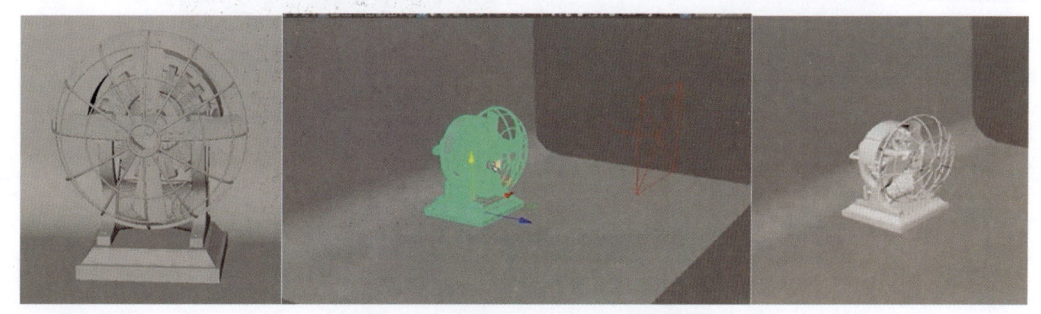

图6-70 摄像机、打光、材质设置

摄像机视角、灯光、材质设置等前期准备完成后，在渲染前，面板要切回刚刚摄像机设置的视角，再单击系统自带的渲染器进行初步渲染，如图6-71所示。渲染后还可以在渲染设置里调整参数大小，进行渲染效果的调整。

图6-71 初步渲染

正视图渲染完成后，调整摄像机角度，进行侧视角渲染，记得对侧视角进行二次调整及变动灯光位置。根据个人情况可以调整不同视角的效果，通过材质球设置一个新材质进行渲染，如图6-72所示。背后视角也是一样的，调整好角度，随后进行渲染，查看整体渲染效果。具体如图6-73所示。

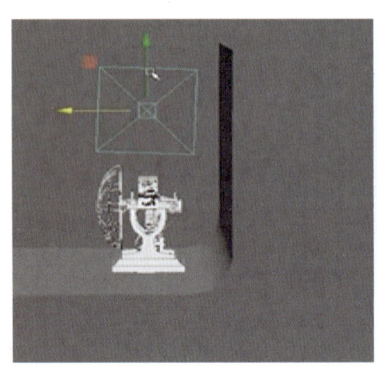

图6-72 风扇模型侧面渲染

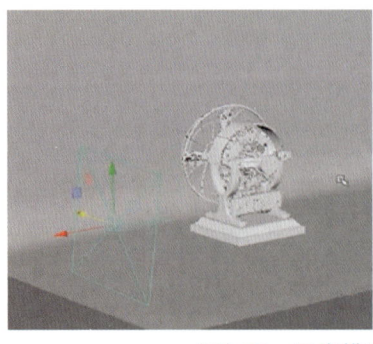

图6-73 风扇模型后视图渲染

2）渲染效果排版

先把三个渲染图通道改为8位通道，且不合并，然后新建图层，将三张图等比例缩小放进去，调整比例位置，渲染效果排版就基本完成了，如图6-74所示。

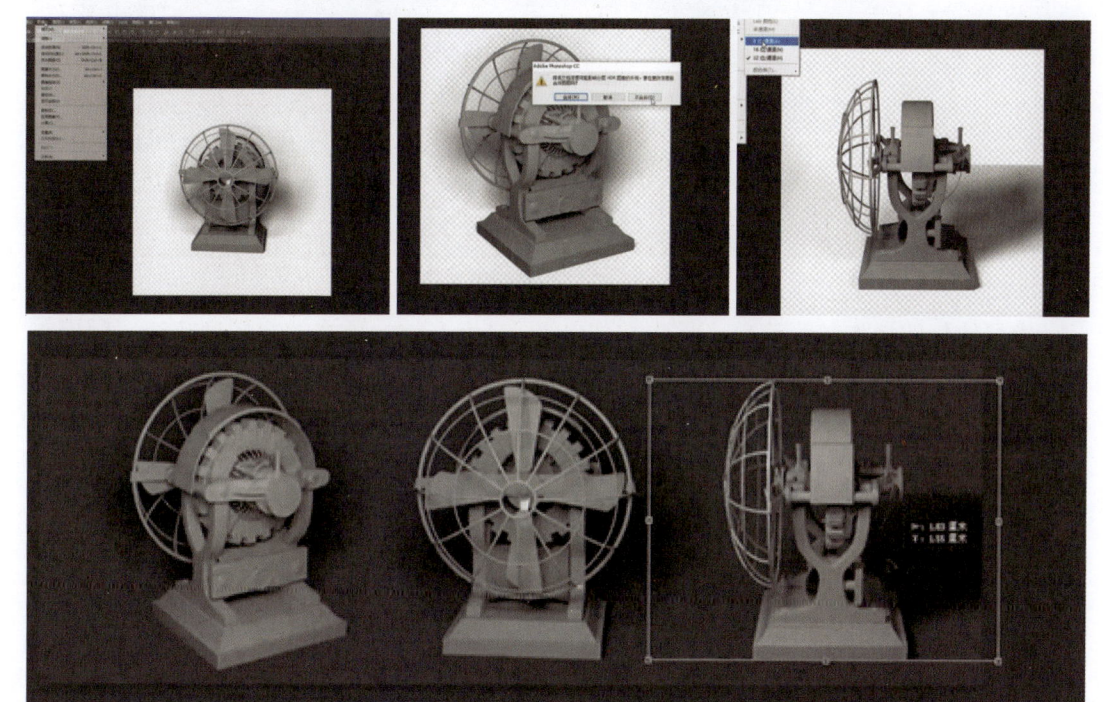

图6-74　风扇模型多角度渲染效果

5. 低模细化与其他调整

在利用3D软件制作基础模型后，需要对风扇各类构造进行整理，然后展开UV，对模型各部分进行打组命名。随后再导入ZBrush进行细雕。整个低模制作过程中，需要表现风扇开关、显示灯等细节。低模完成后，根据游戏要求，看是否需要进行高模拓扑，具体步骤如下。

先把之前的高模锁住，通过调整所有多余的线、边、顶点让低模与高模相匹配，再把多余的线、面删掉。例如，风扇罩的支架结构，就需要对多余线、边、定点进行低模简化，如图6-75所示。

图6-75　风扇罩低模细化

另外，风扇模型中的铆钉结构，多以半圆形构成，进行低模结构简化后，可以降低后期渲染的难度，如图6-76所示。

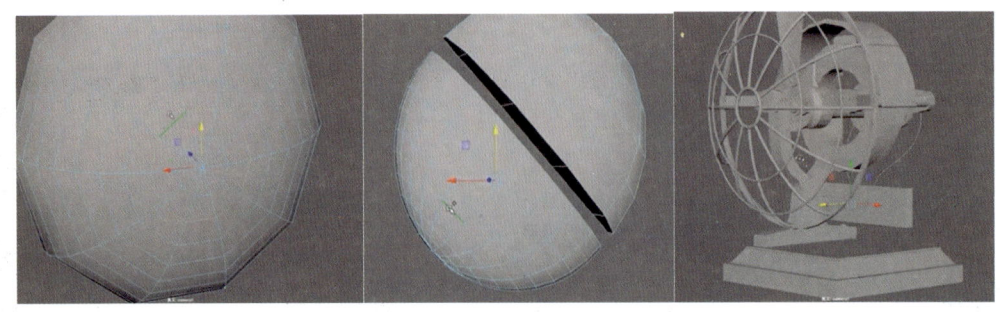

图6-76 铆钉结构低模细化

模型软化的操作较为简单，首先按住Shift+鼠标右键，单击一个软硬化边，随后直接拖动处理即可。具体操作过程如图6-77所示：①全部选中边，按住Shift+鼠标右键，软硬化边直接拖动到物体，设置为软边；②卡线的边也要调整，设为软边即可完成。其他风扇结构模型软化步骤一样，如图6-78所示。

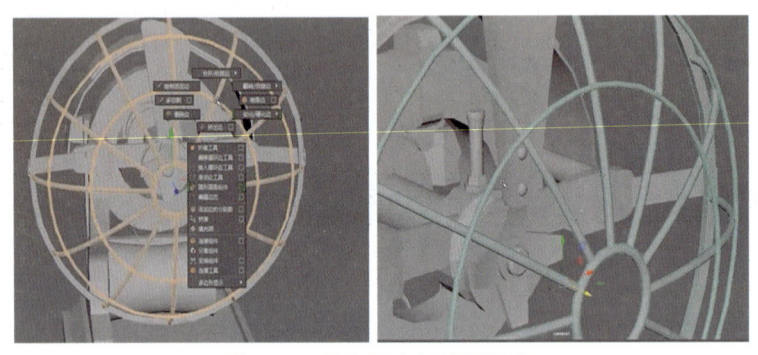

图6-77 风扇罩支架模型软化

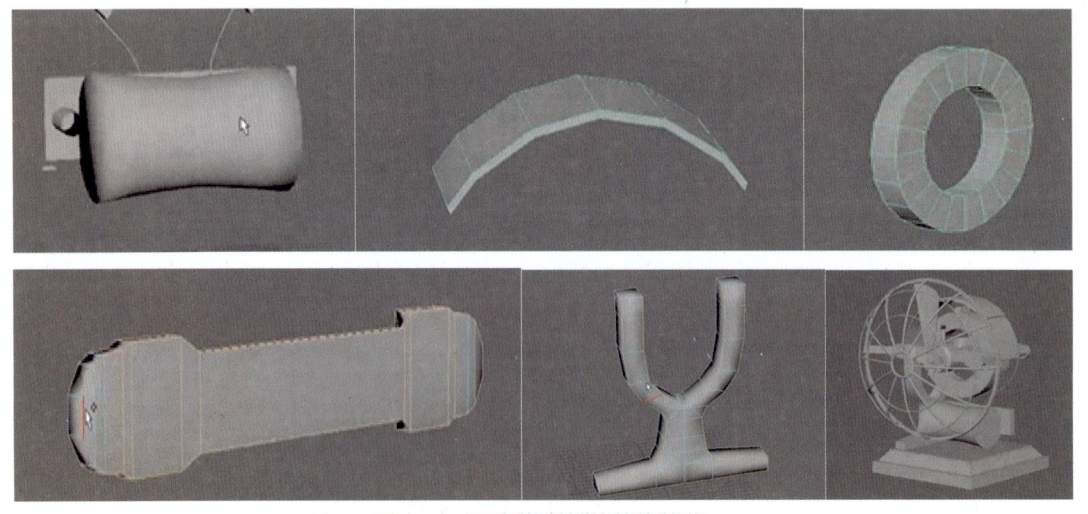

图6-78 风扇模型其他结构软化

完成模型软化后，打开窗口，可以看出模型部分衔接位置比较杂乱。这就需要我们用到剪切UV，对各模型构造进行修剪调整。例如，风扇罩支架的弧形接口UV剪切步骤如下：①选中物体，选择UV编辑器，打开"基于摄像机"就会显示出来；②切换到边的模式，选中看不见的接缝边，再到UV编辑器按住Shift+鼠标右键，单击剪切，剪切后到UV编辑器按鼠标右键单击UV壳，选中所有模型按Shift+鼠标右键展开再排布，设置排布方式，单击应用即可，如图6-79所示。风扇模型其他结构的UV修剪步骤一样，如图6-80、图6-81所示。

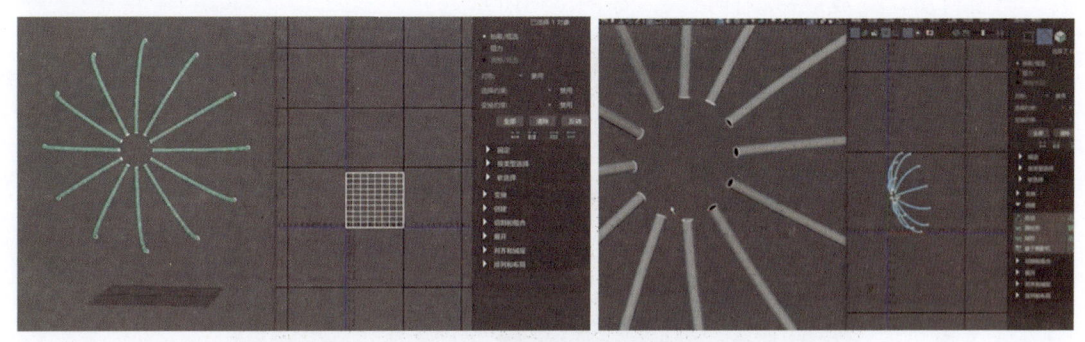

图6-79 弧形接口UV剪切

图6-80 风扇罩接口UV剪切

图6-81 风扇底座结构UV剪切

三维排布则是对风扇模型的每个结构进行三维视图的整理，便于后期模型结构调整。具体步骤：选择UV编辑器，打开基于摄像机，剪切后到UV编辑器按鼠标右键单击UV壳，选中所有模型按Shift+鼠标右键展开再排布（设置所需的参数），如图6-82所示。

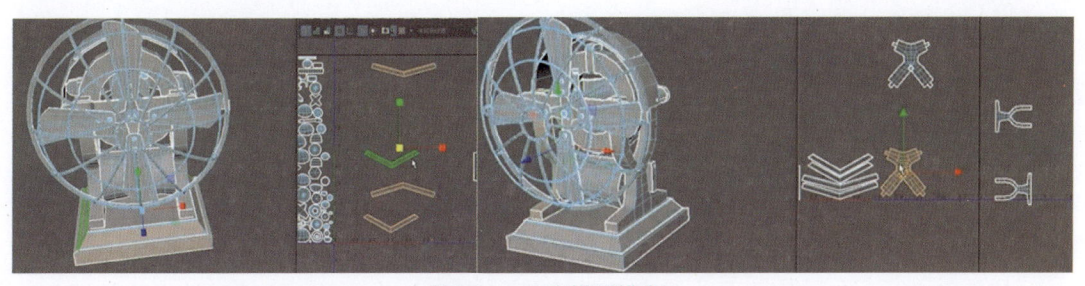

图6-82 风扇模型排布

6. 模型贴图及渲染

风扇模型调整完毕后，根据具体要求，参考实物数据，对风扇模型的各部分结构设置贴图，根据风扇不同结构的材质属性，设置光滑、反射、粗糙等参数，并根据后期渲染，调整材质，完成最终设计效果，如图6-83所示。

图6-83　最终渲染效果

6.4.2　综合案例制作：幸存者项目

本案例由云图网校提供，最终设计效果如图6-84所示。

图6-84　幸存者项目

使用软件：Maya。

制作步骤：①参考资料和素材收集；②初步场景模型制作；③高模细化；④高模拓扑低模；⑤贴图；⑥场景渲染。

制作要点：模型塑造；模型细化；场景渲染。

1. 参考素材收集分析

幸存者类的三维场景，往往偏向末世、废土风格，因此在制作模型前，要了解同类题材的影视、小说、游戏等资料，并选取元素进行参考借鉴。例如，在末世、废土题材中因各类灾难的影响，和平社会的各类建筑不再适合人类居住，同时科技水平下降，也让施工建设多以废物利用为主。幸存者基地的建筑往往使用废旧集装箱作为建筑的主体（如图6-85所示），同时整个基地的建造风格也选择了合适的废土插画进行参考（如图6-86所示）。

图6-85　集装箱建筑　　　　　　　　图6-86　基地风格参考

为了迎合末世、废土的时代背景，必须营造出物资紧缺、破败、废弃、危险性、不可预知等环境氛围。而这一氛围的营造，往往通过各类设计元素进行表达。如图6-87所示，因物资短缺，防御性围栏往往以木质为主，但又容易遭到破坏；废弃油桶具有储物、防御、保护火源等多种功能；三色塑料膜具备防雨、遮掩等功能；废弃轮胎具备燃烧、防御、承重、防溺水等功能；太阳能电池可以作为末世唯一可循环利用的发电装置。

这些功能物品元素，往往具备易得、废物利用、多功能等特点，与项目本身的风格背景相适应。另外，科技衰退、人类改造自然的能力减弱、不安定因素增加，幸存者居住的周边环境往往以荒郊、野外为主，具体自然环境风格也选择了对应的素材参考。

图6-87　末世、废土元素参考

2. 初步场景模型制作

初步模型首先确定建筑主体的搭建，具体建模过程中，集装箱主体部分可以先创建几个矩形，设置长方体的参数（长、宽、高）来进行简单的建筑形体构建，如图6-88所示。结合相关参考资料，调整物体的位置及角度后，初步确定场景主体的布局。建筑主体往往可以作为场景模型的塑造起点，以此为中心不断丰富和细化场景模型是较为常见的三维场景制作方式。

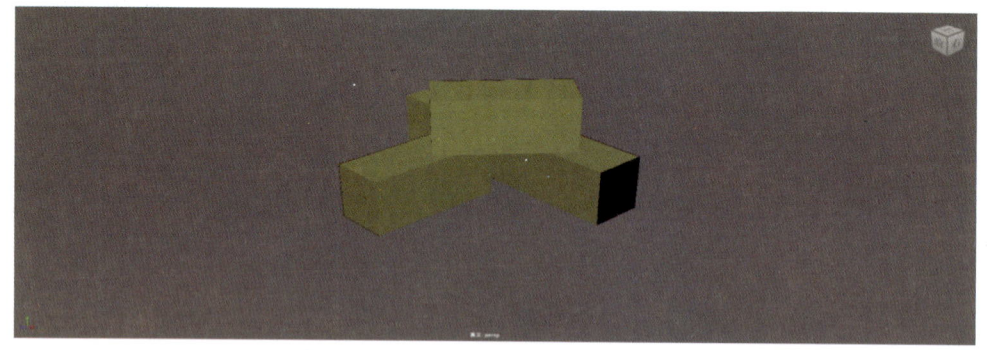

图6-88 用长方体确定场景主体布局

然后增加人物模型，作为三维场景比例的参考"标尺"，并对建筑主体进行大小调整，用长方体、圆柱体等几何模型搭建前期场景。如图6-89所示，不断增加各类小型模型，丰富场景模型内容。建模过程中，要不断结合人物模型相关参考资料，对各类模型的比例、位置、数量进行调整优化，最终完成初步的场景搭建。

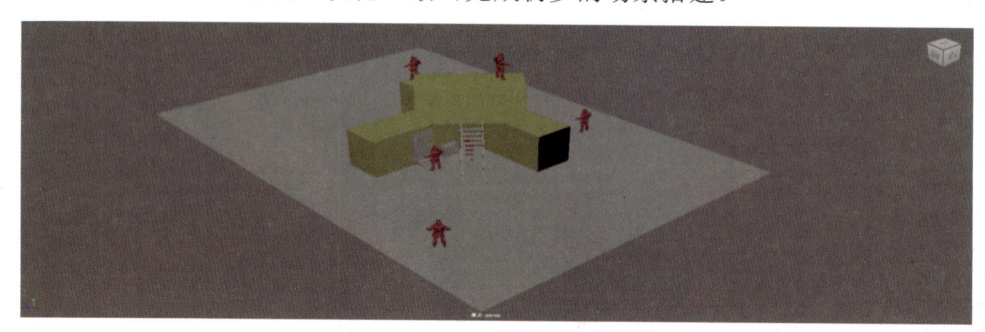

图6-89 增加一些人物确定大小

各类场景组件建造步骤如下。

（1）瞭塔。瞭塔主要利用长方形来制作，首先创建一个长方形，设置长度、高度及大小，再复制三个作为瞭塔的底座，接着创建一个长方形，旋转90°再设置高度及大小，并复制多个依次排序，顶部也是创建一个长方形，设置高度、厚度，简单的瞭塔就完成了。

（2）楼梯。创建一个长方体，修改长、宽、高，转为可编辑多边形，删除部分面。进入多边形，选中多边形，挤出合适的尺寸，选择横向的两条边切角，控制合适的数值和分段，复制多份，再单击附加，将复制出来的模型全部附加一起。全选所有的点，鼠标右击焊接一次，选择边界，按住Shift键进行移动，做出扶手。选中一部分点，单击退格键进行移除，删除多余的面。进入多边形，选择扶手部分，创建图形线性，选择样条线，打开渲染和视角启用，修改径向为60，选择横向面，右击连接，分段为2，选择竖向边，右击创建图形，将径向改为矩形设置数值，简易的扶手楼梯就完成了，如图6-90所示。

图6-90　用圆柱体、长方体等简易物体搭建前期场景

（3）围栏。创建一条二维图形线，设置它的长度，选择渲染，打开渲染和视角启用，一个是圆柱半径，一个是长方形，调整参数，复制两个，再拉出一根固定围栏，接着复制多个并调整参数即可。

（4）轮胎。创建圆环体，设置参数，加两条线，设置涡轮平滑的参数，基础的模型就制作好了。接着制作轮胎的花纹，用陈列工具将轮胎化纹与轮胎中心对齐，选择花纹，选择层次面板，单击仅影响轴并对齐轮胎中心，再关闭仅影响轴。单击花纹模型，在菜单栏里找到陈列工具，打开陈列工具和预览按钮，设置旋转的数值，在陈列维度数量里设置复制数为80，单击确定，轮胎就制作好了。

（5）管道。首先创建一条二维线，切换到顶视图，按Shift键切换前视图，继续创建二维线，这样有空间关系的二维线就制作好了。选中基本体里的VU再拾取，管道就生成好了，接着设置合适的参数即可。

之后继续用简易物体布局，使场景丰富，如图6-91所示。

图6-91　继续用简易物体布局

3. 模型组件高模细化

场景模型初步完成后，去掉用于比例参考的人物模型，就可以进行高模细化，如图6-92所示。针对各模型组件的样式，对细节部分进行刻画。

— 231 —

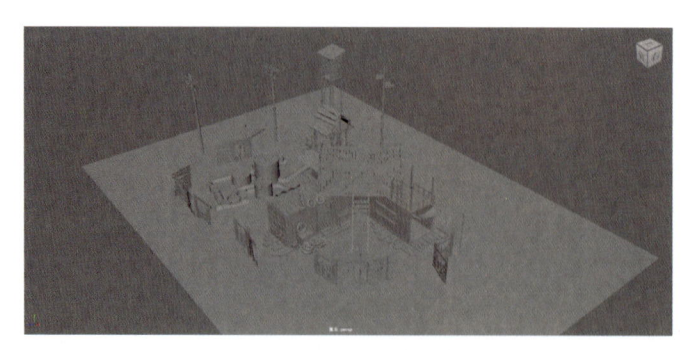

图6-92 开始高模制作

具体细化模型包括：

（1）集装箱建筑主体的加固细节。

将长方体分段，再设置切角，隔一个面选一个面，移动工具把选中的面向后拉，接着将自动平滑的数值改为20，凹凸面就做好了，将其他面复制过去并旋转到合适位置。

（2）房屋顶棚的制作。

房屋顶棚主要利用长方形制作，先创建一个长方形，设置高度、大小，再复制多个，作为一边房屋顶棚的制作。接着再通过镜像命令，将刚刚制作好的模型镜像并调整位置及大小，最后进行细化。通过使用Alpha笔刷制作木纹，重复刷到满意的效果。使用Substance Painter先上基础颜色，添加生成器、滤镜等，再修改细节，使顶棚的木质建模更真实。

（3）木质围栏破损细节的修改。

首先需要进行高模刻画，将每个围栏都使用Alpha笔刷制作木纹，重复刷到满意的效果。使用Substance Painter先上基础颜色，添加生成器、滤镜等，再修改细节即可完成。

（4）电线杆顶部支架、线路的制作。

用线画出路径，创建多边形，选择复合对象，放样获取图形，修改面板的参数，图形步数为0。选择扭曲调整参数，添加编辑多边形，间隔选择三条边，创建图形，打开渲染和视口启用，选择顶点进行圆角，接着连接电线杆顶部支架就可以了。

初步细化完成后，可隐藏地面，旋转角度，对建筑模型进行位置布局的调整。结合相关素材，对建筑模型不断细化、删减、增添，丰富场景内容，提升模型的真实性。具体细化效果如图6-93所示。

图6-93 模型细化效果

三维场景基础版本的高模细化完成后，按照项目要求，需要对三维场景的风格进行二次设计。结合项目的风格特色，选择对应的元素进行增添细化，具体元素包括：

（1）油布。先在场景创建一个长方体，设置参数，让油布以长方体为支撑。接着创建地面，再创建一个平面，细分多一点（细分越多，褶皱也越多，效果会更好）。段数设为2，旋转角度并抬高，选中油布，在菜单栏中找到布料模拟器，创建一个布料，再选中底下的物体创建一个阻挡，接着单击模拟即可。长方体和地面可以删除，油布就制作好了。最后导出油布保存，再将油布导入场景，放到合适的位置即可。

（2）树木。首先创建一个圆球模型，把下面部分删掉，再画一条曲线，全选单击加载图形，这一步是在生成树干的形状。接着点开树叶里的树叶创建，再给树叶贴一个材质球，然后设置参数大小，一棵树就制作好了。场景中有两棵树，复制即可。

（3）土石。先创建一个球体，然后通过噪波命令在z轴随便给一个数值，进行大小调整。如果表面不太平滑，可以在原基础球形状态下设置分段数值，这样表面就会平滑很多。这样一个小石头就制作完成了，可以复制多个在不同的位置并调整大小。

（4）汽车。首先创建一个长方体，设置参数。再创建一个圆柱体，打开角度捕捉旋转90°，转换为可编辑多边形，复制三个，调整角度，车轮基本型就好了。接着在长方体分段，进行顶点挤出命令，多次调整车子的基本型。然后细化汽车的轮胎、底盘、车灯等小结构，主要运用的就是挤出、收缩、旋转、分段、倒角等命令。

通过不断增加高模细化，可以让场景更丰富，从而使整个模型更符合末世、废土的设计背景。另外，也要注意不断调整角度，多角度地优化整个场景模型。具体制作效果如图6-94所示。

图6-94 制作效果

高模细化完成后，展开模型进行UV排布，如图6-95所示。

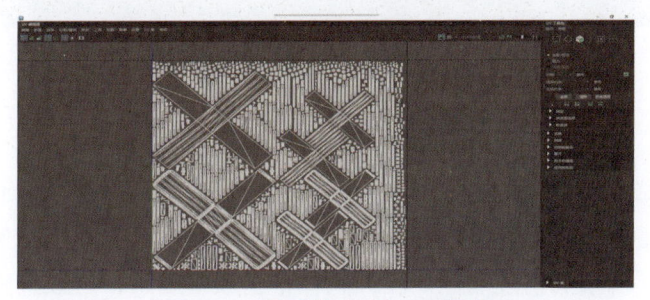

图6-95 展开模型进行UV排布

排布UV需要注意：

（1）模型展开时要展平，尽量减少拉伸。这是为了防止贴图时UV重叠，UV重叠后会显得贴图特别乱，如果没有展平的话，贴图时还会出现精度大小不一的问题，间接影响渲染效果。

（2）摆放UV时尽量提高UV的利用率，否则贴图时精度会很低，导致细节缺失。

（3）部分地方需要打平打直，尤其是手绘模型。这样也可以提高UV利用率。

在UV排布时，可以自动重新定位 UV 壳，使这些壳不在 UV 纹理空间中重叠，并使壳之间的间距和适配达到最大化。这样有助于确保 UV 壳拥有自己单独的 UV 纹理空间，便于后期贴图渲染。排布UV展开后，可以进行白模渲染查看效果，检查可能存在的问题，及时进行优化。具体效果如图6-96所示。

图6-96　白模完成

特殊模型组件需要继续进行细节优化。例如，油布在场景模型中较为僵直，为提升场景模型的真实性，针对布料进行了二次模型设计。首先是布料的制作，布料模型细分越多，褶皱越多，效果越好。但也要考虑后期导入引擎的工作能力，量力而行。随后导入障碍物和布料模型，设置参数进行MD运算，就可以得到自然垂落的布料，效果如图6-97所示。

图6-97　布料模型

4. 模型贴图

高模细化完成后，根据项目要求，看是否进行高模拓扑低模，如果不存在引擎限制，这一步可以省略，直接进行模型贴图。选择合适材质进行贴图，例如，集装箱以红色油漆为主，可适当增添锈迹贴图。相同物体根据项目要求，可以进行颜色的改变，如图6-98、图6-99所示。

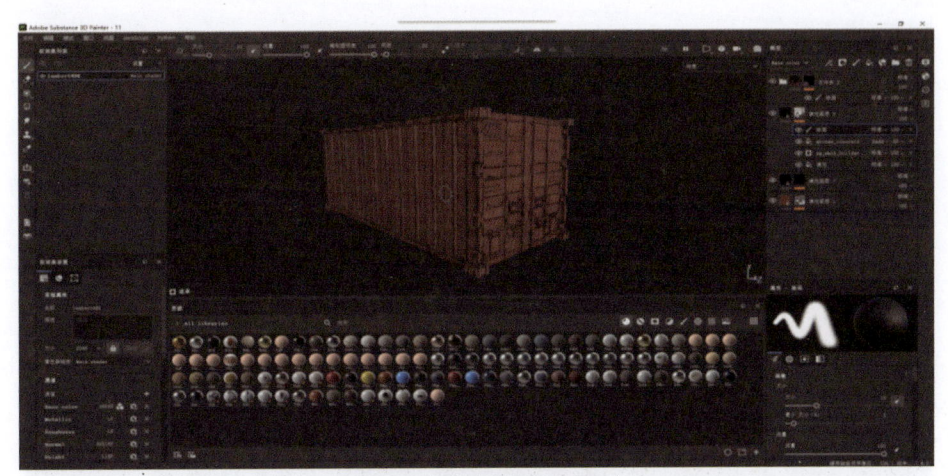

图6-98 开始绘制贴图

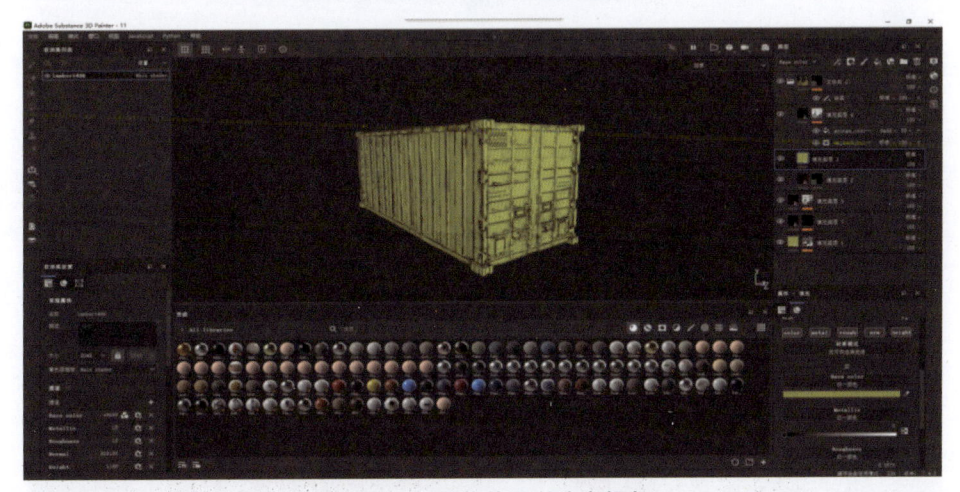

图6-99 相同物体可以改变颜色

建筑类模型贴图完成后，可以绘制地面贴图。参考对应素材，选择合适的材质球或者自己创建一个新的材质球进行贴图，也可以将现实照片转换为法线资源快速得到地面，如图6-100、图6-101所示。

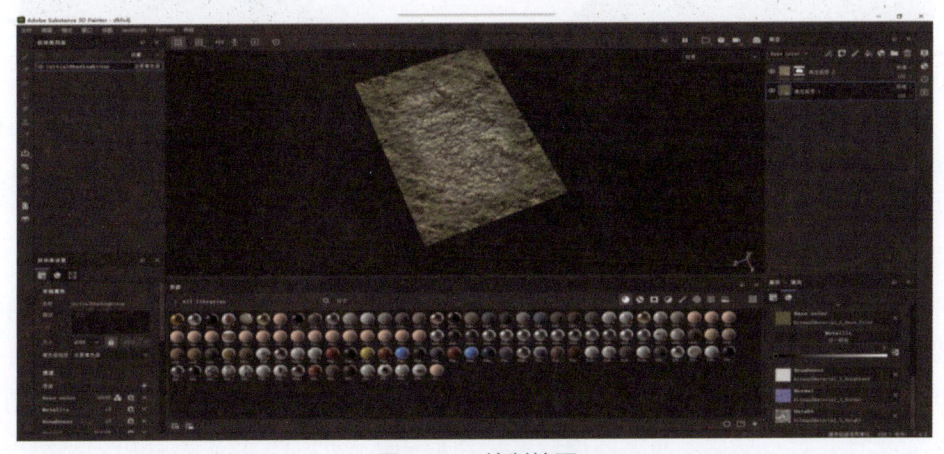

图6-100 绘制地面

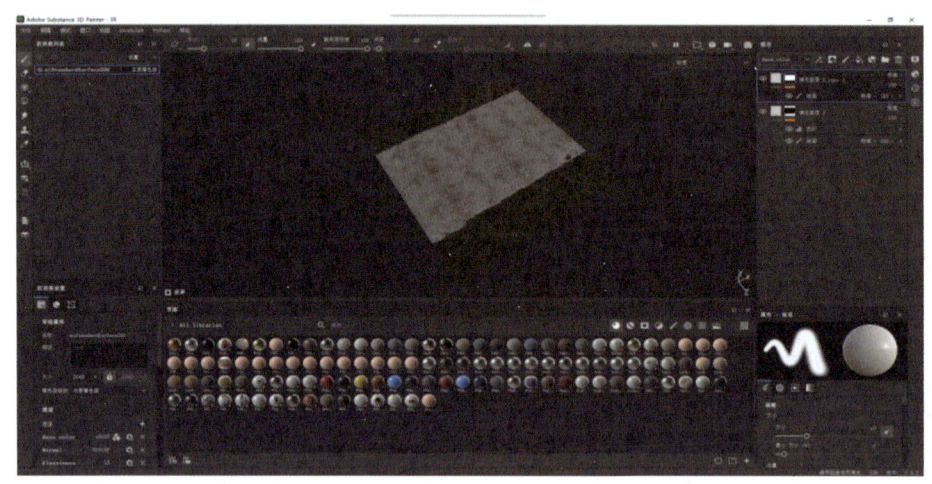

图6-101 利用现实照片转换为法线资源快速得到地面

5. 场景模型渲染

模型各组件的材质贴图完成后，设置多个角度摄像机，调整好视角。进行八猴导入时，要分为场景模型导入与人物模型导入，这里用用场景模型即可。根据渲染效果进行打光，设置光源并不断调整（图6-102），然后导入模型贴图查看效果（图6-103）。

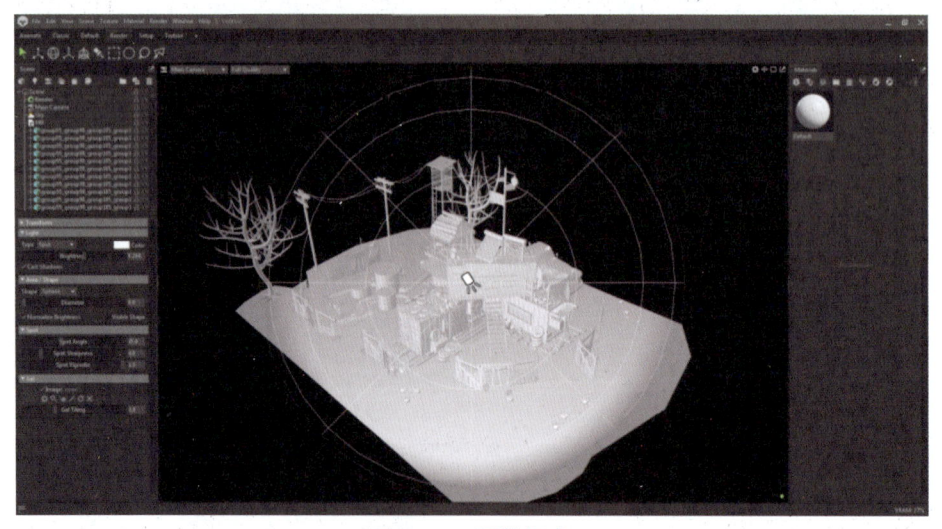

图6-102 调整灯光

导入贴图后，调整好相机。根据项目要求，不断调整灯光，利用灯光特性制作不同的场景风格并进行渲染（图6-104）。我们通过Arnold渲染器来进行渲染，右击添加一个通用的新材质，把贴图挂在适合的位置进行渲染即可。

结合参考素材和项目要求，对整个三维场景模型的渲染效果进行调整，包括模型光影设置、明暗程度、反光、环境色等，实现三维场景在不同时间下的渲染效果（图6-105），增加三维场景的真实性和实用性。同时，还可以根据渲染效果，删减或增添模型组件。也可以通过角度的调整，得到最佳状态的渲染效果图，便于后期项目的导入和使用。最终渲染效果如图6-106所示。

图6-103　导入贴图

图6-104　利用灯光特性制作不同的场景风格

图6-105　不同时间下的渲染效果

图6-106　最终渲染效果

渲染效果图完成后，根据项目要求，利用PS等修图软件，对效果图的光源、色相、明暗、对比度等参数进行调整优化，并增加必要的文字、建筑结构示意图等辅助设计元素，以期达到最好的视觉效果，如图6-107所示。

图6-107　幸存者项目图

结合项目实例，须明白三维模型场景的制作是一个不断调整的过程，需要注重整个模型场景的氛围感。场景模型要主次分明，往往以一个或多个建筑主体为中心，进行整个场景的丰富和细化。渲染过程中，要根据项目要求，调整阴影、材质、视角，以达到最佳的渲染效果。

6.5 实操考核项目

本章项目素材可扫描图书封底二维码下载。

1. 项目一

①考核题目：下载附件"警车.rar"。以图6-108为范例，制作三维模型警车。时间：60分钟。难度3级。

图6-108 考核素材——警车

②考核目标：还原效果图，添加材质。

③考核重点与难点：

重点：造型准确；布线合理。

难点：模型有体积感及卡通质感。

④考核要素：

整体视觉效果：警车的形体感、体积感、卡通质感。

文件规范：文件格式；文件命名。

⑤参考答案：如图6-109所示。

图6-109 参考答案

2. 项目二

①考核题目：据提供的电视机模型"television.obj"（图6-110），为模型制作材质与贴图（贴图尺寸2K）。渲染并提交至少1张效果图。时间：60分钟。难度3级。

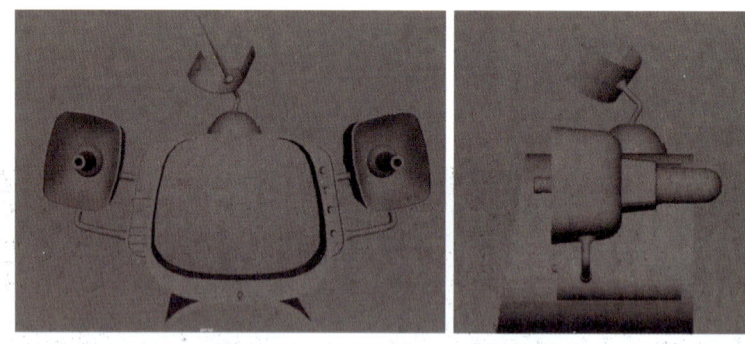

图6-110 考核素材——电视机模型

②考核目标：在规定时间内完成模型的贴图制作。

③考核重点与难点：

重点：法线贴图烘焙；金属材质制作；斑驳效果制作。

难点：质感表现；丰富的细节变化。

④考核要素：

整体视觉效果：较为丰富的细节变化；绘制工整；油漆脱落、锈迹、斑驳、落灰等自然效果；图案位置、比例、尺寸基本准确。

制作规范：法线贴图等基础贴图烘焙；图层设置；绘制；生成器与遮罩使用。

文件规范：文件格式；文件命名。

⑤参考答案：如图6-111所示。

图6-111 参考答案

3. 项目三

①考核题目：根据提供的场景文件"scene.fbx"（图6-112），为场景进行灯光、

环境及渲染设置，提交1张夜晚灯光效果图，灯光数量与位置、摄像机景别、角度、焦距等自选。时间：30分钟。难度3级。

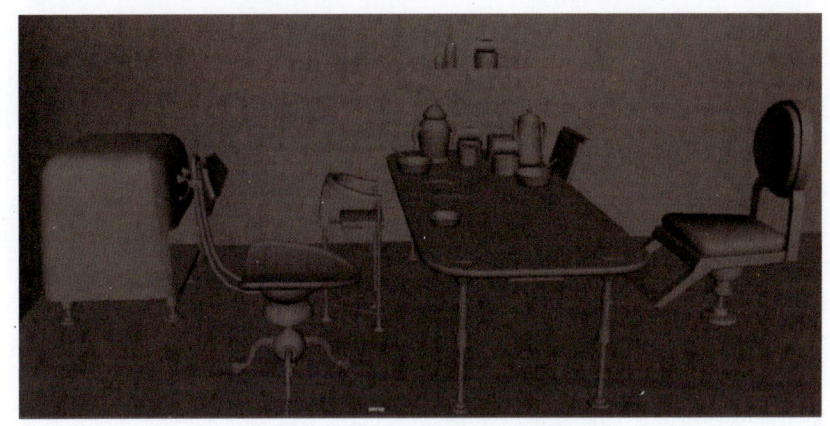

图6-112　考核素材——场景

②考核目标：在规定时间内完成室内灯光环境设置。
③考核重点与难点：
重点：灯光渲染系统；夜景效果。
难点：画面整体感与层次感；夜景与灯光效果。
④考核要素：
整体视觉效果：夜晚时间段效果；空间层次；画面整体感。
文件规范：文件格式；文件命名。

6.6 评分细则

评分细则参见5.6。

第 7 章 角色动画

培养目标

培养针对人体运动有熟练的设计与操作能力，针对角色二维动画设计、三维骨骼绑定、关键帧动画、捕捉动画的提炼等有较强的独立操作能力的人才。

就业面向

主要面向影视、动画、游戏、VR交互、广告等领域，从事人物动画手绘设计、三维骨骼绑定、角色动作捕捉、角色动画等工作。

7.1 岗位描述

在"角色动画"模块，对应的岗位有"绑定师""动画师""动画总监"等。不同规模的企业和项目，对岗位的具体要求会有所不同。在中级阶段，学习者需要掌握角色动画最核心的知识和技能，能够胜任三维骨骼绑定、角色动作捕捉、角色动画的岗位要求。

7.1.1 岗位定位

三维角色动画广泛应用在产品演示动画、三维游戏、三维动画广告、三维影视动画制作中。不管应用在哪个领域，角色动画的核心不会变，即角色通过各种表演，声情并茂地传递思想与情感，演绎出三维虚拟世界的悲欢离合、喜怒哀乐等。具体到岗位，动画师需要按照故事板以及要求，进行角色相关动作、表情的设计与制作。

7.1.2 岗位特点

对于中级能力的岗位人才，要求对角色尤其是人体运动有熟练的设计与操作能力，有能力按照故事板及具体要求，对角色进行骨骼绑定，同时能进行完整的镜头角色动画制作。

- 有能力通过故事板设计角色的肢体语言、面貌表情等，塑造角色在作品中的造型与灵魂；
- 有能力通过三维软件中的动画模块独立完成角色动作、表情等的设计与制作；
- 有能力通过快速学习使用新的软件或插件完成更极致的动画效果。

7.1.3 工作重点和难点

角色动画的"动"是一门技术，其中角色的形体比例、肢体语言、面貌表情等，都要符合角色的运动规律，制作要尽可能细腻、逼真，因此动画师要重点研究各类角色的运动规律，并能够非常清楚地了解要表现的角色在剧本中的造型与灵魂，严格、逼真地设定角色的形态、动作等，使之成为活灵活现的生命体。

对于中级能力的岗位人才，难点主要有：

- 能独立完成骨骼绑定、蒙皮权重、角色动作设计与操作等每个环节；
- 所制作的动画要在技术层面上达到导演在表演上的交付要求；
- 全面掌握三维动画制作流程，掌握镜头运动、镜头语言。

7.1.4 代表案例

推荐完整观看三维动画电影《哪吒之魔童降世》。

7.1.5 代表角色

代表角色为《哪吒之魔童降世》中的角色，例如哪吒、敖丙、太乙真人、李靖、殷夫人等。

7.2 知识结构与岗位技能

角色动画所需的专业知识与岗位技能如表7-1所示。

表7-1 专业知识与岗位技能（中级）

岗位细分	理论支撑	技术支撑	岗位上游	岗位下游
三维骨骼绑定 动作捕捉 动画师	角色骨骼结构 动画原理 表演基础 运动规律 镜头原理	Maya 3ds Max Blender 绑定插件等	分镜脚本 二维动画 三维制作	镜头剪辑 视效合成 引擎动画

7.2.1　知识结构

所谓角色动画，是指根据分镜头剧本与动作设计，运用已设计的角色造型在二维/三维动画制作软件中制作出一个个动画镜头。对于中级人才，不仅要了解从绑定到动作制作的全流程，还要掌握整个岗位所涉及的知识结构，如图7-1所示。

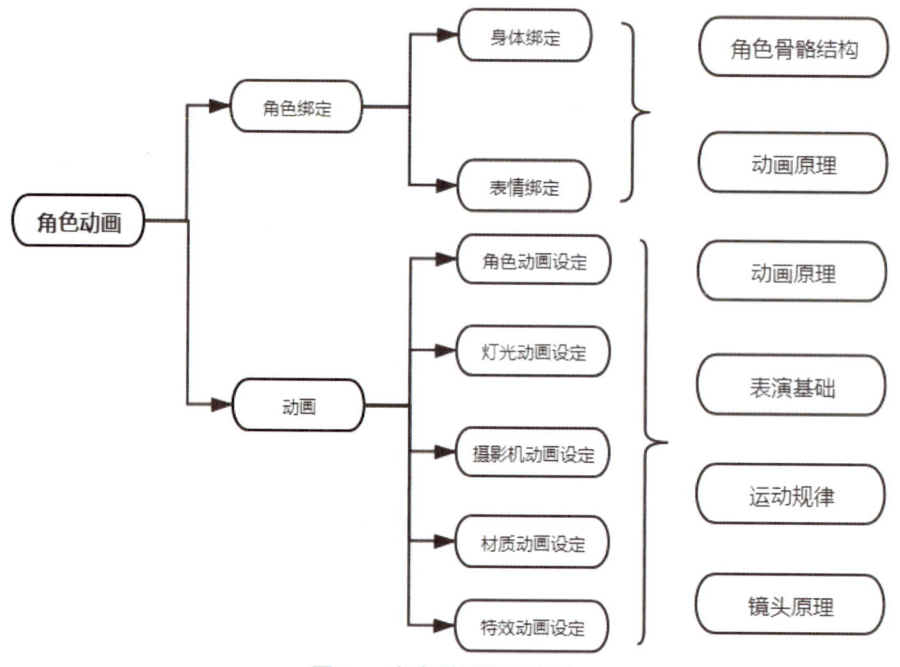

图7-1　角色动画知识结构

7.2.2　岗位技能

在三维软件中，动作与画面的变化通过关键帧来实现。设定动画的主要画面为关键帧，关键帧之间的过渡由计算机来完成。每款三维软件都有动画曲线编辑器，可以对动作进行精细的编辑。

不同的团队，根据项目的特性和技术表现需求，可以采用不同的软件进行动画制作。

1. Maya

Maya软件是Autodesk旗下的著名三维建模和动画软件。Maya可以大大提高电影、电视、游戏等领域开发、设计、创作的工作流效率。掌握了Maya，会极大地提高制作效率和品质，调节出仿真的角色动画，渲染出电影一般的真实效果。在目前市场上用来进行数字和三维制作的工具中，Maya是首选解决方案。

Maya主要用于影视动画的制作，近几年的国产动画电影《哪吒之魔童降世》《白蛇缘起》《大圣归来》等，里面的角色动画全部是使用Maya制作的。

2. 3ds Max

3ds Max是Discreet公司（后被Autodesk公司合并）开发的基于PC系统的三维动画渲染和制作软件。其前身是基于DOS操作系统的3D Studio系列软件。在Windows NT出现以前，工业级的CG制作被SGI图形工作站所垄断。3D Studio Max + Windows NT组合的出现降低了CG制作的门槛，开始运用在电脑游戏中的动画制作，之后更进一步开始参与影视片的特效制作，例如《X战警II》《最后的武士》等。

3ds Max广泛应用于广告、影视、工业设计、建筑设计、三维动画、多媒体制作、游戏以及工程可视化等领域。

3. Blender

Blender是一款开源的跨平台全能三维动画制作软件，提供建模、动画设计、材质制作、渲染、音频处理、视频剪辑等一系列解决方案。它拥有完整集成的创作套件，提供了全面的3D创作工具，包括建模（Modeling）、UV映射（UV-MApping）、贴图（Texturing）、绑定（Rigging）、蒙皮（Skinning）、动画（Animation）、粒子（Particle）和其他系统的物理学模拟（Physics）、脚本控制（Scripting）、渲染（Rendering）、运动跟踪（Motion Tracking）、合成（Compositing）、后期处理（Post-production）等。

4. 动作捕捉技术

动作捕捉技术通过录制并以数字化方式复制人体运动来制作三维动画，即在运动物体的关键部位设置跟踪器，由Motion capture系统捕捉跟踪器位置，再经过计算机处理后得到三维空间坐标的数据。当数据被计算机识别后，可以应用在动画制作、步态分析、生物力学、人机工程等领域。将运动捕捉技术用于动画制作，极大地提高了动画制作的效率，降低了成本，而且使动画制作过程更为直观，效果更为生动。

随着技术的进一步成熟，表演动画将会得到越来越广泛的应用，而运动捕捉技术作为表演动画系统中不可缺少的关键的部分，必然显示出更加重要的地位。在《指环王》系列电影中，安迪·瑟金斯(Andy Serkis)便通过动作捕捉技术扮演了哈比人咕噜（Gollum）一角。

7.3 标准化制作细则

角色动画是三维制作流程中的重要环节。无论是人物角色的性格特征，还是人物角色的年龄、性别等，都是通过动作来体现的。当动画师拿到一个静态的角色模型时，首先要根据剧本的角色设定，对角色进行骨骼系统的设定，然后根据分镜进行动画制作。

7.3.1 角色绑定与蒙皮

1. 创建骨骼的原则

每一个设定的动画角色，都有其角色本身的生物骨骼特征，因此在绑定角色前，动画师一定要先了解该角色或类似于此类角色的生物的骨骼解剖结构。基于解剖结构进行骨骼设定，才能使角色的运动更加合理。但是骨骼设定不是越密集越好，根据各角色在剧本中的设定，在不影响动作的情况下，骨骼的创建越精简越好。

2. 骨骼创建的方法

第一种方法：使用三维软件中的骨骼设定模块，进行传统的骨骼设定。
第二种方法：使用三维软件中自带的HumanIK进行骨骼设定。
第三种方法：使用骨骼插件，例如AdvancedSkelcton等。

7.3.2 动作调试

1. 运动规律——时间

所谓"时间"，是指动画中角色在完成某一动作时所需要的时间长度。时间是一切动画开始的基础，它影响着角色的运动效果。时间把握准确能让动作更真实，是动画师调试动作时最难也是最基本的任务。由于动画中的时间把握受很多因素的影响，所以同一个角色的同一个动作在不同的气氛下，时间的长度是不同的。一个优秀的动画师首先就要具备良好的时间感受能力。

2. 运动规律——速度

所谓"速度"，是指角色在运动的快慢。在特定剧本中，角色的性格特点不同，角色的运动速度也是不同的。这就要求动画师在动作调试时，要正确地把握该角色在不同气氛下的运动速度，也就是说在同样一秒的时间内，要实现角色动作所需要的关键帧数是不一样的。

3. 运动规律——空间

所谓"空间"，是指角色在画面中的活动范围和位置，例如一个动作的幅度以及角色在每一张画面中的位置。动画师在设计动作时，往往会把动作的幅度处理得比现实夸张些，从而加强动画的表现力。

4. Pose to Pose（姿势到姿势）

对于角色动画，动画师习惯用的方法就是Pose to Pose。采用这种方法，动画师先设置动画最主要的几个姿势，不必考虑姿势关键帧的时间轴，当一个动画的运动方式确定下来，再对其时间轴进行调整，然后填充主要姿势之间的空缺。因此，要想将某个角色动作调试到完美的状态，需要动画师摆好每一个关键姿势。

例如，在设计一个人物角色的姿势时，一定要考虑头部、胸部、臀部三大轴线的位置关系。最好的办法是不要让它们保持水平，要带有一定的角度。仔细观察生活中人走路的姿势，会发现在走路的时候人肩膀的移动方向总是与胯和臀部的移动方向相反。相同的道理，人站立的时候通常不会让自己的肩膀总是与胯和臀部成水平位置，总会带一些角度，这样站着会舒服些。

角色的动作是从一个部位开始，产生的能量会带动其他部位跟着动。因此，身体从一个地方移动到另一个地方时，会有好几个动作，并且它们不是同时进行的，这就需要动画师在调试过程中增加适量的延迟动作。

7.4 岗位案例解析

在初级教材中，我们已经引入了以Maya软件操作为主的企业动画制作案例，因此在中级教材中，重点讲解以Max软件操作为主的案例。本案例为犬神动画制作，如图7-2所示。

图7-2　案例：犬神动画制作

本案例主要讲解游戏中两足角色动作的制作流程。本案例从软件界面开始讲解，通过犬神角色动画制作的学习，掌握骨骼架设、蒙皮、动画设计及制作，帮助读者快速了解游戏动画。

《犬神角色动画制作》的详细案例可以登录Meshmellow School（www.meshmellow.cn）观看学习。Meshmellow是一个全球数字资产B2B平台，专注于计算机图形图像领域，为产品和服装设计、影视特效、交互设计、游戏和其他领域提供数字图形解决方案。MESHMELLOW 的使命是研究图形科技与艺术的完美结合方式，为艺术家和科学家建立经验交流、变革探索、产品分享的云平台社区。

使用软件：3ds Max

关于3ds Max软件，读者可以通过自己的专业课程学习掌握，也可以通过自学教程快速入门。接下来着重讲解犬神骨骼架设、犬神呼吸待机动画制作、犬神走路动画制作过程。

7.4.1 犬神骨骼架设

根据角色设定和动作制作要求，本案例中的犬神是游戏中的一个角色，动作以肢体动作为主，同时考虑到实际项目中的资源限制，应采用最简化的骨骼结构实现角色需要的动作效果。

1）CS骨骼+bone骨骼架设犬神骨骼

首先，将模型组制作好的模型导入Max软件，如图7-3所示。对模型进行初始设置。特别强调，一定要把模型的中心线和Max前视图的中心线对齐。

图7-3　角色模型导入

在Max中，打开附件面板，创建一套CS骨骼，并且同样需要和Max背景界面的中心线对齐，如图7-4所示。

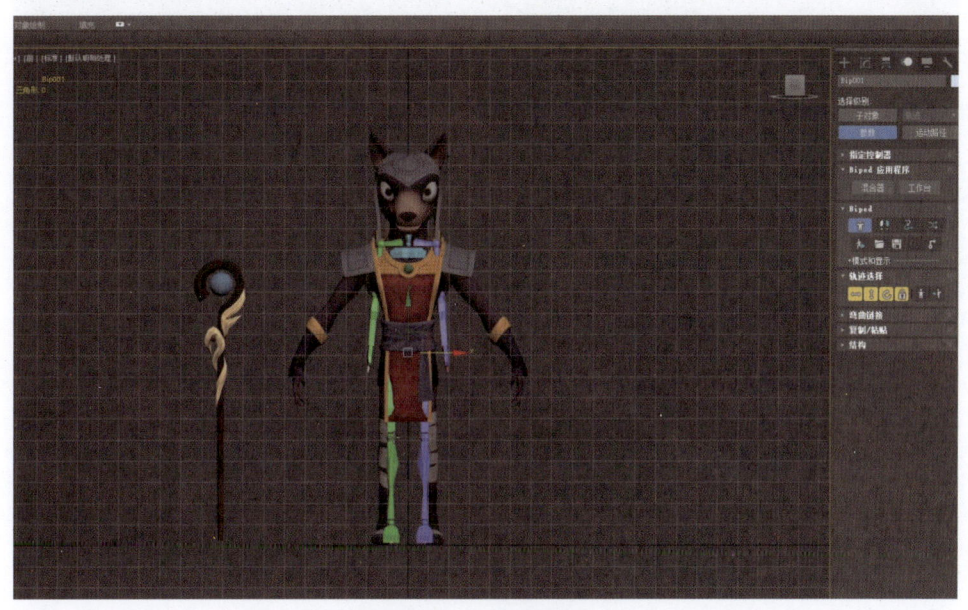

图7-4　CS骨骼架设

为方便骨骼编辑，首先将模型进行冻结，但是直接冻结，模型会变成灰色，所以要先把右侧面板中"以灰色显示冻结对象"的钩去掉，如图7-5所示。

图7-5　去除"以灰色显示冻结对象"

接着，选择所有模型，单击"冻结"图标，如图7-6所示。如此，视图就只有骨骼可以编辑了，不受模型影响。

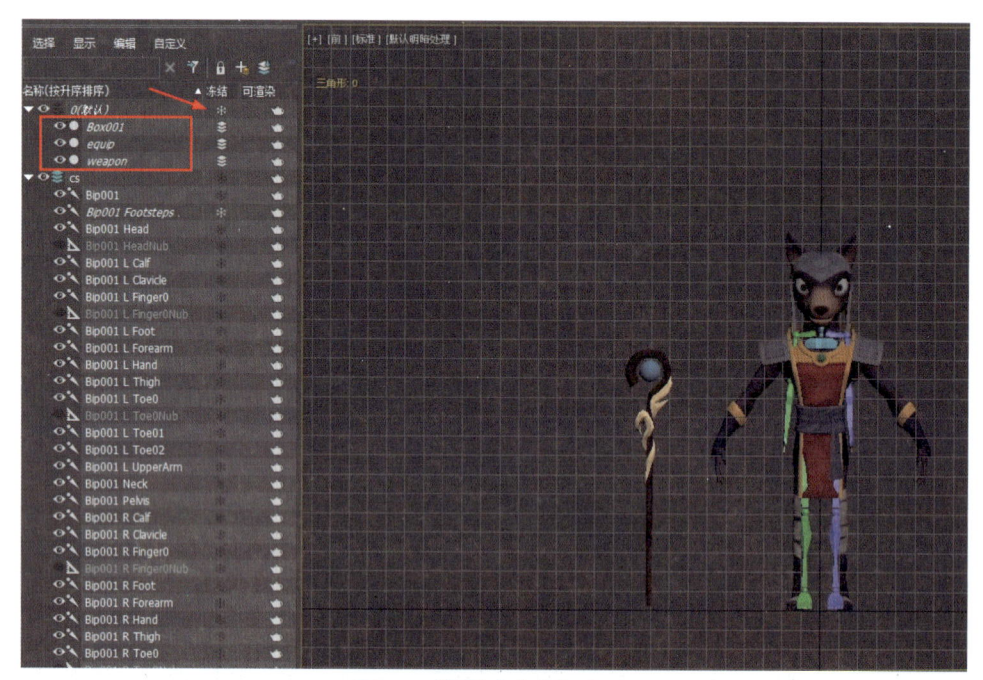

图7-6　模型"冻结"显示

选中骨骼，打开动画面板，激活CS骨骼的可编辑模式，使骨骼可以自由放大、缩小，从而进行骨骼对位。先从臀部骨骼进行对位，如图7-7所示。

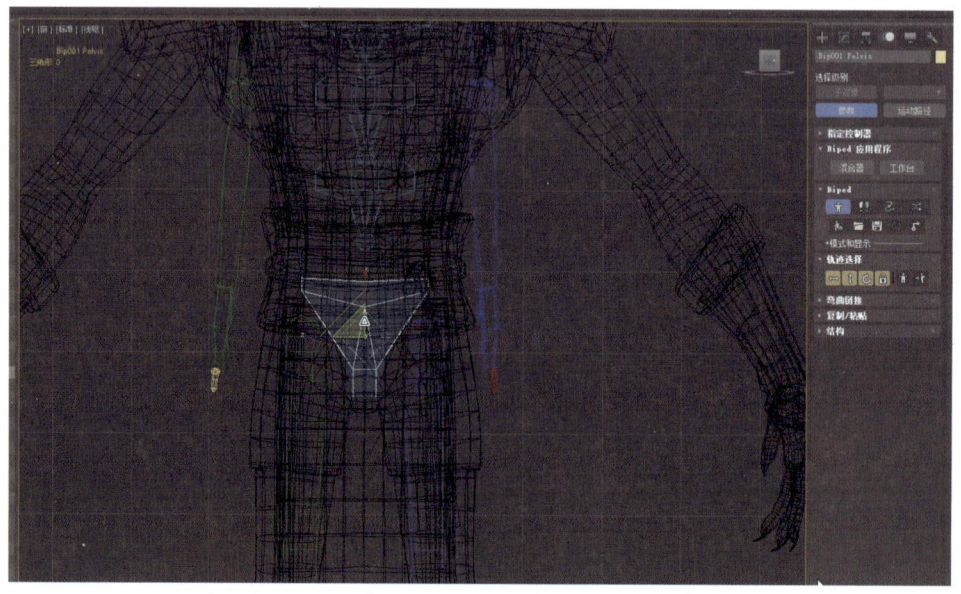

图7-7　臀部骨骼对位

然后再进行下半身骨骼对位，最后进行上半身骨骼对位，如图7-8所示。

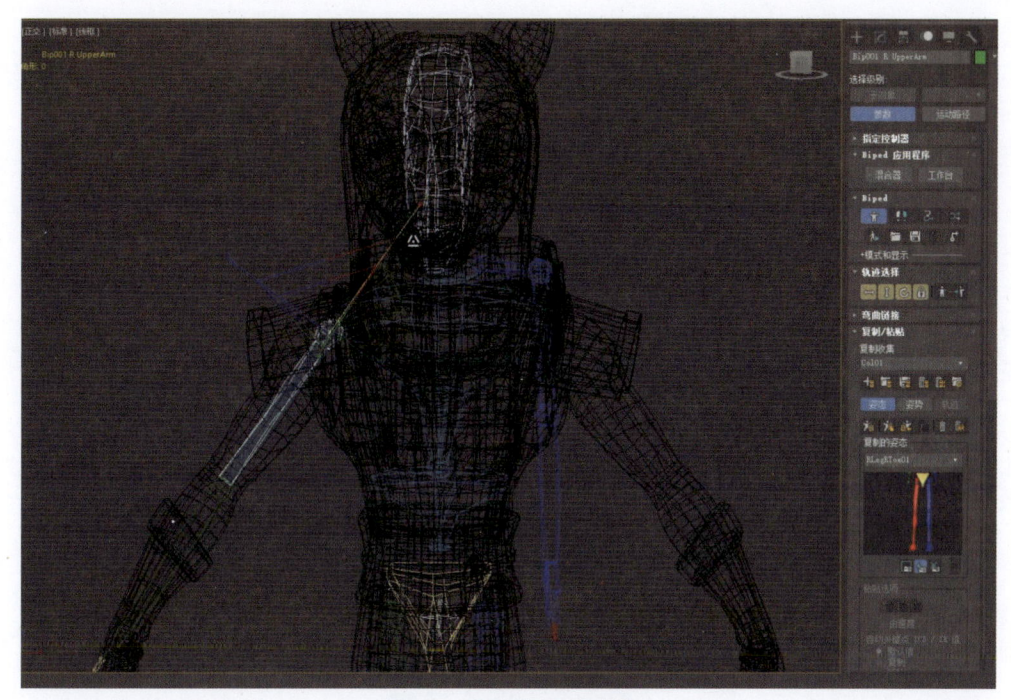

图7-8 上半身骨骼对位

骨骼与模型身体本身互相对位好后,我们发现这个角色的腰部系有飘带状的服饰,需要通过创建bone骨骼进行骨骼架设,如图7-9所示。

图7-9 腰部飘带骨骼架设

骨骼架设完成后,可以看到图7-10的骨骼结构。

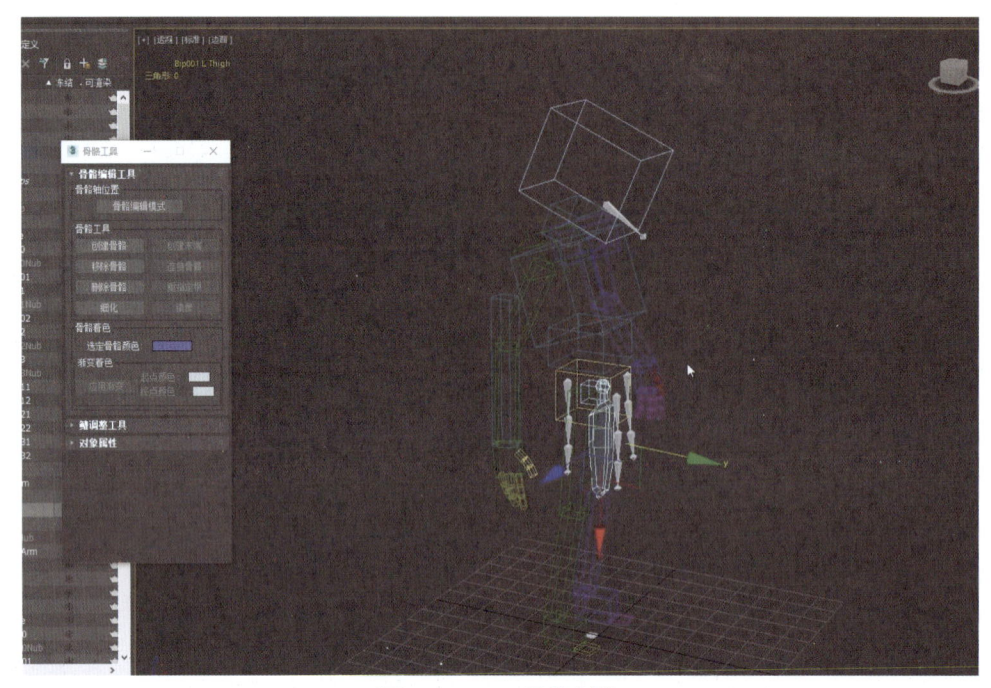

图7-10　bone骨骼创建

2）犬神角色武器骨骼架设

在导入犬神模型时，我们发现角色还配有武器。因为后续制作中有武器换手的动作设计，所以还要对武器进行骨骼架设。骨骼架设后，右手可以实现"拿起武器""扔出武器"等动作。

创建如图7-11所示的骨骼，然后将武器与骨骼进行连接，如图7-12所示。

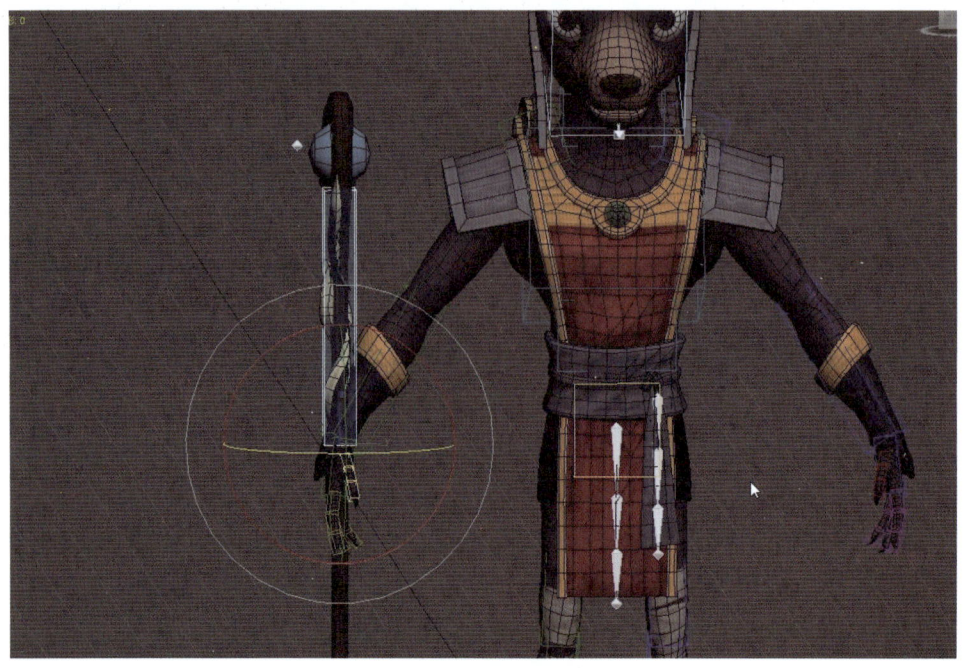

图7-11　犬神角色武器骨骼架设

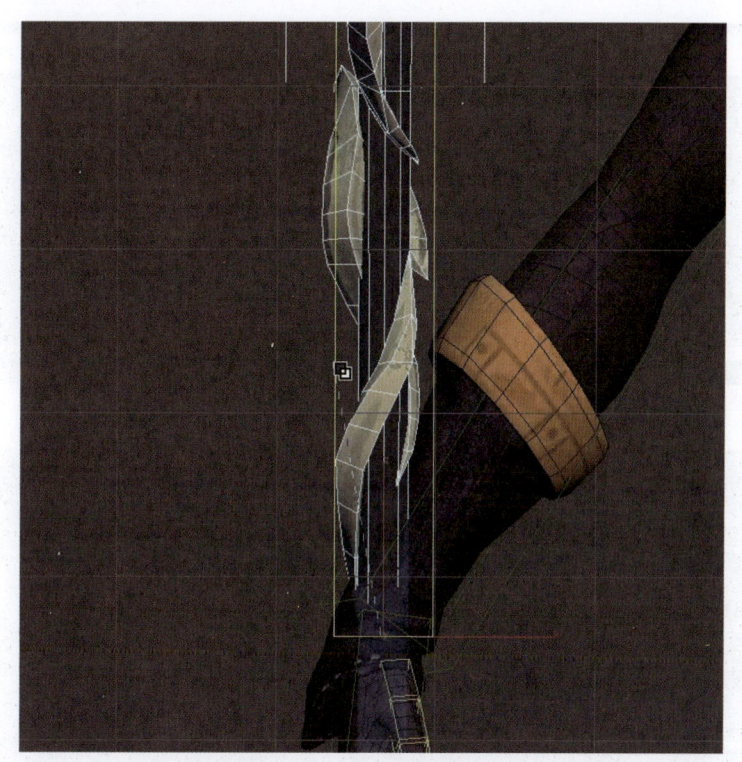

图7-12　武器与骨骼连接

连接后，武器就能跟着骨骼一起运动了，如图7-13所示。

图7-13　架设好骨骼的武器

3）骨骼整理

很多时候根据项目要求，骨骼还需要进行重命名，可以进入"图解视图"进行骨骼命名，如图7-14所示。也可以在"名称和颜色"中重命名，如图7-15所示。

图7-14 "图解视图"骨骼命名

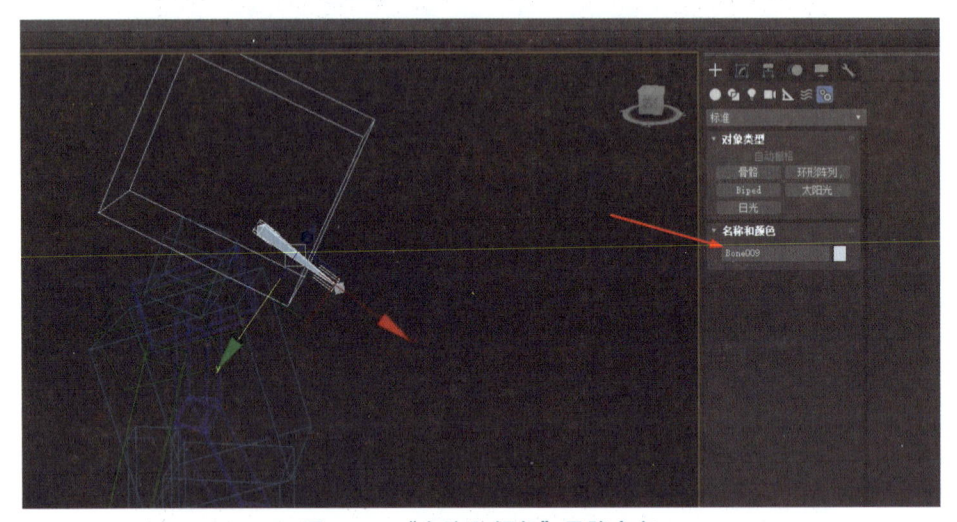

图7-15 "名称和颜色"骨骼命名

骨骼架设完成后，检查骨骼关节与模型结构是否一一对应，尽量使骨骼都在模型里面，不要裸露在"皮肤"外面。在进行蒙皮前，还需要再次检查以下几点：

（1）检查角色模型的单位和大小是否符合项目要求；
（2）检查角色模型是否在3ds Max坐标中心，模型的自身坐标轴是否在原点位置；
（3）检查角色模型是否存在五边形面，以免因为五边形面造成蒙皮出错；
（4）检查角色模型贴图是否正常，这也要求动画师熟悉三维模型的制作模块；
（5）检查角色模型的法线是否正常；
（6）检查模型是否有分离的点没有合并，确保没有未合并的分离点存在；
（7）检查关节处布线是否合理，透明的贴图是否正常。

4）犬神角色蒙皮

以上检查确定没问题后，就可以开始蒙皮了。先对全部模型点"蒙皮"，再对所有骨骼点"蒙皮"。蒙皮关联后，选中"修改"按钮，然后选择"修改器列表"中的"蒙皮"，把"骨骼影响限制"参数设置为"3"，如图7-16所示。

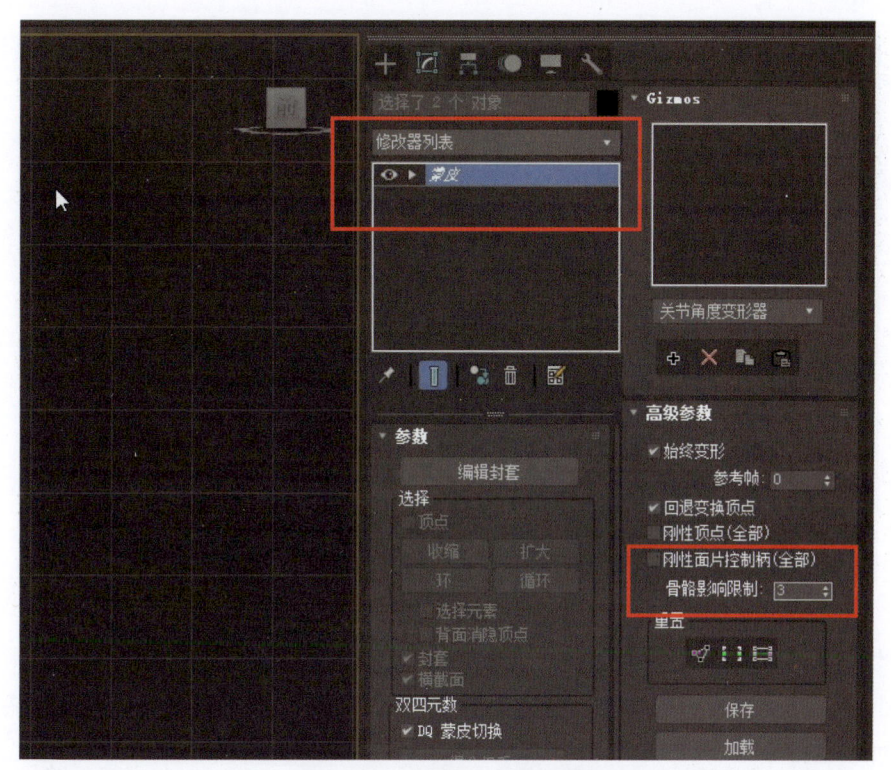

图7-16 "蒙皮"参数设置

再单击"编辑封套",如图7-17所示。

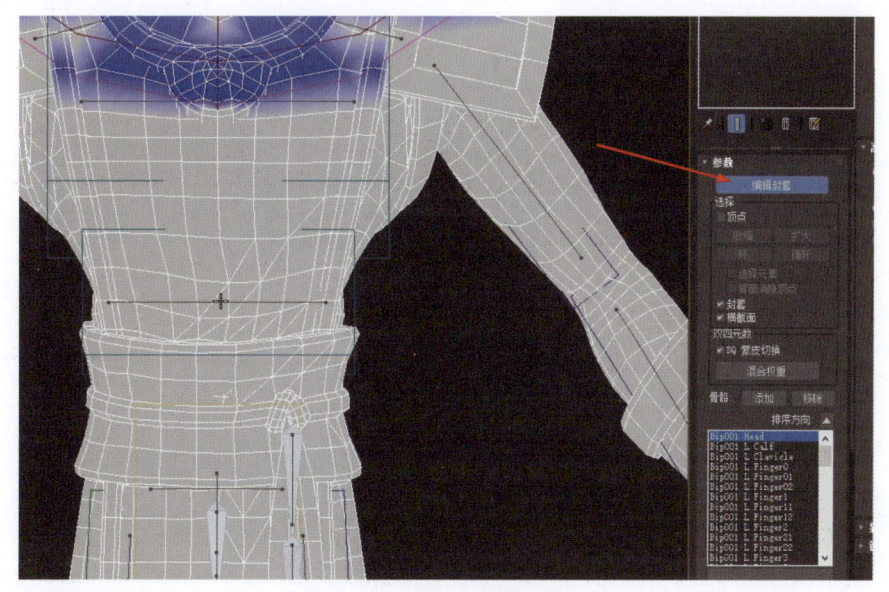

图7-17 单击"编辑封套"

然后就开始进行封套粗调整,如图7-18所示。

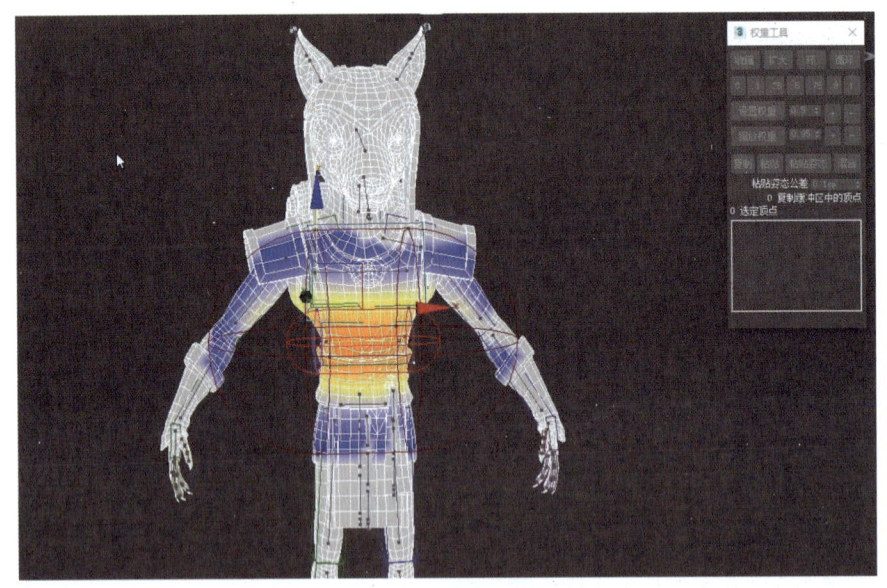

图7-18 骨骼封套

从图7-18可以看到有两个范围：一个是内部小的浅红色圈，另一个是外面大的深红色圈。小圈表示这个骨骼是绝对控制的，大圈表示这个骨骼影响的范围随着远离中心位置越远而逐渐变小。

我们需要根据角色骨骼和身体结构进行细调，因为角色是对称结构，所以只需要调节好身体一半的骨骼封套，另一半直接用"镜像"模式就可以完成，如图7-19所示。

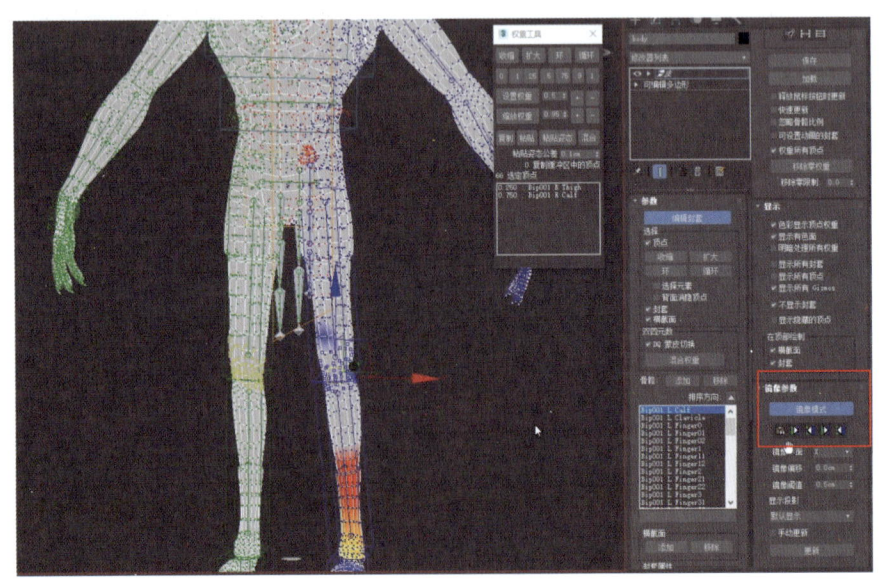

图7-19 骨骼封套"镜像"

在封套好之后，犬神模型的皮肤已经和骨骼关联起来了，骨骼已经可以牵动皮肤设计动作了。但是我们会发现部分关节运动时，角色皮肤的运动不符合肌肉运动规律，这说明系统自动解算的权重不是很理想，如图7-20所示，膝盖关节权重分配不对，需要我们进一步调节权重。

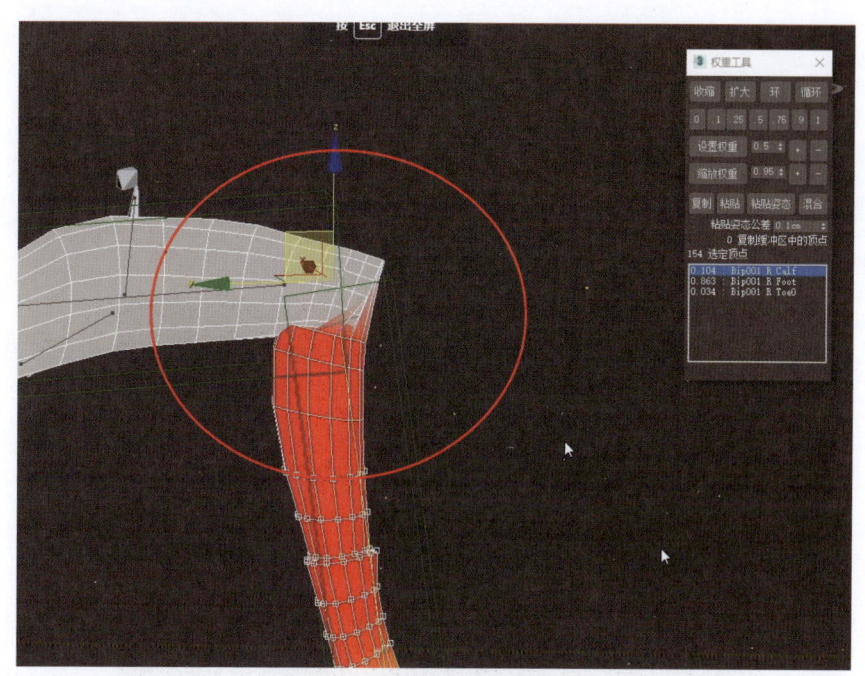

图7-20　不正确的权重分配

因此，绑定师还需要对部分关节的权重进行调整，如图7-21所示，可以通过"权重工具"对关节附近的布线点权重重新分配。

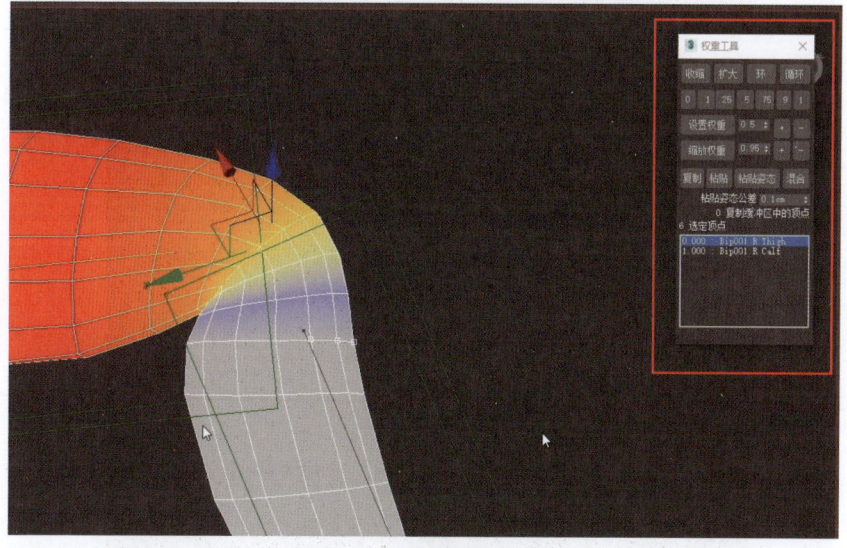

图7-21　关节权重调整

7.4.2　犬神呼吸待机动画制作

待机动作是游戏角色必备的动作之一。下面我们一起来制作一个犬神呼吸待机动画。

动画制作（中级）

　　首先，打开已绑定好的犬神模型，根据犬神在游戏项目中的动作，设计呼吸待机姿势，然后在Max中调节姿势。这里要求动画师对动画原理、角色运动规律等有扎实的理论功底。根据实际项目设计，犬神的动作带有攻击性，那么在待机呼吸姿势设计时，就要让这个角色看上去带有攻击性。

　　先设置从第0帧到第40帧完成一个呼吸动作。在第0帧的时候，对角色摆好初始姿势，如图7-22和图7-23所示。

图7-22　待机初始姿势正视图

图7-23　待机初始姿势侧视图

　　然后选择所有骨骼，在第0帧的位置创建关键帧，如图7-24所示。同时把第0帧的关键帧按住Shift键不放，拖到第40帧的位置，复制到第40帧。

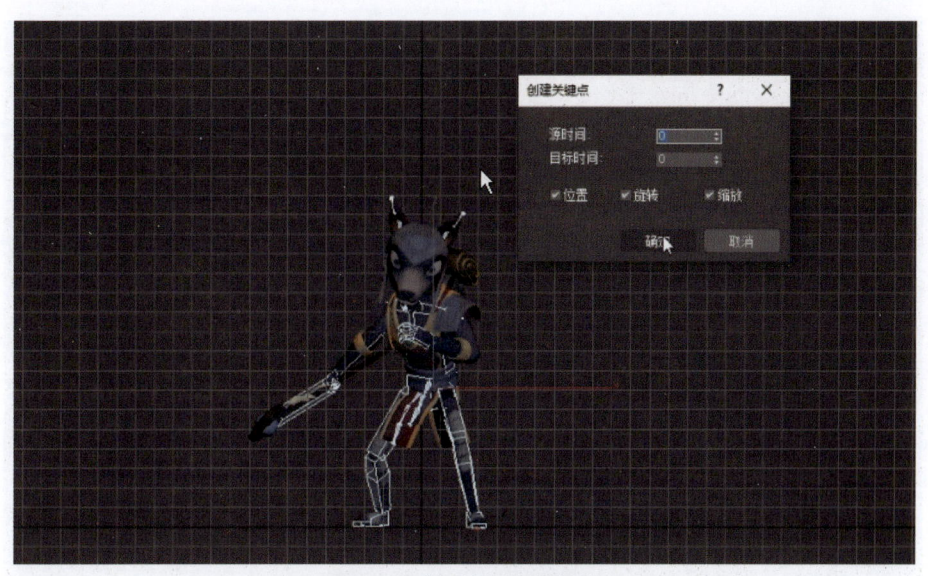

图7-24　第0帧创建关键帧

接着在第10帧、第20帧、第30帧的时候，对图7-25所示关节进行动作调整，使角色有轻微上下起伏的动态效果，然后播放观察时间节奏。

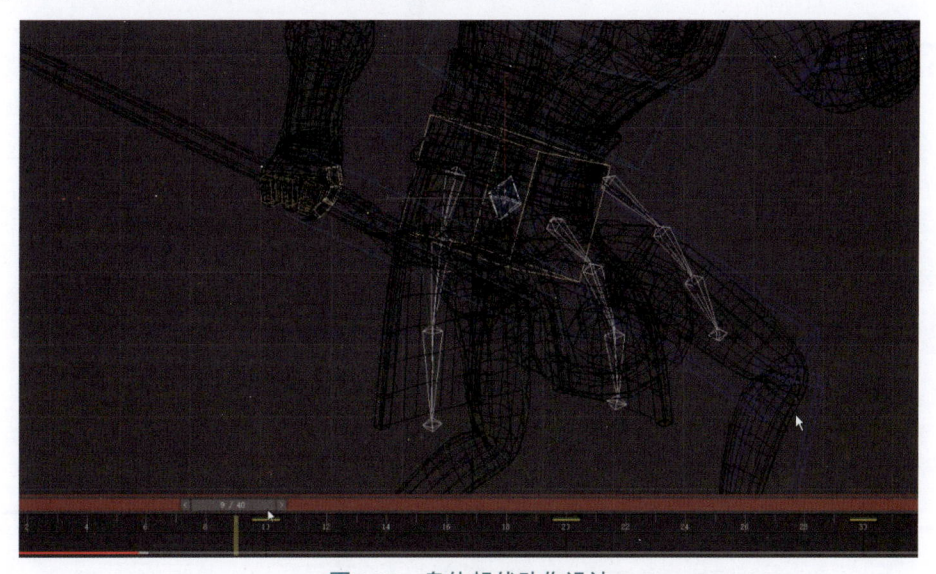

图7-25　身体起伏动作设计

时间节奏确定后，开始调整关键帧姿势细节。在制作动画前，动画师就需要清楚角色在呼吸待机时的运动规律，从一个关键帧到下一个关键帧需要调节哪些关节的变化，动画师都要非常清楚。建议大家可以先参考游戏中的待机动画模仿着做，也可以从网络中搜索一些较好的动画效果参考。

对于角色腰部的飘带，可以下载飘带插件springmagic，从而更快捷地制作飘带动画，如图7-26所示。

图7-26　使用飘带插件springmagic制作腰部飘带动画

7.4.3　犬神走路动画制作

接下来，从最基本的走路开始制作犬神走路动画。

在进行动画制作前，需要先分析角色：犬神身型壮硕，属于男性特征体型，但是四肢纤长，手持武器，带有攻击性。这样的角色走起路来步伐相对稳健。可以对男性角色走路运动规律图进行分析，如图7-27、图7-28所示。

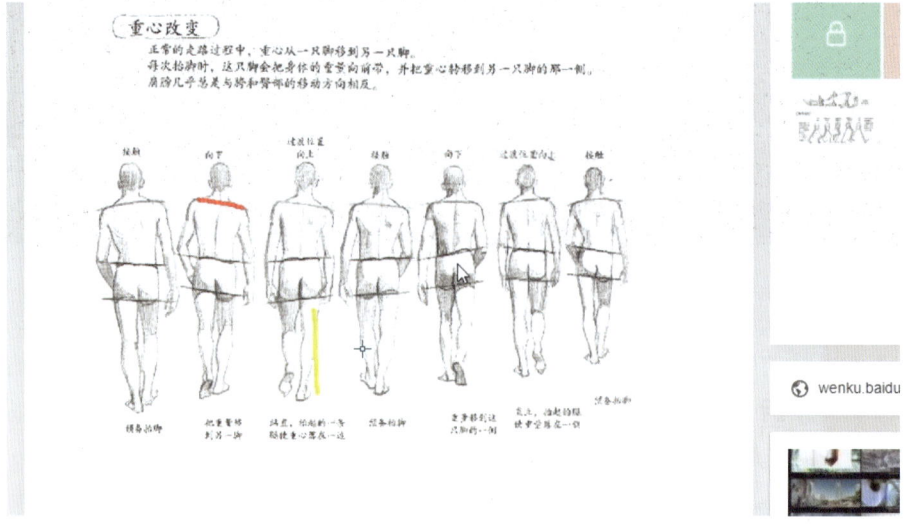

图7-27　男性角色走路运动规律图——背视图

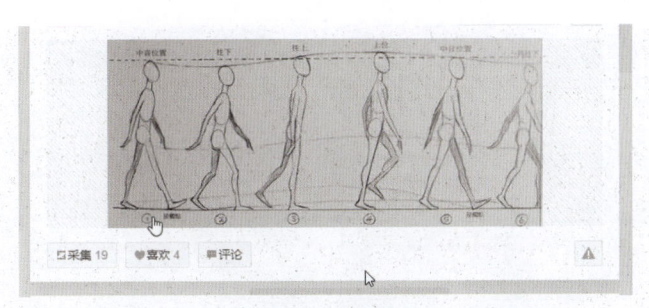

图7-28　角色走路运动规律图——侧视图

在初级教材中提到的"鲨鱼怪"走路动画制作，是先制作角色全身的每个关键姿势，然后进行细节动作调解。在本案例中，我们换一种思路，将犬神的标准走路动画分成三大步骤：首先制作下半身动画，再制作上半身动画，最后调节细节动作。两种思路都可以，动画师可以根据习惯决定。

这里，我们只制作一个标准走路动作，不考虑具体场景。首先，对犬神角色下半身进行动画制作，步伐频率按32帧一个循环设置。先制作第0帧、第16帧、第32帧关键帧姿势，第0帧姿势设置好后，可以直接复制到第32帧，然后在第16帧的位置将左右脚交换下，如图7-29所示。

图7-29　第0帧、第32帧腿部姿势

然后在第4帧、第8帧、第12帧设置中间关键帧姿势，如图7-30、图7-31、图7-32所示。

图7-30　第4帧腿部姿势

图7-31　第8帧腿部姿势

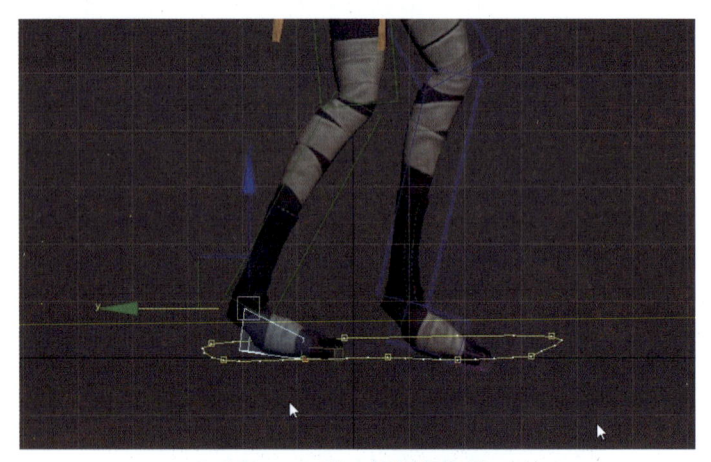

图7-32　第12帧腿部姿势

对于第20帧、第24帧、第28帧中间关键帧姿势，就只需要参考第4帧、第8帧、第12帧姿势，进行左右脚交换就好。

制作好下半身动画后，开始制作上半身动画。在上半身动画中，不仅要考虑手臂的摆动，还要考虑腰、胯、肩、头部等的运动规律。在本角色中，还要考虑角色手握的武器随手臂一起摆动的动画。

首先，根据人物走路运动规律，调整角色的腰、胯运动状态，如图7-33所示。

图7-33　调整身体腰、胯运动状态

然后，同腿部动画制作方法一致，参考人物走路运动规律图，对角色手部摆动动画进行设置，如图7-34所示。

图7-34　角色手部动画制作

提示：在关键帧姿势设置时，要遵循角色的走路运动规律，同时要考虑角色本身的性格、体型、情绪等画面气息，这也在考验动画师的基本运动造型能力。建议巩固运动规律、动画原理等基础理论知识。

角色有了大体的手脚前后移动的节奏，但是还有不少动作细节有待改进。在时间节奏没有问题的前提下，接着给动作增加细节。细节调整时，可以参考"动画十二法则"给角色走路运动增加蓄势、跟随等细节动作。在该角色中，可以多增加手指、腰部飘带、嘴巴等部位的动画细节，使走路动画更真实生动，如图7-35、图7-36、图7-37所示。

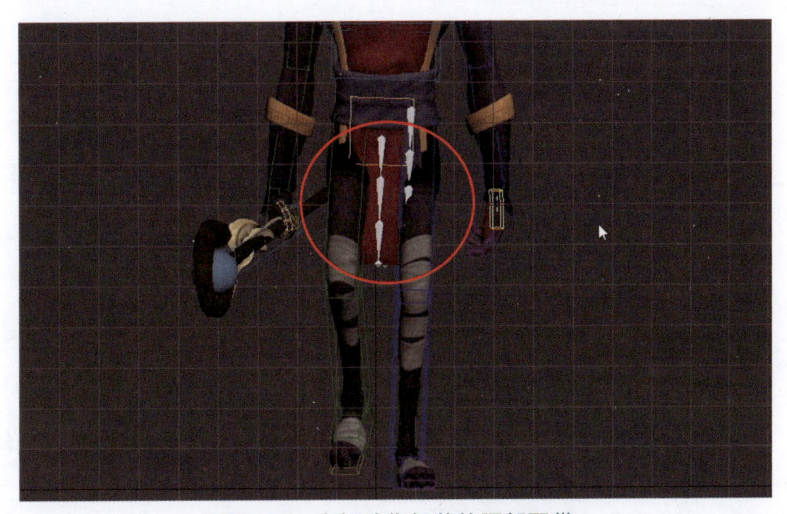

图7-35　未加动作细节的腰部飘带

图7-36 腰部飘带动画制作

图7-37 增加嘴巴动画细节

7.5 实操考核项目

①考核题目：

请使用三维动画制作软件，根据已绑定好的三维角色，参考跑步运动规律图（图7-38），制作角色跑步动画。同时拍屏三个视角的镜头视频：正视、侧视、自由视角，每个镜头时间按一个循环步伐设定，镜头分辨率设置为640×480。制作时间：90分钟。提交文件：动画源文件、三个视角的拍屏视频文件。

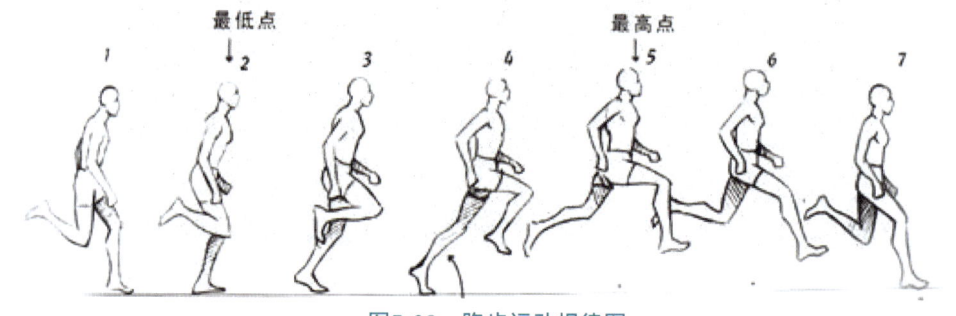

图7-38 跑步运动规律图

② 考核目标：

掌握角色的跑步运动规律；

熟悉角色的骨骼结构及设定；

掌握制作角色动画的基本技法。

③ 考核重点与难点：

考核重点：角色标准跑步的运动规律；

角色动画的基本步骤和技巧。

考核难点：角色标准走路动画的关键帧姿势设定。

④ 考核要素：

- 分析角色：用考核提供的三维软件打开角色源文件，对绑定好的角色分析骨骼设定，清楚各控制器的控制参数。
- 动画制作：在三维软件里完成帧频、时间滑块、创建摄像机机位、打开自动关键帧等初始设置；确定标准跑步的一个循环步伐需要多少帧、在第几帧的位置设置关键姿势；根据动画法则调整中间帧的细节，使动作更连贯、生动。
- 镜头拍屏：一个标准走路（两步）动画完成后，完成拍屏的初始设置；镜头的播放及修改。

7.6 评分细则

评分细则如表7-2所示。

表7-2 评分细则

总分 （100分）	动画源文件 （70分）	①动作完整，符合动画原理：30%
		②动作关键帧姿势符合运动规律：40%
		③手臂、腰部、脖子等有增加细节动作，符合动画法则：30%
	镜头拍屏 （30分）	①三个视图拍屏视频：40%
		②镜头有三个循环步伐：30%
		③镜头画面布局合理、清晰：30%

第 8 章 镜头剪辑

培养目标

本专业坚持立德树人，培养掌握镜头剪辑、视频制作知识和技能，具备常规短视频类、宣传广告片类、综艺节目类视频制作能力，从事镜头剪辑、合成制作等工作的高素质劳动者和技能型人才。

就业面向

主要面向自媒体、短视频、商业视频、影视制作领域，担任素材收集整理、拍摄镜头分拣归类、镜头剪辑制作、视频合成发布等工作。

8.1 岗位描述

剪辑师是指运用蒙太奇技巧编纂组接视频使之成为一部完整影片的人员统称。剪辑师是导演创作意图和艺术构思的忠实体现者，但是剪辑师也可以通过对镜头的剪辑弥补、丰富乃至纠正所摄镜头素材中的某些不足与缺陷，也可部分地调整影片原定结构或局部地改变导演原有的构思，从而使影片更加完整。剪辑师的工作包括艺术创作和技术操作，贯穿于整个影片摄制过程中。

当今社会大多数行业都涉及视频制作的工作板块，市场对剪辑师的需求量是巨大的。但剪辑师在各个行业领域的工作方式和剪辑思路又各不相同，所以精准定位到各个行业领域及不同层级的剪辑师岗位需求也有所差别。从社会分工和工作岗位面向对象来说，剪辑领域大致可分为会议课程类、短视频类、婚庆活动类、商业宣传广告片类、综艺节目类、影视类等。从剪辑从业者的职业规划与发展角度来看，大致可以归为三类：剪辑助理、剪辑师和剪辑指导。

担任剪辑师岗位的从业人员应该能够独立完成剪辑、制作、修改，能够自主进行素材导入、整理、分类、绑定、唱词制作、校对等，会操作摄像机采集输入素材，完成后进行成片输出。总之要能高效融入制作团队并主导进行剪辑工作，保证工作顺畅进行，合作完成公司项目。

8.1.1　岗位定位

具备中级能力的岗位人员主要在各类影视拍摄/制作公司、工作室、团队等从事项目跟机、协助拍摄、拍摄镜头分拣归类、素材收集整理、视频剪辑、视频合成发布等工作。根据企业不同的主营业务及各类分项的不同属性要求，会有针对性地要求该类岗位人员就工作流闭环中单项或多项工作内容进行逐步深化从而达成既定目标。

8.1.2　岗位特点

具备中级能力的岗位人员经历了入职初期对工作流各环节了解熟悉的过程，应具有较强的核心技术能力及环境适应能力，逐步凝练工作方法论。通过在项目实施过程积累的实践经验，更好地服务项目的制作/运营等，有效协助项目组长、项目组成员进行项目执行同步，通过不断学习与实践进一步积累、放大自身的核心竞争力。

结合企业岗位需求的现实情况，从业人员应具备的相应岗位能力如下（包含但不限于）：

- 能够快速融入项目团队、明确工作任务分工现实意义；
- 能够有条理性、逻辑性地收集与整理视频、图文素材；
- 能够根据现实需求进行镜头分拣、筛选、归类；
- 能够根据现实需求进行影视后期非线性编辑软件操作；
- 能够利用已有项目实践经验对分管工作进行有效实施与项目任务指导。

8.1.3　工作重点和难点

工作重点：

- 精通一款非线性编辑软件的操作使用并熟悉常用外挂插件的安装使用；
- 在明确脚本的创作逻辑、导演的执行意图的同时有效进行信息传递；
- 熟悉短视频、商业宣传片、综艺节目等视频的创作概念、流程及规律。

工作难点：

- 项目实践经验的积累归纳，工作方法论的有效提升；
- 提升个人岗位核心竞争力的同时充分带动团队能效。

8.2 知识结构与岗位技能

镜头剪辑所需的专业知识与职业技能如表8-1所示。

表8-1 专业知识与职业技能（中级）

岗位细分	理论支撑	技术支撑	岗位上游	岗位下游
镜头剪辑	摄影摄像基础 分镜头脚本 剪辑学	仪器设备使用 Premiere Photoshop	分镜脚本 影像采集 角色动画	视效合成 引擎动画

8.2.1 知识结构

具备中级能力的岗位人员在现实工作环境中应会将拍摄的镜头、镜头片段、画面信息、声效元素等素材文件进行合理有序的整理归类；根据导演及分镜的规划意图进行选材分拣；根据项目现实情况及客户实际需求进行视频组接编辑及合成发布。

1. 摄影摄像基础

了解摄影摄像技术原理及目标对象直观呈现一般规律；熟练掌握常见摄影摄像设备仪器的架设、使用方法及根据常规工作环境而采用的适配方式；掌握拍摄画面取景构图的基本规律，能够根据镜头剪辑实践经验一定程度地协调/指导拍摄画面以期获得较好的前期声像元素。

2. 分镜头脚本

分镜头脚本又称摄制工作台本，是将文字转换成视听形象的中间媒介，其主要任务是根据解说词和电影电视文学脚本来设计相应画面、配置音乐音响、把握影片的节奏和风格等。分镜头脚本是影片前期拍摄的指导性文件、影片后期制作的主要依据、影片制定长度以及经费预算等的重要参考。

3. 剪辑学

剪辑在电影艺术初创时期称为电影剪接，偏重于技术性，是现代电影剪辑工作发展史的初级阶段。电影剪辑的名称是电影逐步成为一种艺术形式后形成的，电影的剪辑工作是通过镜头组接的技术与技巧完成电影视听艺术的剪辑任务。在当代，日益丰富的视听传播载体及种类繁多的视听获取媒介不断地细分着剪辑的适用层级、拓展着剪辑的应用领域，此时的剪辑早已不是仅为电影艺术创作而服务的单一工种，它被赋予了多元化、层级化的内涵属性。影视剪辑是将影视素材分解组合成为有一定艺术价值作品的编辑过程，是对原始拍摄内容进行的二次创作，影视剪辑的作用是在不改变影视作品主题的情况下，通过改变影视作品的叙事节奏、空间构造、时间构造来促成更为优质的视听效果。影视剪辑可以广泛应用于电影、电视剧、广告、宣传片、动画和短视频等作品的创作中，其意义在于经过影视剪辑的作品，故事更加完整流畅、内涵更加丰富多样、主题更加鲜明生动，具有强烈的艺术感染力。

8.2.2 岗位技能

具备中级能力的岗位人员在现实工作中，需要具备摄影摄像仪器设备的识别能力及基础功能使用能力，精通一款非线性编辑软件及常见外挂插件，熟练进行视频剪接编辑、声效合成、镜头转场及合成发布等操作，熟练运用一款图像处理软件进行画面调整及视效优化。

1. 仪器设备使用

熟悉市场中常见的摄影摄像仪器设备品牌，了解影像技术的起源与发展，了解数码相机和数码摄像机常规功能和使用方法，掌握影像的曝光用光、影像画面构图、摄像的镜头运用等方法。

2. Premiere技术应用

Premiere是Adobe公司研发的非线性视频创作编辑类软件，它能高效对接各类品牌规格的摄影摄像仪器设备，能够输出各类影音格式，适用发布作品的各类应用平台。Premiere是目前受众群体最广泛、面向领域最全面的非线性编辑软件。

具备中级能力的岗位人员应清晰认知Premiere软件知识和底层逻辑，能够熟练应用Premiere软件中界面调整、常用操作、视频剪辑、视频效果、视频过渡、调色、抠像、音频效果、关键帧动画、文字、作品输出等功能，主导短视频、商业宣传片、电视节目等类型的项目活动，并就项目现实要求完成制作。

3. Photoshop技术应用

Photoshop是Adobe公司研发的图像制作编辑类软件，它能精准对接并协助各类商用/家用领域进行图像的优化、调色、抠像、修图等现实功能的实施，是各类创意设计行业必不可少的设计辅助软件。Photoshop是目前受众群体最广泛、面向领域最全面的图像制作编辑软件。对于从事视频剪辑工作的从业者来说，熟练应用Photoshop软件能够极大地提升其工作效率。

具备中级能力的岗位人员应清晰认知Photoshop软件知识和底层逻辑，能够熟练运用Photoshop软件中界面调整、常用操作、抠像、调色、文字、图像效果等功能，协助视频制作工作过程中需要用到的各类图像画面的修改完善及制作生成。

8.3 标准化制作细则

具备中级能力的岗位人员在现实工作情况中涉及较多的岗位执行，具体表现为：跟组进行项目拍摄并根据拍摄内容进行一定程度的指导工作，了解常规摄影摄像器材及利用设备参与常规项目拍摄活动；将拍摄内容和收集素材进行分拣归类，根据分镜头脚本熟练进行视频内容的剪辑合成及声效置入；根据现实工作需求进行部分镜头内容的完善/制作工作；熟练应用图像处理软件对工作环节中需要用到的图文素材进行制作编辑或优化修改。

8.3.1 仪器设备使用

在使用仪器设备时需要做到以下几点：

- 熟悉常见摄影摄像仪器设备的价位品牌、规格型号及主要功能的基本操作。掌握拍摄过程中设备把持稳定的方法，初期以固定镜头拍摄为主，确保拍摄画面的稳定性，使用手动功能进行亮度调整、焦距调整等功能。充分掌握数码摄像设备的光圈、快门、曝光、IOS（感光度）等参数及参数在现实工作环境中的基本调节方法。
- 熟练掌握室内外用光知识并能合理进行影棚及拍摄环境中常见布光处理。掌握商业摄像的影棚灯、外拍灯、布光等基础知识并合理利用。以人像拍摄室内外用光为例：①掌握光的属性（光质、光强、光向、光比、光的类型）；②掌握单灯布光（鳄鱼光、蝴蝶光、三角光、阴阳光等）；③掌握多灯布光（双灯布光、三灯布光）；④掌握外景测光方法；⑤掌握外拍灯、反光板的运用等。
- 掌握影像拍摄基本方法与要领。掌握"推、拉、摇、移、甩、跟、运"等拍摄手法，了解在不同拍摄环境下各拍摄手法的运用。掌握"平、准、稳、均、清"等拍摄要领，了解在现实工作中各拍摄镜头的所需画面。根据分镜头脚本的现实需求及后期镜头剪接的制作要求在一定程度上指导拍摄工作，在镜头剪辑工作过程中能有针对性地提出镜头补拍方案。

8.3.2 Premiere技术应用

熟练掌握Premiere软件操作并能有效运用到短视频、商业宣传片、电视节目等项目的实际制作过程中。

- 理论、界面及常规操作。①了解Premiere相关理论知识：常见的电视制式、帧、分辨率、像素长宽比等；②熟悉Premiere软件界面：项目面板、监视器面板、时间轴面板、工具面板、效果控件面板等；③熟练掌握Premiere常规操作：创建项目文件（创建、打开、保存、关闭）、导入素材文件（视频素材、序列素材、PSD素材等）、编辑素材文件（导入、打包、编组、嵌套、替换等）、个性化设置（设置工作区、自定义快捷键、设置界面外观等）。

- 视频剪辑、视频特效与视频过渡。①认识视频剪辑基本流程：整理素材、初剪、精剪、完善；②熟练掌握Premiere剪辑工具操作使用（选择工具、向前/后轨道选择工具、波纹编辑工具、剃刀工具等）、监视器面板中素材剪辑（添加标记、设置素材入点和出点、提升和提取快速剪辑等）；③基本熟悉各类视频效果的添加与设置：扭曲类视频效果（边角定位定义画面适配、镜像效果制作对称影像画面、偏移效果制作滑动的影视转场等）、模糊与锐化类视频效果（方向模糊、高斯模糊、锐化等）、生成类视频效果（镜头光晕、网格、闪电、渐变等）、风格化类视频效果（马赛克、Alpha发光、复制、阈值、百叶窗、查找边缘等）；④基本掌握各类视频转场过渡效果的编辑操作：3D运动类过渡效果、划像类过渡效果、擦除类视频过渡效果、沉浸式视频类过渡效果、溶解类视频过渡效果、内滑类视频过渡效果等。

- 关键帧动画、字幕、音频与作品输出。①了解关键帧动画概念、熟练掌握关键帧动画设置操作：创建关键帧、移动关键帧、删除关键帧、复制关键帧、关键帧插值等；②掌握基本的文字创建、字幕创建：字幕面板（字幕栏、字幕动作栏、标题属性栏、标题样式栏等）、字幕栏（字体列表、字体类型、字体大小、字体间距等）、字幕工具箱（选择工具、旋转工具、文字工具、路径文字工具、垂直文字工具、钢笔工具等）；③掌握基本的音频设置与操作：效果控件中默认的音频效果（旁路、级别、声道音量、声像器等）、为音频添加关键帧、声音的淡入淡出效果等；④熟练掌握影像文件输出操作：输出预览（源选项、输出选项）、导出设置（格式、预设、注释、摘要等）、扩展参数（效果、音频、视频、字幕、发布等）、渲染常用的渲染格式（输出AVI格式、音频格式、抖音三屏视频格式、静帧序列格式、小视频格式等）。

- 视频调色、颜色校正。图像/视频元素的色调与画面是否匹配会直接影响到作品的视觉呈现，具备中级能力的岗位人员在进行视频后期处理时应具备一定的调色处理能力，能够有效通过色彩的调整使图像/视频元素较好地融合到画面中。①通过项目实际操作积累经验逐步达到对曝光过度、亮度不足、画面灰暗、色调偏色等视频画面的有效辨识；②掌握调色面板功能，通过调色增强视频画面的视觉效果，丰富画面情感，打造出风格化的色彩呈现；③掌握视频效果面板中图像控制类视频调色功能（灰度系数校正、颜色平衡、颜色过滤、黑白等）；④掌握视频效果面板中过时类各项调整功能（RGB曲线、RGB颜色校正器、三向颜色校正器、亮度曲线、亮度校正器、快速模糊、自动对比度、阴影/高光等）。

- 抠像。抠像是指主体对象在绿色或蓝色背景中表演，然后通过Premiere等后期软件抠除绿色或蓝色背景，更替为更合适的背景画面，使主体对象可以和背景很好地合成在一起，制作出具有一定视觉冲击力的画面呈现效果。在影视制作过程中，抠像不局限于绿色或蓝色的背景颜色，而是任何与演员服饰、妆容等能够充分区分开的纯色都可以实现抠像。抠像过程中可以添加相应的前景元素，使其与原始图像画面相互融合，形成两层/多层画面的叠合显示，以达到丰富的层次感和多变的合成视觉艺术效果。抠像效果依赖于视频效果面板中的键控功能项：Alpha调整、亮度键、图像遮罩键、差值遮罩、移除遮罩、超级键、轨道遮罩键、非红色键、颜色键等。相关人员需要根据现实工作情景熟练遴选/组合相应功能及调控参数，进行项目实施。

8.3.3 Photoshop技术应用

对于Photoshop技术应用应掌握以下几点：
- 图像文件的分类与整理：①熟练应用Photoshop软件进行图像素材的批量重命名、批量文件格式更改、批量图像尺寸及质量大小更改等；②能够根据现实工作需求进行序列图像素材的整理输出。
- 图像文件的修改与优化：①熟练应用Photoshop软件进行各类适用图像素材的裁切、抠像、边缘羽化、像素化、各类画面风格化设置等；②能够根据现实工作需求对图像素材的画面亮度、对比度、色相、明暗等进行合理调整。
- 图像文件的设计与制作：①能够根据现实工作需求面向造型、效果、内容、表现等进行图像制作；②能够根据现实工作需求面向符号、图标、文字、画面等进行基础性图像设计。

8.4 岗位案例解析

1. 案例内容

根据提供素材（如图8-1所示，视频文件请扫码下载），对照范例视频进行定格卡点视频剪辑制作，具体要求如下：

使用标记工具记录视频素材需要定格的位置；使用比例拉伸工具调整视频素材的速度；对视频素材进行帧定格操作；为定格的视频素材添加黑白效果；合理适配音频素材文件；完成视频合成输出。

第 8 章　镜头剪辑

图8-1　素材内容

2. 案例步骤

开启Premiere软件执行新建项目命令，新建一个项目。执行文件导入命令，导入全部的素材文件，如图8-2所示。

图8-2　导入全部的素材文件

在项目面板中将名为配乐.mp3的素材文件拖动至时间轴面板中A1轨道上，如图8-3所示。按播放键聆听配乐、感受配乐的旋律与节奏，对照范例视频的片长将时间线滑动到合适的位置截取部分配乐，使用剃刀工具在时间线位置进行剪辑，使用选择工具选择剪辑后的后半部分音频素材将其进行删除，如图8-4所示。

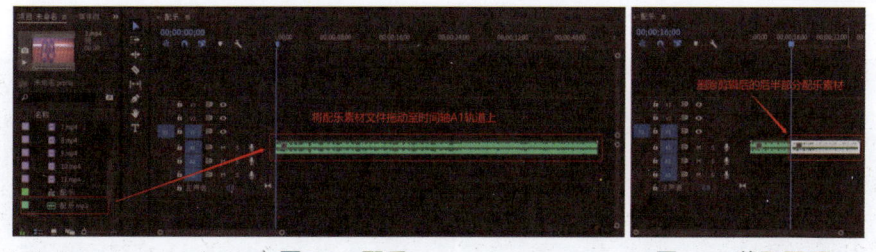

图8-3　配乐　　　　图8-4　截取配乐

将时间线拖动到起始帧位置，按播放键再次聆听剪辑后的配乐，找到配乐中节奏感较为强烈的位置，进行快速添加标记的操作，直至配乐播放结束，共添加了11处标记，如图8-5所示。

对已有快速标记的颜色进行更改，方便区别后续制作过程中继续添加的标记。双击添加的快速标记，打开标记窗口，将标记颜色设置为红色，如图8-6所示。重复同样的操作更改其他标记颜色，此时时间轴面板中的标记颜色显示如图8-7所示。

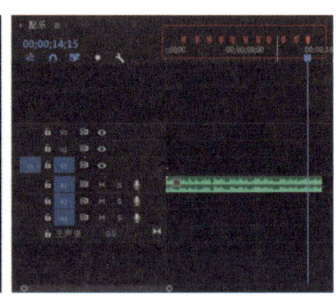

图8-5　标记配乐　　　　　图8-6　设置标记颜色　　　　　图8-7　更改其他标记颜色

单击选择第一个红色标记，按住键盘Shift键的同时按下键盘向右键，该操作可以将时间线向右移动5帧。连续按下三次后，此时的时间线位置较初始位置向右移动了15帧，在当前位置通过按下快捷键M进行标记，如图8-8所示。重复同样的操作，在其他红色标记的右边15帧的位置添加新的标记并更改其标记颜色为绿色，如图8-9所示。

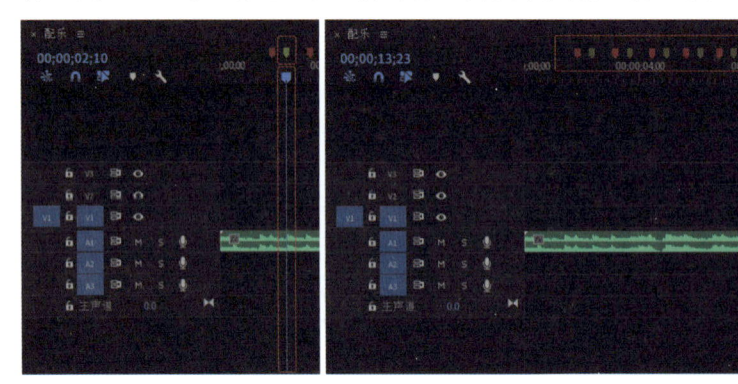

图8-8　标记　　　　　　　　　　　图8-9　更改标记颜色

在项目面板中将名为1.mp4的素材文件拖动到时间轴面板V1轨道上，如图8-10所示。将时间线移动到第一个绿色标记位置，然后使用比例拉伸工具，选择V1轨道上的1.mp4素材在它的结束位置按住鼠标左键拖动至时间线位置处，改变该素材的播放速度，如图8-11所示。

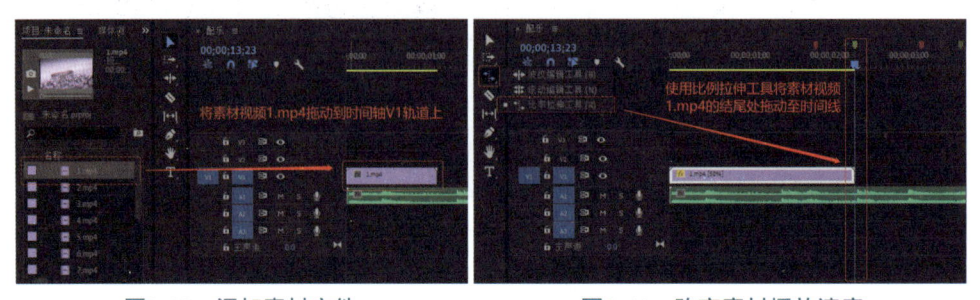

图8-10　添加素材文件　　　　　　　图8-11　改变素材播放速度

继续在项目面板中将名为2.mp4的素材文件拖动到时间轴面板中1.mp4的素材后面，

将时间线移动到第二个绿色标记位置,选择并使用比例拉伸工具将2.mp4素材的结束位置拖动至时间线位置处,如图8-12所示。重复同样的操作依次按序制作其他视频素材,如图8-13所示。

图8-12　拖动素材位置　　　　　　图8-13　重复操作

进行帧定格操作。单击第一个红色标记,时间线跳转到该红色标记位置,选择V1轨道上的第一个视频素材,右击在弹窗中执行添加帧定格命令,如图8-14所示。此时在时间线位置自动进行素材剪辑操作,该段视频的播放呈现效果为前半部分是动态画面、后半部分是静止的帧定格画面,如图8-15所示。重复同样的操作依次按序为后面所有的视频素材执行该命令。

图8-14　添加帧定格　　　　　　图8-15　呈现效果

在效果面板中查找黑白选项,将其拖动到红色标记与绿色标记中间的素材上,如图8-16所示。

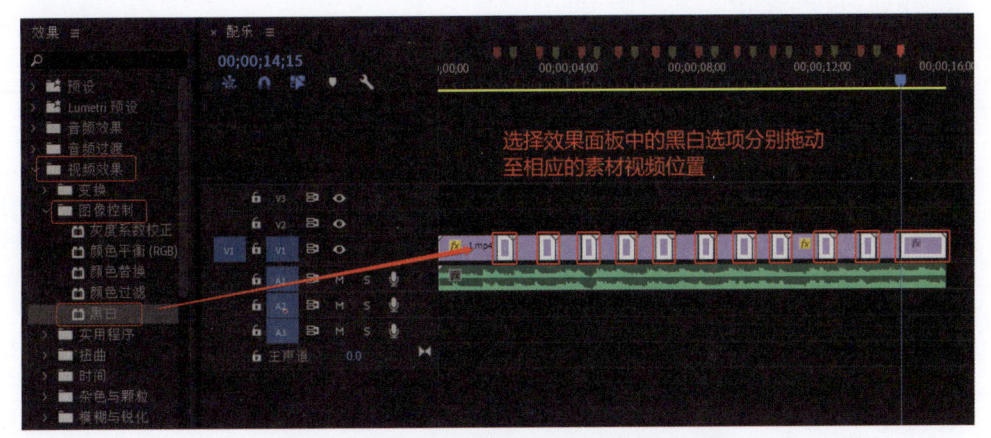

图8-16　将黑白选项拖动至相应的素材位置

本案例制作部分完成,可以通过来回拖动时间线查看效果。选择菜单中的"文件→

导出→媒体"进行视频输出，或者使用快捷键Ctrl+M打开导出设置，根据需求对该面板中各项参数进行设置后导出成片。

输出规格：640像素×480像素、30帧/秒、MP4格式。

3. 案例解析

- 该案例包含剪辑、转场、特效、输出等视频剪辑制作全流程内容，整体难度适中，适合中级能力岗位人员学习；
- 该案例视频素材内容体量适中，脚本逻辑与剪辑思路清晰易懂，在局部剪辑与构成上具备一定的自主创作空间；
- 该案例视频剪辑操作部分内容较多，体现了剪辑技能的应用，强调了剪辑制作的规范性；
- 该案例视频转场过渡、特效等部分内容制作带有明确指向性，其体量与内容满足视频输出的观赏性和完整度，同时为后续内容的学习进阶提供了基础保障；
- 该案例融入了音频剪辑与适配的考核元素，在配乐卡点、声画适配、节奏把控等方面提出了更高层次的内涵要求，考核层级从较为基础的复刻制作提升到对视频内容的自主理解，从标准量化的参数考核拓展到多元化的视听呈现考核。

8.5 实操考核项目

本章项目素材可扫描图书封底二维码下载。

1. 项目一

用考题提供的素材，根据考题视频展示要求，进行内容制作。

建议用时：45分钟。

提交内容：工程源文件和输出MP4文件。

难度：★★。

考核目标：辨识考题视频描述的内容，按要求规范化制作。

考核重点和难点：

重点：对软件功能剪辑、变速剪辑的理解掌握；

难点：对考题视频中涉及的剪辑效果进行快速辨识与判断，对视频画面与音效进行衔接匹配。

考核要素：

功能点：高斯模糊、基本3D、关键帧设置、适配音效等视频剪辑操作；

还原度：视频剪辑制作的效果与考题视频比对的达成度；

规范性：工程文件制作与输出文件内容是否规范。

参考答案：参照考题视频。

2. 项目二

用考题提供的素材，根据考题视频展示要求，进行内容制作。

建议用时：60分钟。

提交内容：工程源文件和输出MP4文件。

难度：★★★。

考核目标：辨识考题视频描述的内容，按要求规范化制作。

考核重点和难点：

重点：对软件功能剪辑、变速剪辑的理解掌握；

难点：对考题视频中涉及的剪辑效果进行快速辨识与判断，对视频画面与音效进行衔接匹配。

考核要素：

功能点：比例拉伸、帧定格操作、黑白效果、适配音效等综合剪辑操作；

还原度：视频剪辑制作的效果与考题视频比对的达成度；

规范性：工程文件制作与输出文件内容是否规范。

参考答案：参照考题视频。

3. 项目三

用考题提供的素材，根据考题视频展示要求，进行内容制作。

建议用时：60分钟。

提交内容：工程源文件和输出MP4文件。

难度：★★★。

考核目标：辨识考题视频描述的内容，按要求规范化制作。

考核重点和难点：

重点：对软件功能剪辑、变速剪辑的理解掌握；

难点：对考题视频中涉及的剪辑效果进行快速辨识与判断，对视频画面与音效进行衔接匹配。

考核要素：

功能点：比例拉伸、帧定格操作、黑白效果、适配音效等综合剪辑操作；

还原度：视频剪辑制作的效果与考题视频比对的达成度；

规范性：工程文件制作与输出文件内容是否规范。

参考答案：参照考题视频。

8.6 评分细则

中级考题根据考察内容分为工程文件、输出视频两类,两类总分为该题考核总分。具体评分参照考题要素。

工程文件评分细则如下。

- 工程文件规范,占该题总分的20%,考核点包括提供素材运用是否完整、剪辑逻辑是否合理、其他细节部分等。
- 工程文件内容,占该题总分的30%,考核点包括时间线卡点是否精准、考题视频中涉及的效果体现是否有遗漏、视频与音频适配是否吻合等。
- 文件规范,占该题总分的10%,考核点包括提交文件格式、命名是否符合考题要求等。

输出视频评分细则如下。

- 输出视频内容,占该题总分的30%,考核点包括视频整体呈现效果、与考题视频比对达成度、画面效果细节等。
- 输出视频规范,占该题总分的10%,考核点包括提交文件格式、命名是否符合考题要求等。

第 9 章 视效合成

中级视效合成在初级基础上，对于动效、3D文字、抠像、跟踪等重要环节都有更高的要求。从业人员在影视、动画、游戏、VR等主要应用领域有各自的工作流程和技术重点。

培养目标

本章要求掌握视效合成的规范标准和操作技能，具备良好的造型设计能力，能够高效、规范地完成项目中的动画、3D文字、抠像、跟踪以及商业项目中各类常规视频开头、结尾等模块的制作。

就业面向

主要面向影视、动画、游戏、VR交互、广告、栏目包装、产品设计等领域，从事专业的动画、3D文字、抠像、跟踪及调色等工作。

9.1 岗位描述

9.1.1 岗位定位

该模块对应的岗位主要为数字合成师、调色师和后期制作总监等。

数字合成师：运用数字合成软件，从事影像素材处理与合成、特殊视觉效果设计与创作。

调色师：为场景设置灯光并渲染。

后期制作总监：制定录音进度表，处理胶片，录制、编辑和传输视频。

各岗位人员须熟悉职场基本守则与行为规范，以及公司的规章制度。

9.1.2 岗位特点

中级能力的岗位专业技术较强，和初级相比，考生须熟练掌握岗位要求的专业技能。

视效合成岗位的特点如下。

- 理解主管领导的要求与意图，充分还原导演或者制片的制作效果。熟练掌握相关制作技能与软件工具。在项目工作中须严格遵守项目规范，独立、高效地完成本职工作。
- 熟悉视效合成项目的标准化流程和规范性操作，完成本职工作的同时，较好地与其他环节人员沟通对接。
- 制作项目具有一定的复杂程度，难度中等。例如，数字合成师须合成较真实的视频、合理优化视频等；调色师须准确地调出与环境相关的色调等。
- 对美术素质要求较高，需要具有良好的审美意识和造型能力，在制作中运用工作与生活中的观察和积累。

9.1.3 工作重点和难点

工作重点在抠像、跟踪。这两项在影视、动画、广告等行业中的作用和地位非常关键。抠像和跟踪具有复杂的程序，但在使用中又具有广泛性。

另外一个重点在于熟练掌握各项专类技术，如CGI合成、图像融合等。无论从事哪类具体岗位，中级制作对象的复杂度和工作量明显高于初级。合格的从业人员须能在规定时间内高效完成工作任务，具备过硬的专业技术。

工作难点在于对动态视频抠像、不同环境调色等能力有较高要求。

中级阶段，无论CGI合成、图像融合、动画制作，还是视频抠像、环境调色，任何一个环节对艺术审美、软件操作等技能均有不同层面与程度的要求，需要对音频、视频、对比、变化、视觉节奏等视觉元素有敏锐的感知与理解。考生在制作方面须大量参考、分析、判断、取舍、练习，综合运用软件技能，表现较为精美的视觉效果。

9.2 知识结构与岗位技能

视效合成所需的专业知识与职业技能如表9-1所示。

表9-1 专业知识与职业技能（中级）

岗位细分	理论支撑	技术支撑	岗位上游	岗位下游
数字合成师、CGI艺术家、调色师和后期制作总监等	1.图形图像基本理论 2.三维制作相关概念 3.相关环境光学原理 4.计算机硬件基本常识	1.良好的审美判断能力 2.图像处理技术（Photoshop） 3.调色技术（AE、PR等） 4.抠像技术（AE） 5.视频跟踪技术（AE）（2、3、4、5至少选择一项）	概念设计	数字合成师、调色师

9.2.1 知识结构

成为视效合成的中级人才，需要一定的知识储备与技术能力。

学习者在就业中级岗位之前，须完成初级课程的学习，至少掌握一款视效合成制作软件，掌握视效合成的基本知识和方法。在此基础上继续学习，并具备数字合成师、CGI艺术家、调色师和后期制作总监等专类方向的知识与软件技能，进一步提升艺术素养。

基础课程如下。

- 综合型制作软件课程。

学习并掌握一款或多款综合型制作软件，掌握基本知识、工作流程和方法。

- 美术类课程。

学习色彩相关的美术基础课程，训练并提升观察能力及审美判断能力等。

- 计算机硬件常识。

了解项目相关设备、业内常用设备，掌握最基本的计算机硬件知识。

9.2.2 岗位技能

中级从业人员须具备两方面的岗位技能：美术技能和软件操作技能。

数字合成师须具备的美术技能如下。

- 基本美术能力，包括良好的观察能力，能准确分析、理解视频画面，并对形体、色彩以及光影等变化有细微的观察与辨别能力；对体积、空间、层次等基本美术元素有敏锐的审美感知及塑造表达能力；一定的审美判断能力，能对原素材进行一定程度的优化，对于原素材中的不合理元素进行合理调整。
- 把握常见的视频剪辑、合成风格，对类型风格有准确的理解和表现。

数字合成师的软件技能要求为掌握一款主要制作软件（如AE），并熟悉以下技能：

- 基本操作，包括视图与文件操作、素材导入导出等。
- 基本功能，包括常用笔刷、遮罩、调出面板、添加效果等操作。

调色师须具备的美术技能有：

良好的观察能力及色彩感受能力；在色调、层次、疏密、对比等视觉感知方面有较好的审美意识；了解常用环境或者人物的视觉特性，如春、夏、秋、冬、白天、黑夜的光线调整等，能准确还原场景中的质感与色彩。

调色师的软件技能要求为掌握一款主要制作软件（如AE），熟悉以下技能：

- 基本操作，包括视图与文件操作、素材导入导出等。
- 基本功能，包括常用画笔、遮罩、添加效果等操作。

9.3 标准化制作细则

9.3.1 合成制作规范

- 规定时间内完成规定的工作量；
- 对动画序列帧的输出渲染，有必要的部分，必须分层输出。对动画和场景的检查职能，保证动画和场景不存在问题没有错误，符合分镜和设计稿（问题逐级积压到最后，要主动地发现问题，即使是前面环节遗留的，请联系制片部门由制片部门安排人员协商解决，把错误的地方登记到《后期记录动画错误单》里面，如果制片部门说这个错误先放过后面修改，请在备注里面填写"制片已过，后面修改"，如果自己解决了或制片部门来解决了此问题，请在备注里面填写"后期环节已修改"，请及时做记录。）；
- 动画和场景的合成对位构图正确，人物和环境前后遮挡关系正确，符合分镜和设计稿，不存在对位、透视、比例的问题，有空间层次感；
- 镜头的运动（推、拉、摇、移、跟、升降镜头和综合运动镜头等）符合分镜和设计稿，能够表现时间流动感和空间移动感，营造正确的人物、环境气氛，并且与前后镜头的连接正确顺畅，镜头的运动具有强烈的视觉冲击力，有个性化的剪辑意识，镜头感和节奏感强；
- 实现色彩的校正和调整，色调能够表现时间感（如营造春夏秋冬、清晨、中午、傍晚、夜晚的环境等），营造正确的环境氛围（如欢快、喜庆、阴森、恐怖、神秘等），保证连场镜头（即前后镜头）色调同整场戏、整部片子的色调风格统一（特殊场次的色调需要总监、导演出大色调的标准规范，如黑森林、熊窟、圣山等特殊环境，到时可询问）；
- 合层步骤：导入的素材文件的再检查、动画与背景的对位、人物色调等其他处理、环境色调等其他处理、光线处理、特效处理、镜头运动、大色调大环境处理；
- 文件存放、文件格式和命名规范：以一个场景或者一场戏为单位建立文件夹

（如001、020、120、200），场文件夹内建立的子文件夹有动画、动画输出序列、背景（里面可再建JPG、PSD文件夹）、Fx文件、AE工程、AE输出、PRE工程、PRE输出、最终输出、Ba。动画输出序列命名规则是SC-001（场号）-001（镜头号），分层输出时每层加后缀名。AE工程命名规则是SC-001（场号），以一场戏对应一个AE工程文件，这样减轻了打开AE文件时素材的加载量，从而减轻机器的负担，使运行更快。AE输出序列命名规则是SC-001（场号）-001（镜头号）。PRE工程命名规则是SC-001（场号），以一场戏对应一个PRE工程文件，这样减轻了打开PRE文件时素材的加载量，从而减轻机器的负担。PRE输出序列命名规则是SC-001（场号）。文件格式规范是如无特殊需要，AE文件、PRE文件输出的序列文件格式全部为TGA序列，因受Flash输出限制，动画文件的输出格式只能是PNG序列；

- AE工程文件建立的具体设置：首先要对AE进行导入素材帧率的设置和合成尺寸的设置，默认为30帧每秒，我们将其（电影或动画）改成24帧每秒，下面第二步的设置只需设置一次，修改过后，以后软件会默认应用此设置，重装软件后要重新设置。AE文件内素材的规整：在AE文件内建立背景、合成、序列帧文件夹，有导入的其他素材时再建其他素材文件夹，把导入的背景文件放到背景文件夹内，导入的序列帧放到序列帧文件夹内，AE内建的合成放到合成文件夹内，其他素材放到其他素材文件夹内。

9.3.2 特效制作规范（后期、特效）

- 规定时间内完成规定的工作量；
- 对拿到的上一环节的素材（动画、背景、合成）的检查职能；
- 特效效果符合分镜和设计稿，能够表现导演的意图，营造正确的特效氛围，制作前要在脑子里有大致的最终效果图，思路越清晰，完成度越高，要多和导演和总监沟通；
- 特效风格与本片风格相统一，特效效果的色调与场景、人物的色调相统一，特效动画与人物动画衔接流畅、自然、富有设计感、不形式化；
- 特效效果要起到锦上添花的作用，特效添加得不生硬，与动画、场景融为一体，能够起到渲染气氛，增强视觉冲击力的作用；
- 特效人员从合成人员手里获取动画序列帧和背景文件，特效制作完毕后审核通过后，再发给合成人员进行合成，特效人员的特效文件要保留，不允许删除；
- 特效工程文件夹的建立：以一个镜头为单位建立文件夹，如SC-001（场号）-001（镜头号），文件夹内建立的文件夹有动画输出序列、背景、FX文件（里面存放如AE文件、Maya文件等制作特效的文件）。FX镜头输出、特效文件输出序列命名规则是SC-001（场号）-001（镜头号），如无特殊需要输出的序列文件格式为TGA序列；
- 特效人员如果使用AE软件制作特效，同样也要注意合成规范里面第7条的设置。

9.3.3 审核标准

- 合成人员、特效人员规定时间内工作量的完成度；
- 合成人员、特效人员是否执行了对上一环节的检查职能；
- 合成人员、特效人员的工作质量是否达到并符合上文的制作规范要求；
- 合成人员、特效人员在制作工程中是否具有独到的见解、新技术的开发和创新意识。

9.3.4 工作职责

合成人员、特效人员的工作职责就是严格按照上面的制作规范完成工作。

9.3.5 AE的主要功能

AE的主要功能有如下几种。
- 图形视频处理：可以高效且精确地创建多种引人注目的动态图形和震撼人心的视觉效果，拥有其他Adobe软件没有的2D和3D合成功能，以及数百种预设的效果和动画。
- 路径功能：就像在纸上画草图一样，使用Motion Sketch可以轻松绘制动画路径，或者加入动画模糊。
- 特技控制：可以使用多达几百种的插件修饰或增强图像效果和动画控制，可以同其他Adobe软件和三维软件结合。在导入Photoshop和Illustrator文件时，保留层信息。
- 高质量的视频：支持从4×4到30000×30000像素分辨率，包括高清晰度电视（HDTV）。
- 强大的特效插件：AE特效常用插件介绍如表9-2所示。

表9-2 AE特效常用插件

序号	类别	插件名称	插件介绍
01	云、天空	sapphire render >S_clouds	蓝宝石>云
		AuroraAE55	制作星空
02	光	effect>魔幻眩线	线条效果
		light factory	灯光厂
		effect>transition>cc light wipe	字幕扫光效果，灯光擦除。专门用于制作字幕切换效果
		Trapcode>starglow	光效
		Trapcode>shine	光效
		effect>stylize（风格化）>glow	辉光
03	抠像	effect>Keying>Keylight	抠像插件
		Color difference key	
04	校色	effect>color correction（色彩校正）>color balance（hue色相、lightness亮度、saturation饱和度）	色彩平衡
		effect>color correction>hue/saturation	色相/饱和度
		effect>color correction（色彩校正）>tint	浅色调
		layer>blending mode（混合模式）>color dodge	颜色减淡
		effect>generate >ramp	渐变
		effect>color correction>colorama	彩色光
05	音乐		
06	三维	Zaxwerks>invigorator	三维模型、文字设立
07	文字		
08	风		
09	水、雨	effect>Atomic Power> Psunami effect>Red Giant Psunami> Psunami	海洋滤镜
		effect>simulation（模拟仿真）>wave world	水波世界
10	雷、电	sapphire render >S_zap	蓝宝石>闪电
		sapphire render >S_zap to	蓝宝石>多个闪电
11	冰、雪	AlphaPlugins> IcePattern	冰雪插件
12	火		

续表

序号	类别	插件名称	插件介绍
13	变形、扭曲	Zaxwerks>3d flag	制作红旗
		sapphire stylize>S_TileScramble	蓝宝石>拼、分：图效果
		Distort>cc page turn	书翻页效果
		effect>distort>polar coordinates（极坐标）	极坐标到直线坐标（polar to rect），直线坐标到极坐标（rect to polar），如果用于固态层，需要将固态层建得比合成要大，因为使用此特效后固态层会变小
		effect>stylize（风格化）>Roughen Edges	粗糙边缘，它主要用来创建腐蚀、斑驳的效果，在表现一些老旧效果时，它尤其有用
		effect>sapphire distot>S_WarpBubble	产生随机腐蚀边缘的效果，属于蓝宝石插件
		effect>Distor> Turbulent Displace	紊乱置换
		effect>distort>warp	三维扭曲
		effect>distort>wave warp	水波扭曲
		effect>distort（扭曲）>displacement map	置换映射
		distort>cc power Pin	设置透视
		effect>distort（扭曲）>liquify	液化
14	粒子	effect>simulation（模拟仿真）>cc particale world	粒子仿真世界
		effect>Trapcode>particular（粒子）	发射器（emitter）
15	老电影效果		

AE常用插件如下：

（1）effect >obsolete（旧版本）>basic 3d（基本3d）。

（2）effect>generate（生成）>fill（填充）。

（3）effect>blur&sharpen（模糊与锐化）>fast blur（快速模糊）。

（4）effect>color correction>equalize（色彩均化：自动以白色取代图像中最亮的像素；以黑色取代图像中最暗的像素；平均分配白色与黑色间的阶调，取代最亮与最暗之间的像素）。

（5）effect>color coreection>exposure（曝光，提高光感和层次感）。

（6）effect>keying>color difference key（颜色差异键）。

（7）effect>keying>color range（颜色范围）。

（8）effect>keying>spill suppressor（溢出抑制）。

（9）effect>simulation>caustics（焦散）。

（10）effect>noise&grian（噪波与颗粒）>fractal noise（分形噪波）。

（11）effect>distort>bezier warp（贝塞尔曲线）。

（12）effect>stylize>motion tile（动态平铺）。

（13）effect>trapcode>3d stroke（描边）。

（14）effect>stylize>cc glass（CC玻璃，利用指定的贴图做置换，产生立体的特效，可产生动态立体的光影变化）。

（15）effect>perspective（透视）>drop shadow（阴影）。

（16）effect>RE：Vision plug-ins>reelsmart motion blure（运动模糊效果）。

（17）effect>matte>simple choker（简单抑制，可以去掉一些白边）。

（18）effect>paint>vector paint （绘制）。

（19）effect>tinderbox（第三方插件，制作各种风格化以及仿真效果）。

（20）effect>generate >stroke（描边）。

（21）effect> transition（过渡）> gradient wipe（渐变擦除）。

（22）effect>simulation>card dance（卡片舞蹈）。

（23）effect>transition >block disolve（块溶解）。

（24）effect>time>time difference。

（25）effect>transition >linear wipe（可以设置裁剪）。

（26）effect>generate>ramp（渐变）。

（27）effect>transition>liner wipe（类似遮罩）。

（28）effect>generate>stoke（可以设置线，其中spacing可以设置类似蚂蚁线效果）。

9.4 岗位案例解析

9.4.1 3D化

9.4.1.1 文字3D化

1）逐字3D化文本

在合成中建立一个简单的空间场景，包括平面、3D文字和摄像机。

（1）在文字层下的动画菜单中选择"位置"添加一个动画制作工具，如图9-1所示。

（2）在动画制作工具1下的"属性"中添加"旋转"，这时在范围选择器下只有位置和旋转，如图9-2所示。

（3）在动画中启用逐字3D化，如图9-3所示。

这时前面添加的两个属性就会从二维变成三维。

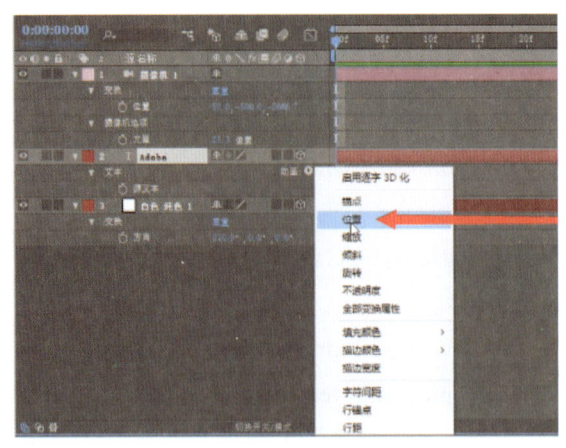

图9-1 添加动画制作工具

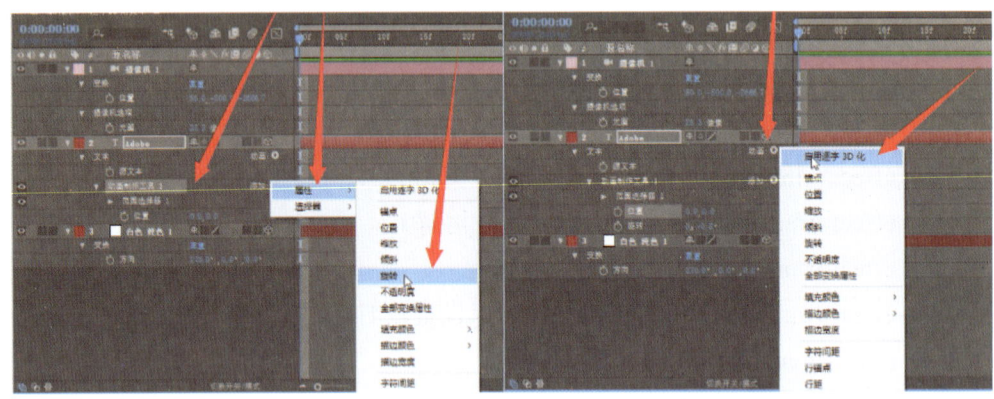

图9-2 修改属性　　　　　　图9-3 启用逐字3D化

此时，设置位置参数（400.0、0.0、400.0）和Y轴参数（-1、0）以及范围选择器下的偏移关键帧（第0帧为0，第3秒时为100），逐字3D化的效果就完成了，如图9-4所示。

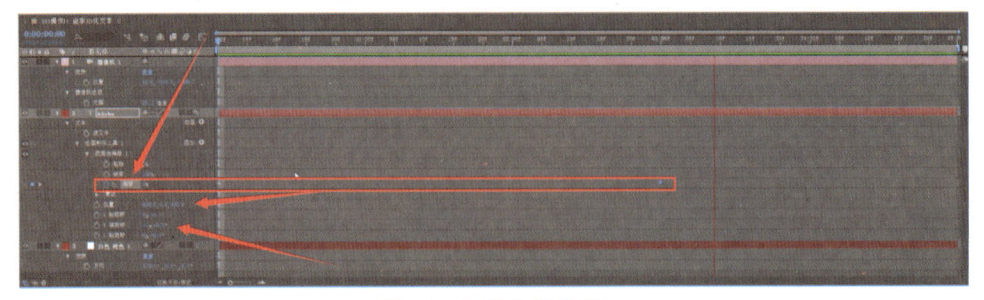

图9-4 设置位置参数

2）逐字3D化标题动画

在场景中建立2D的背景层、3D的空间文字、条块层、摄像机和灯光。

（1）在动画菜单中启用逐字3D化，如图9-5所示。

（2）在文字层下的动画菜单中选择"位置"，并设置位置参数（0.0、50.0、-500.0），如图9-6所示。

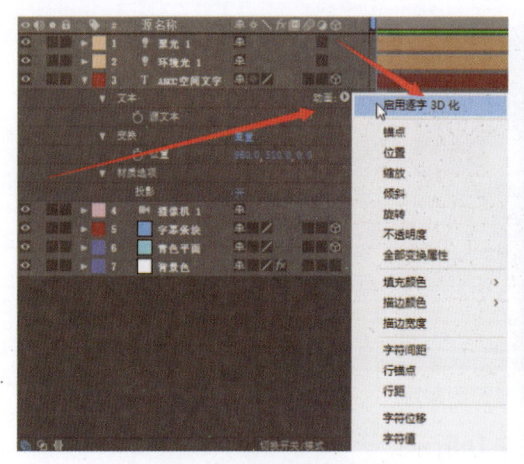

图9-5 启用逐字3D化　　　　　　图9-6 设置位置

（3）在动画制作工具属性中添加"旋转"并设置位置参数（X轴：0.0、90.0，Y轴：1.0、0，Z轴：0.0、0.0），如图9-7所示。

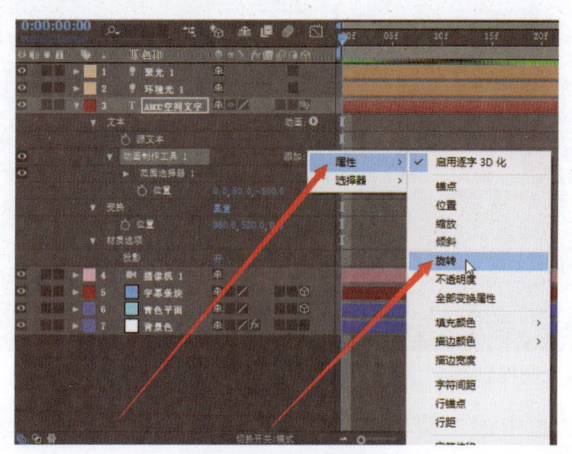

图9-7 添加旋转

（4）设置范围选择器下的偏移关键帧（第0帧为-100，第4秒时为100），高级下形状为上斜坡，如图9-8所示。

图9-8 补充设置

3）空间圆形路径上的3D文本

（1）在合成中放置一个2D的星空、3D的星球图层，调整大小效果；

（2）新建文本层并选中文本层，添加椭圆蒙版并调整大小，如图9-9所示；

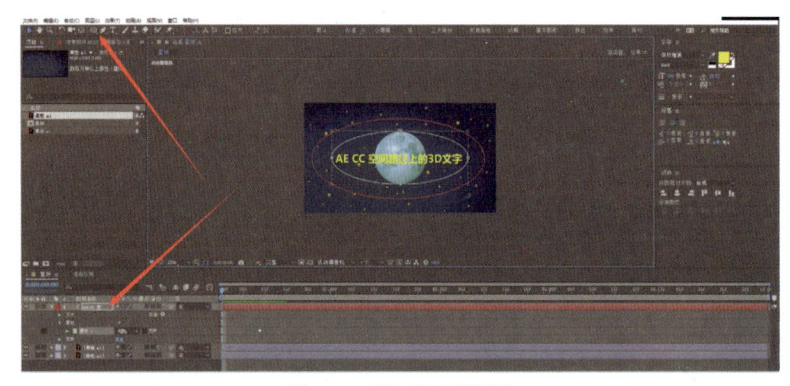

图9-9 添加椭圆蒙版

（3）文字层下的路径选择蒙版1，如图9-10所示；

（4）打开3D开关并调整变换下的参数（X轴旋转：0.0、290.0，Y轴旋转：0.0、0.0，Z轴旋转：0.0、0.0），如图9-11所示；

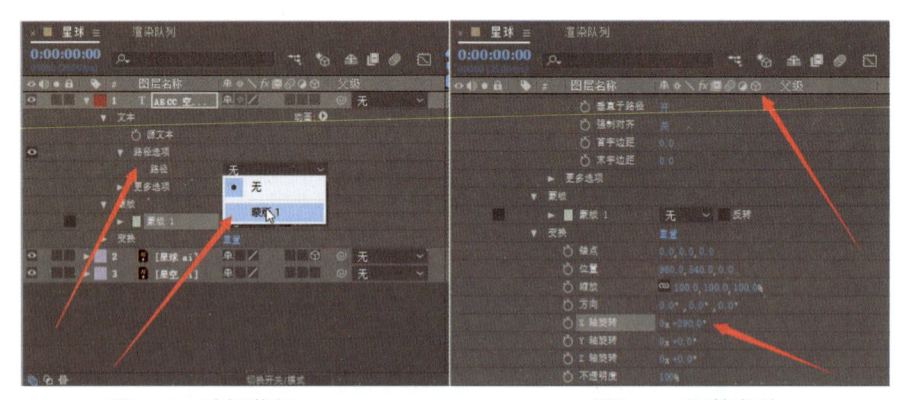

图9-10 选择蒙版1　　　　　　图9-11 调整参数

（5）在文字层动画中添加旋转，如图9-12所示，然后启用逐字3D化并调整范围选择器下的参数（X轴旋转：0.0、90.0，Y轴旋转：0.0、0.0，Z轴旋转：0.0、0.0），调整路径选项下的首字边距参数（第0帧为2300，第4秒为0），如图9-13所示；

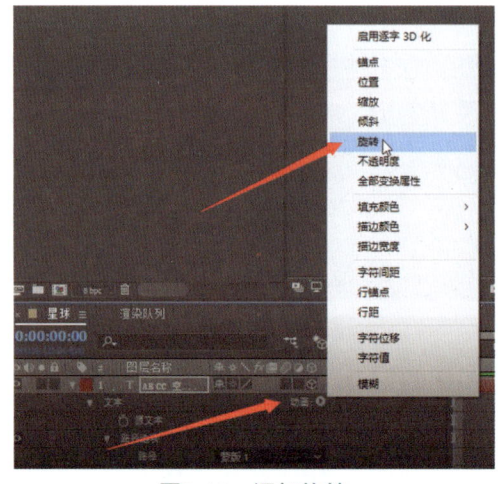

图9-12 添加旋转

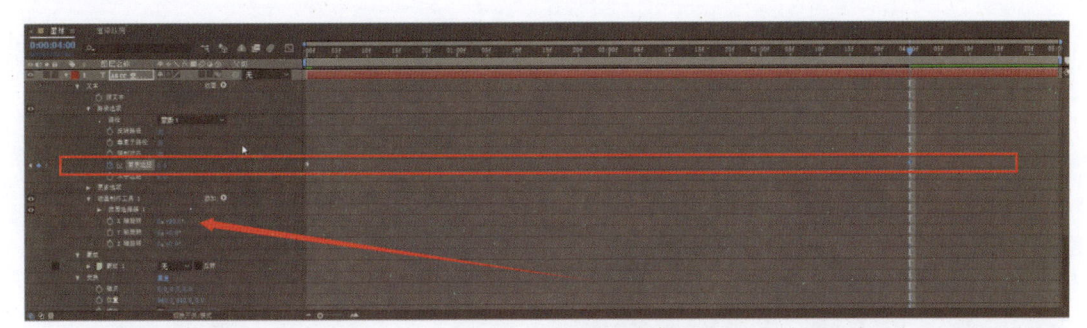

图9-13 设置参数

（6）在文字层动画中添加不透明度，设置不透明度为0，并调整范围选择器下的偏移（第0帧为0，第2秒为100），如图9-14所示。

图9-14 设置参数

4）空间转折曲线路径上的3D文本

在合成场景中有平面、3个立方体、摄像机和灯光。

（1）新建文字层并打开3D开关，调整方向参数（270.0、0.0、0.0），然后切换顶部视图，如图9-15所示；

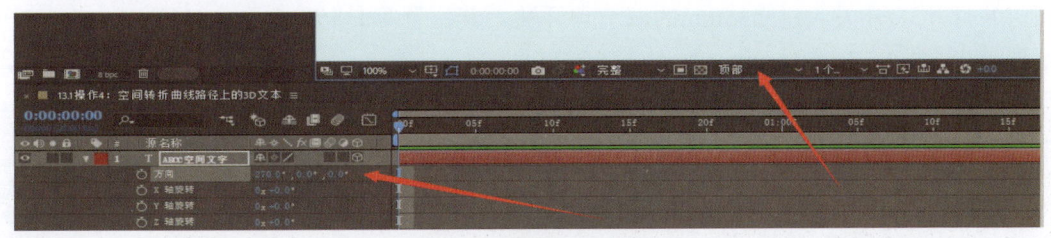

图9-15 调整方向参数

（2）选择钢笔工具绘制曲线路径，然后切换活动摄像机视图，如图9-16所示；

（3）将文本图层下的路径选项改为蒙版1，动画菜单中启用逐字3D化，同时添加旋转并调整范围选择器下的参数（X轴旋转：0.0、90.0，Y轴旋转：0.0、0.0，Z轴旋转：0.0、0.0）以及路径选项下的首字边距（第0帧为-1300，第4秒为220），如图9-17所示。

动画制作（中级）

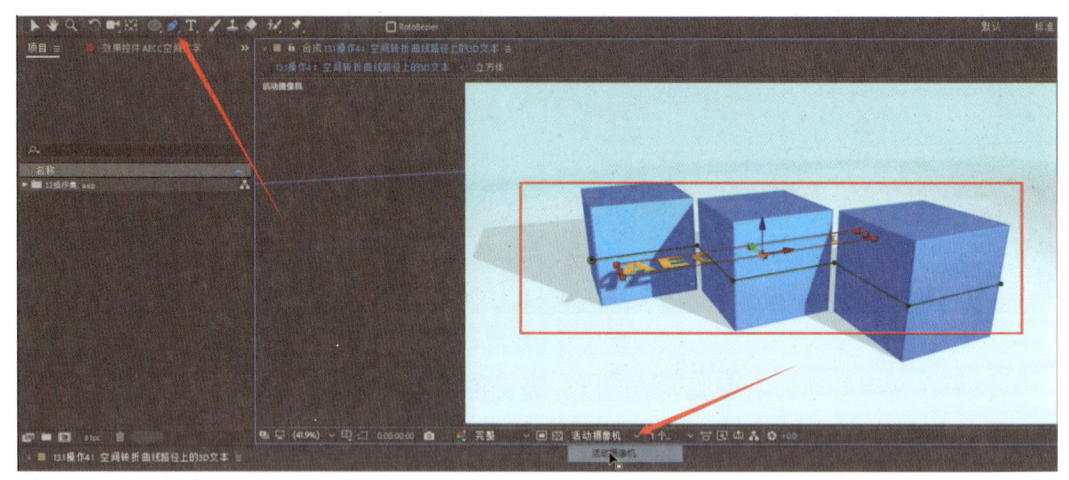

图9-16　绘制曲线路径

图9-17　补充设置

5）三维文字预设

（1）在合成的底层放置背景色，其上放置屏幕背景并设置图层为屏幕，建立文本图层并打开3D开关，建立35mm的双节点开关，其位置第0帧为960.0、540.0、-1800.0，结尾处为960.0、540.0、0.0，如图9-18所示；

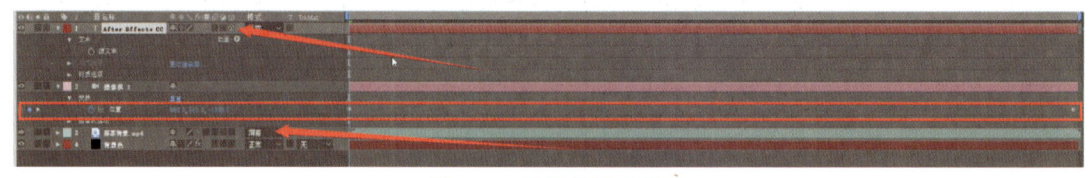

图9-18　设置位置参数

（2）选择文本图层，在动画菜单中选择"浏览预设"，在路径Text/3Dtext中找到"3D随机下飞和旋转"，双击应用，如图9-19所示；

第 9 章 视效合成

图9-19 应用效果

（3）双击U键打开Animator可以看到效果；

（4）新建文本图层，打开3D开关并在1~3s设置不透明度关键帧（0—100），在合成中添加屏幕光效，图层设为屏幕。添加屏幕粒子，图层设为屏幕，调整长度，如图9-20所示。

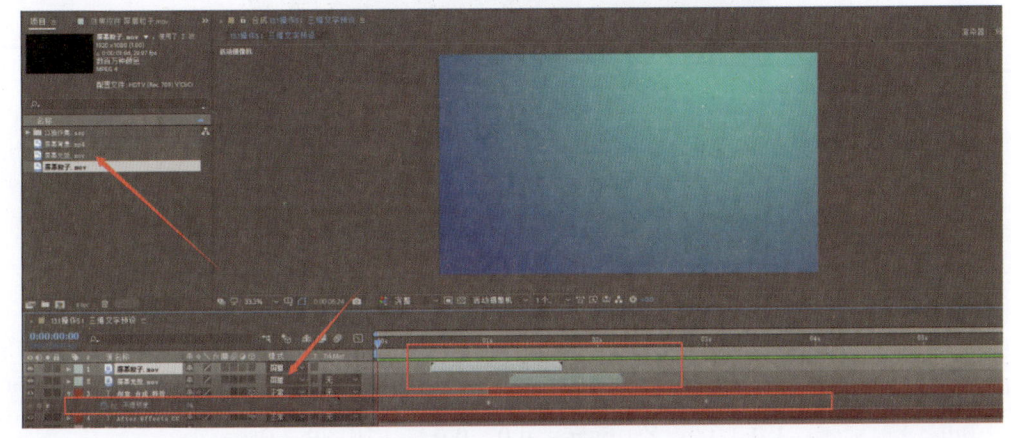

图9-20 补充设置

-293-

9.4.1.2 渲染器

1）经典渲染器

在合成设置中建立经典3D渲染器，如图9-21所示。合成中包含纯色背景层（白色）、2D平面层添加棋盘格效果、3D文字层、28mm的双节点摄像机以及灯光（点光、聚光、环境光）。

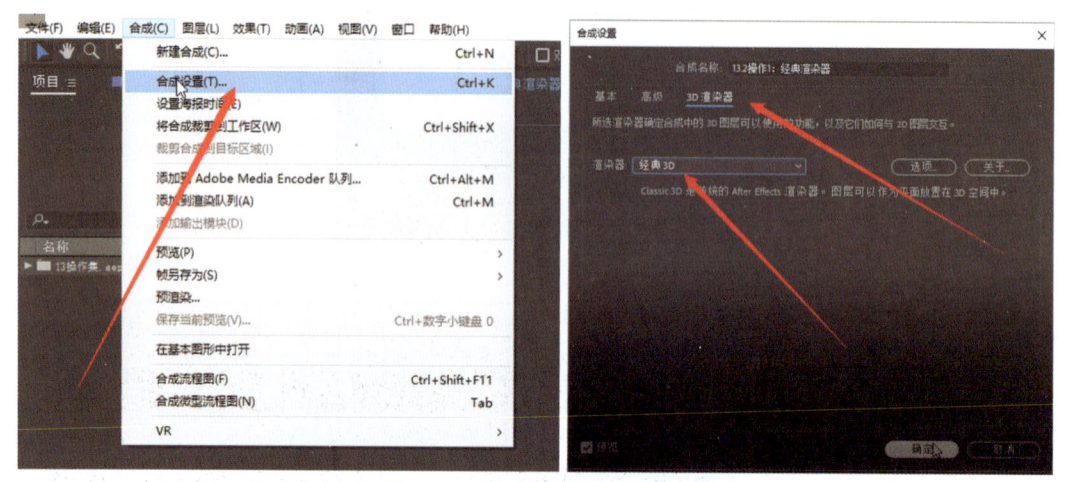

图9-21　建立经典3D渲染器

（1）打开摄像机下的景深开关，设置焦距、光圈和模糊层次使文字中间清晰，外围模糊，如图9-22所示；

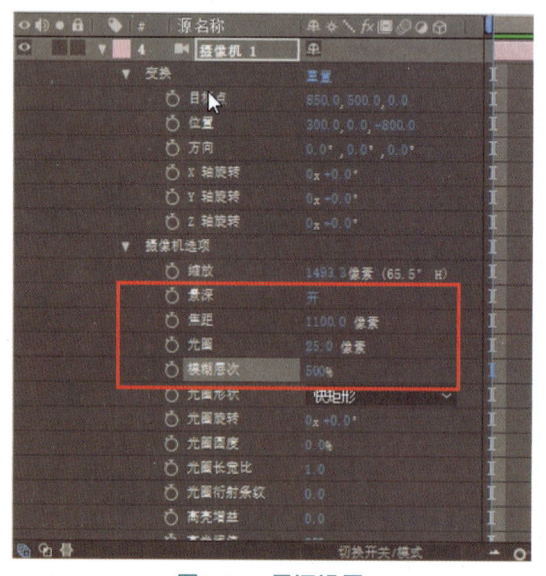

图9-22　景深设置

（2）在文字层动画中启用逐字3D化并添加旋转并调整范围选择器下的参数（第0帧时X轴旋转：0.0、0.0，Y轴旋转：0.0、90.0，Z轴旋转：0.0、0.0；第4秒时X轴旋转：0.0、0.0，Y轴旋转：1.0、0.0，Z轴旋转：0.0、0.0），如图9-23所示。

第9章 视效合成

图9-23 设置参数

2）C4D渲染器

将经典3D渲染器这一合成创建一个副本，双击打开然后打开合成设置（快捷键Ctrl+K）更改渲染器为CINEMA 4D渲染器，如图9-24所示。

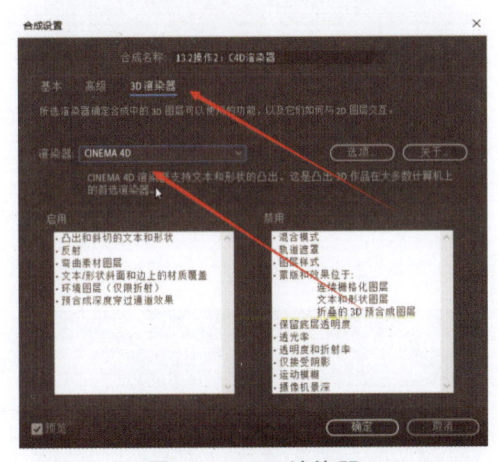

图9-24 C4D渲染器

（1）更改文字层下的几何选项参数，材质选项中镜面强度为100%，镜面反光度为5%，反射强度为50%，如图9-25所示；

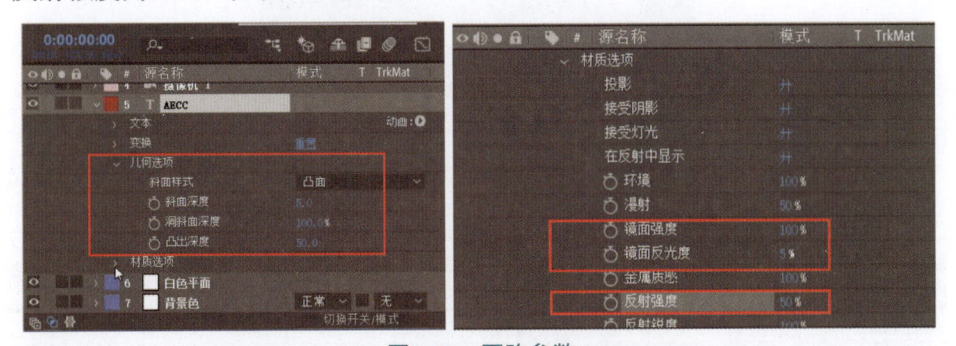

图9-25 更改参数

（2）切换到顶部视图可查看效果，在文本层下动画属性中添加锚点，并更改参数（0.0、0.0、25.0），如图9-26所示，最后切换到活动摄像机视图可查看效果。

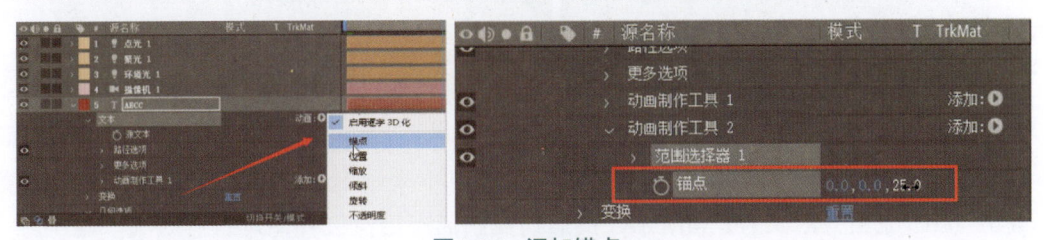

图9-26 添加锚点

— 295 —

3）光线追踪3D渲染器（15.0）

将经典3D渲染器这一合成创建一个副本，双击打开然后打开合成设置（快捷键Ctrl+K）更改渲染器为光线追踪3D渲染器，如图9-27所示。

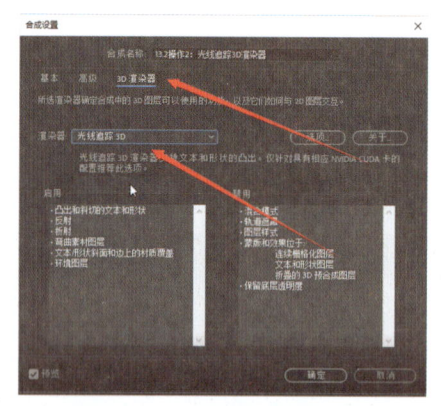

图9-27　光线追踪3D渲染器

（1）更改摄像机下模糊层次参数为100%，如图9-28所示；

图9-28　更改参数

（2）更改文字层下的几何选项参数，材质选项中镜面强度为100%，镜面反光度为5%，反射强度为50%，如图9-29所示；

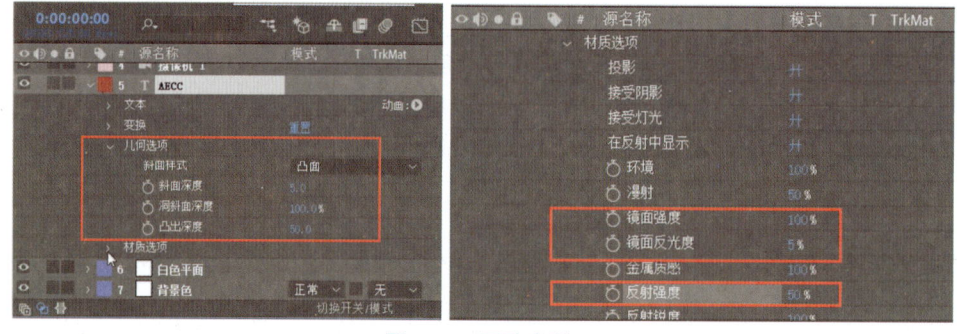

图9-29　更改参数

（3）切换到顶部视图可查看效果，在文本层下动画属性中添加锚点，并更改参数（0.0、0.0、25.0），如图9-30所示，最后切换到活动摄像机视图可查看效果。

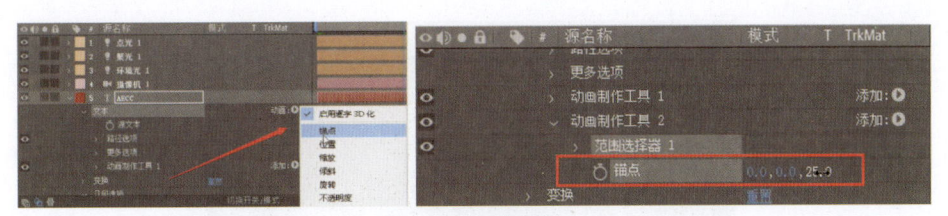

图9-30 添加锚点

9.4.1.3 立体文字

1）立体文字各面颜色

将C4D渲染器这一合成创建一个副本并双击打开。

在文字中动画下添加前面RGB颜色并更改为蓝色（R：0，G：128，B：255），如图9-31所示，同样添加一个斜面为浅蓝色（R：200，G：200，B：255）、一个边线为紫色（R：100，G：50，B：255）和一个与前面颜色一样的背面颜色。

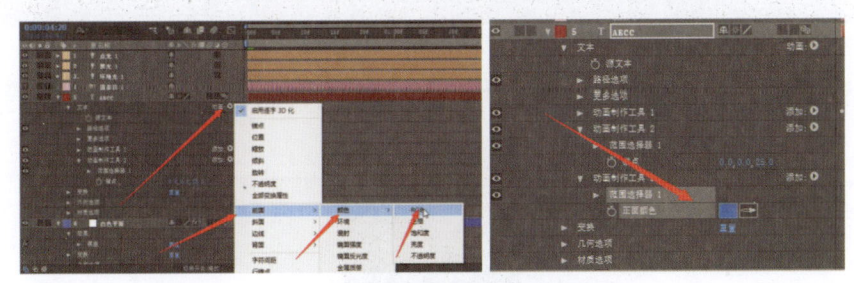

图9-31 设置立体文字各面颜色

2）伸缩立体文字

建立一个高清合成，采用光线追踪3D渲染器。

（1）建立2D的渐变背景色层、文字图层并打开3D开关，文字凸出深度为4000，并在两侧建立平行光，如图9-32所示；

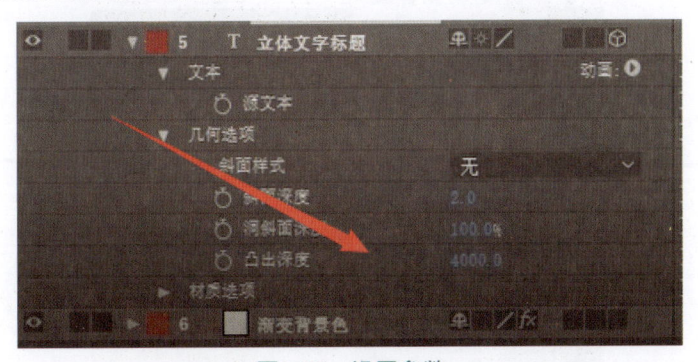

图9-32 设置参数

（2）建立15mm双节点摄像机增强文字的立体透视感；

（3）在文字中动画下添加前面RGB颜色并更改为青色（R：33，G：255，B：247），一个边线为深蓝色（R：0，G：56，B：103）；

（4）文字层下几何选项的凸出深度在第0帧为0，第2秒时为4000，如图9-33所示；

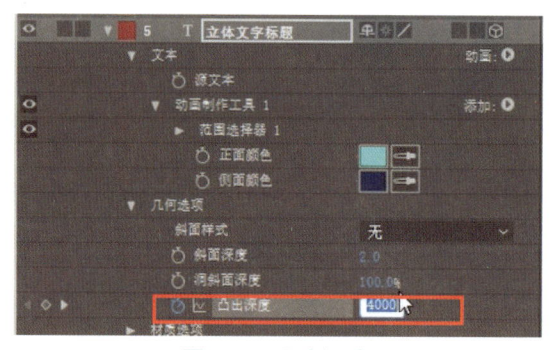

图9-33 凸出深度

（5）文字位置第0帧为960.0、540.0、4000.0，第2秒为960.0、540.0、0.0，如图9-34所示；

图9-34 文字位置

（6）选择文字图层创建副本并偏移-144，修改文字内容和大小，如图9-35所示；

图9-35 文字偏移

（7）建立黑色纯色层，添加镜头光晕效果，模式为屏幕，如图9-36所示；

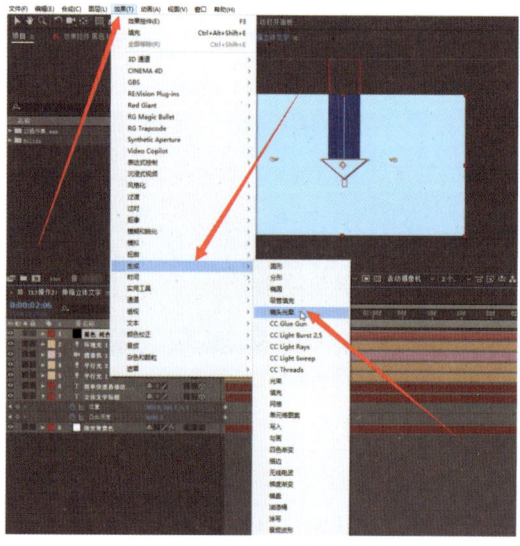

图9-36 添加镜头光晕效果

（8）调整凸出深度可以改变效果，如图9-37所示；

图9-37　调整凸出深度

（9）更改正面的颜色，如图9-38所示。

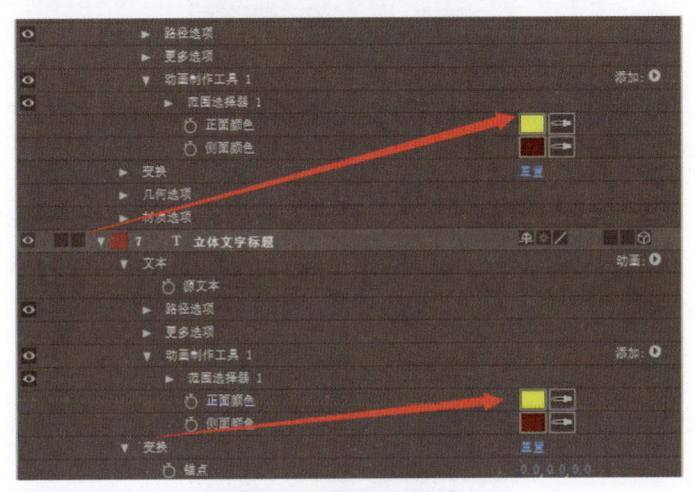

图9-38　更改正面颜色

9.4.1.4　立体形状

1）建立立体形状并设置颜色

建立一个高清合成，采用C4D渲染器。

（1）使用钢笔工具绘制出一个箭头的形状，展开形状图层下的路径，在第0帧、第12帧、第1秒、第2秒处一边添加点一边调整位置，启用填充，如图9-39所示；

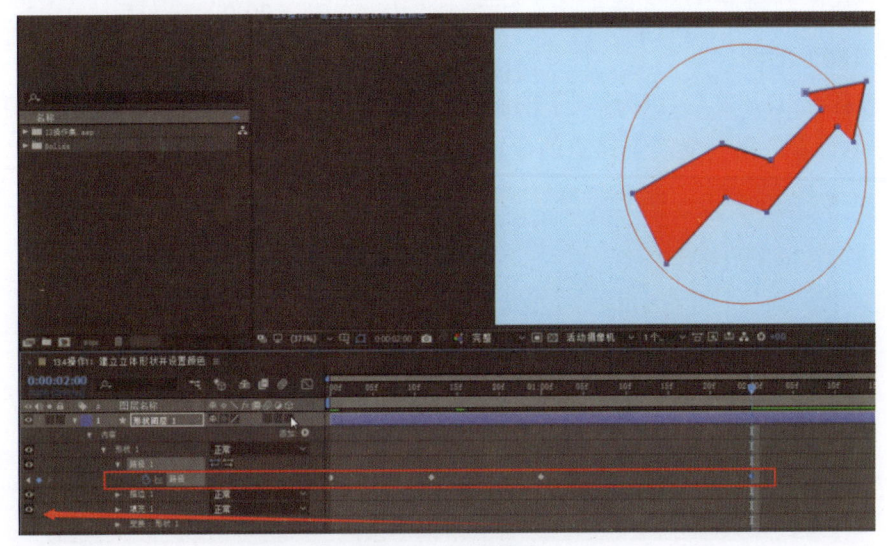

图9-39　启用填充

（2）打开3D开关，更改变换下的方向（15.0、340.0、0.0），几何选项下的斜面样式为尖角、斜面深度为5、凸出深度为100，如图9-40所示；

图9-40　更改参数

（3）为形状添加颜色，正面颜色为橙色，斜面颜色为黄色，侧面颜色为棕色，如图9-41所示。

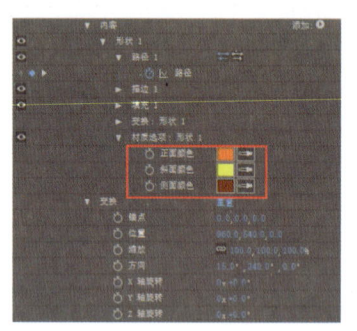

图9-41　添加颜色

2）形状和文字建立立体硬币

建立一个高清合成，采用C4D渲染器。

（1）使用椭圆工具，在合成中心建立大小为500.0、500.0的浅灰色（R：180，G：180，B：180）的圆；

（2）打开3D开关，几何选项下的斜面深度为5.0，凸出深度为26.0，可以切换两个视图更好地查看效果。变换下锚点的位置为（0.0、0.0、20.0），如图9-42所示；

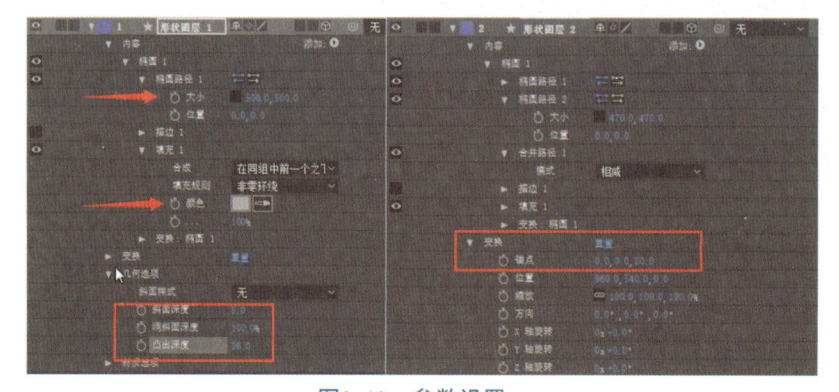

图9-42　参数设置

第 9 章 视效合成

（3）图层一也打开3D开关，相应的几何选项下的斜面深度为40，变换锚点的位置为0.0、0.0、20.0；

（4）新建一个28mm的双节点摄像机，使用活动摄像机视图来查看，然后添加金属纹理到底层并打开3D开关，调整方向为270.0、0.0、0.0；

（5）新建强度为90的白色聚光灯，更改变换下的目标和位置，如图9-43所示；

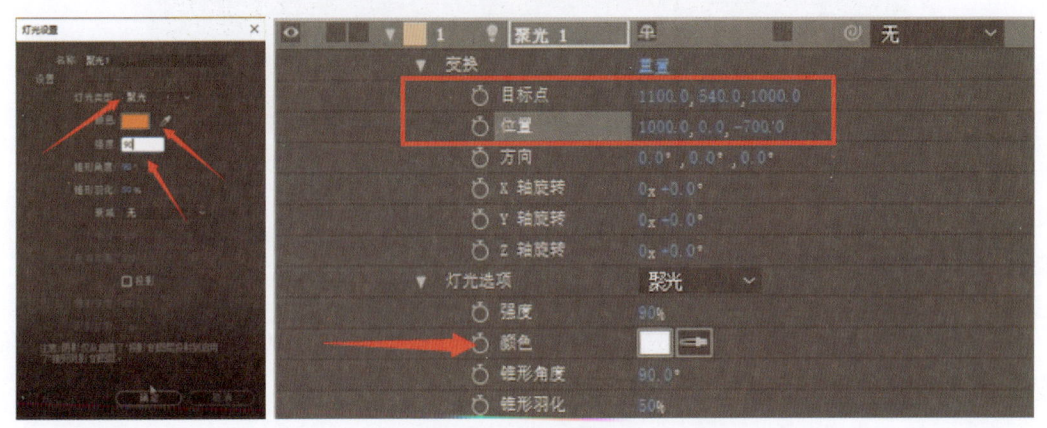

图9-43　新建聚光灯

（6）同样新建强度为30的白色环境光和强度为60的白色点光；

（7）在形状图层下材质选项打开投影并改变镜面强度、反射强度、反射衰减，如图9-44所示；

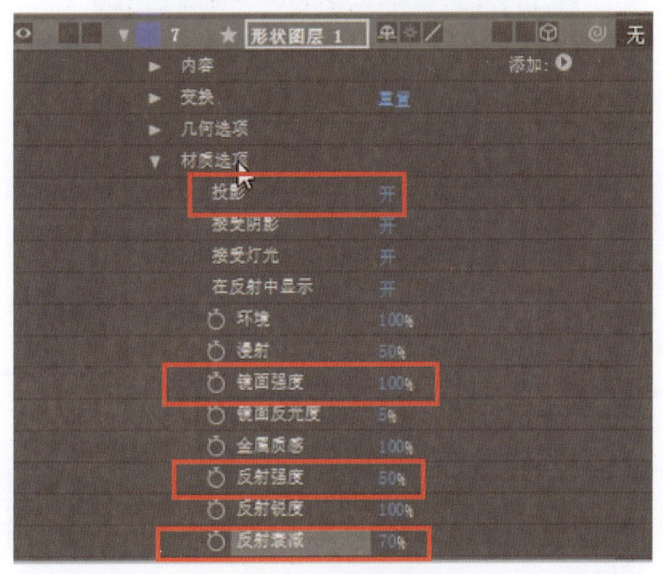

图9-44　设置材质

（8）复制材质选项粘贴到另外的形状层和文字层；

（9）新建一个空对象，打开3D开关，将形状层和文字层的父级连到空对象，如图9-45所示，然后更改空对象的Y轴旋转参数（第0帧为0.0、0.0，第4秒为1.0、0.0）。

— 301 —

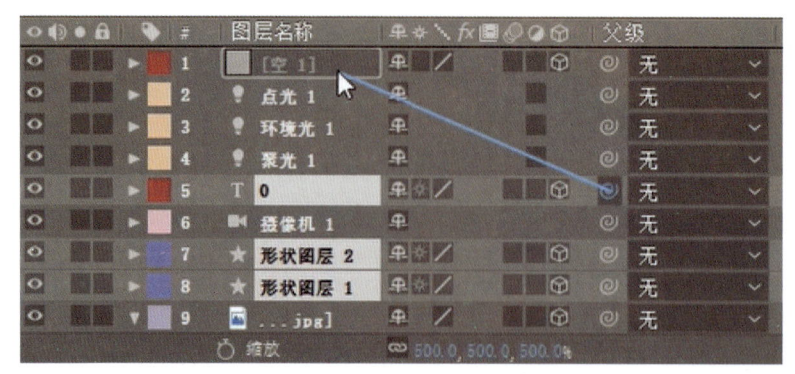

图9-45　Step 9

9.4.1.5　制作立体文字砸落动画

（1）导入素材、转换蒙版为路径。

拖入ADOBE素材到合成，选择图层菜单→自动追踪，更改自动追踪下的时间跨度、通道和容差，如图9-46所示。

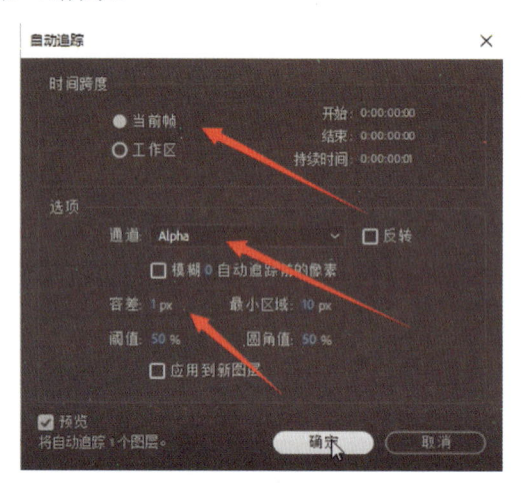

图9-46　自动追踪设置

新建一个形状图层，并添加路径，选择蒙版路径下的路径1复制并粘贴到形状图层，以同样的方式操作以下所有蒙版路径，如图9-47所示。

（2）建立立体图形。

在形状层1添加组，并将路径1、2、3放入组中，再添加一个组将其他路径放入组内。为组1添加填充，颜色为红色，同样设置组2为黑色。为组2添加合并路径，模式为排除交集，如图9-48所示。

打开合成设置中的C4D渲染器，并打开3D开关，更改几何选项下的凸出深度为100。

选中组1和组2添加边线颜色，将组1下的材质选项中的侧面颜色改为深红色，组2改为深橙色。

图9-47 操作蒙版路径

图9-48 添加合并路径

（3）设置立体图形砸落动画。

新建合成设置，更改相关参数，如图9-49所示。

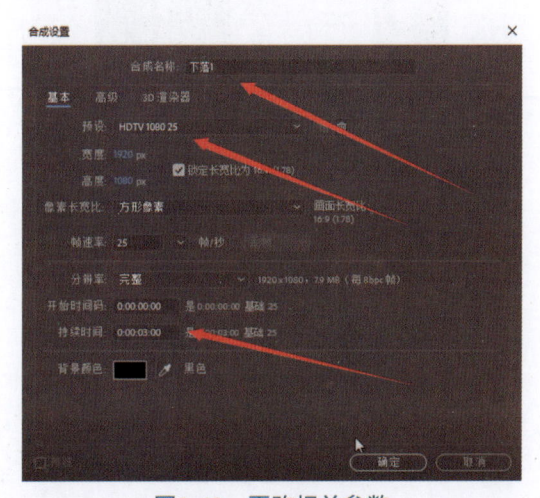

图9-49 更改相关参数

－303－

在合成设置中添加C4D渲染器，在合成中放置地裂1，选择矩形工具建立蒙版，排除地面上的黑色背景。

新建绿色（R：200，G：255，B：120）纯色层，图层模式为相乘。

将Adobe图标拖入合成中，打开3D开关，并调整变换下的方向，如图9-50所示。

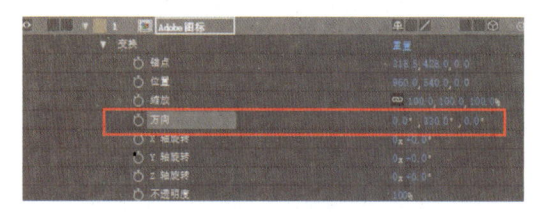

图9-50　调整方向

新建一个20mm的双节点摄像机并打开折叠变换开关，更改摄像机的位置，设置图标变换下的位置（第0帧为940.0、-820.0、0.0，第15帧为940.0、540.0、0.0）、锚点位置（第15帧为318.5、428.0、0.0，第18帧为318.5、435.0、0.0，第21帧为318.5、428.0、0.0），如图9-51所示。

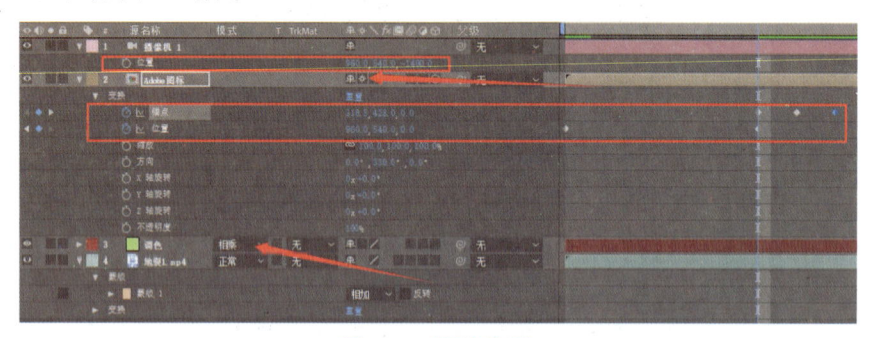

图9-51　更改位置

切换到图表编辑器，改变位置的起始帧和结束帧，以此来改变弹落的速度，如图9-52所示。

图9-52　改变位置起始帧和结束帧

选中地裂1图层，启用时间重映射，将第一个关键帧拖到第14帧，第18帧时间重映射为1秒，如图9-53所示。

图9-53　启用时间重映射

（4）建立立体文字。

在项目面板中选中下落1，执行快捷键Ctrl+D创建副本下落2，打开合成，删除地裂1和Adobe图标并将地裂2拖入，建立蒙版排除黑色背景，修改调色层为蓝色（R：140，G：215，B：235），新建两个文字图层并调整适当大小，设置为橙色，打开3D开关，Y轴旋转为30，设置文字层几何选项下的凸出深度为100，在动画菜单中添加边线颜色，侧面颜色为深橙色。

（5）设置立体文字砸落动画。

将文字图层下的锚点和位置添加关键帧，如图9-54所示。

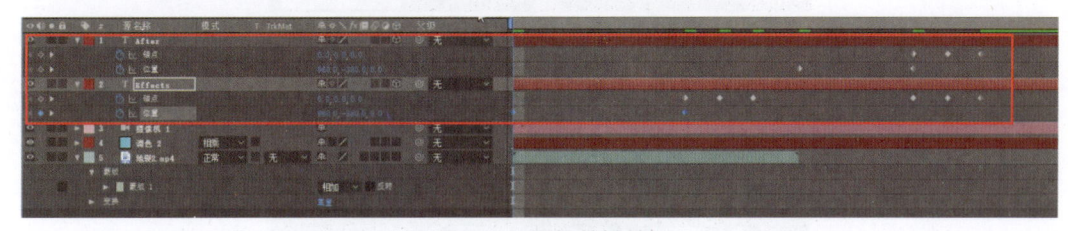

图9-54　添加关键帧

同样打开图表编辑器调整弹跳速度，选中地裂2图层，启用时间重映射，添加关键帧，如图9-55所示。

图9-55　启用时间重映射

（6）配乐合成动画

建立6秒的高清合成，将下落1、下落2放入合成中，然后连接，添加音乐完成制作，如图9-56所示。

图9-56　配乐合成动画

9.4.2　跟踪制作的规范要求

在初级制作规范的基础之上，中级制作对象更为复杂，需要遵循更多具体应用领域以及项目特定的规范。另外，跟踪是重要环节，须重点掌握跟踪制作的通用操作方法。

9.4.2.1 跟踪相关操作

1）操作：缓动稳定

将飞行视频拖入合成，选中图层右击选择变形稳定器VFX，如图9-57所示。

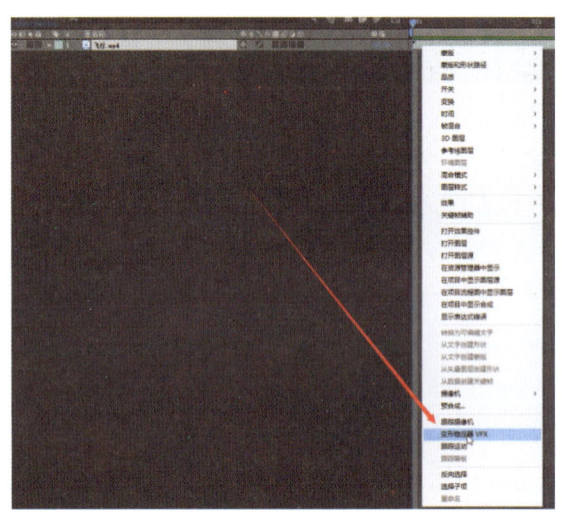

图9-57 缓动稳定

2）操作：固定位置

将视频拖入合成，选中图层右击选择变形稳定器VFX，将效果空间中的稳定结果改为无运动，如图9-58所示。

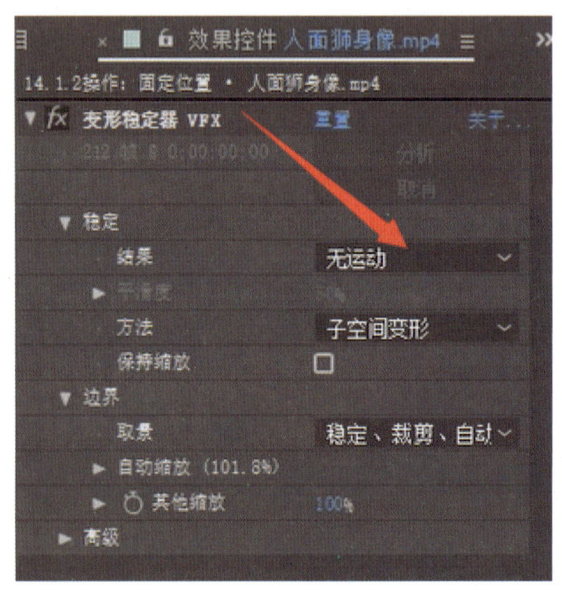

图9-58 固定位置

3）操作：跟踪与创建摄像机

将视频拖入合成，选中图层右击选择"跟踪摄像机"，在效果控件中创建摄像机，如图9-59所示。

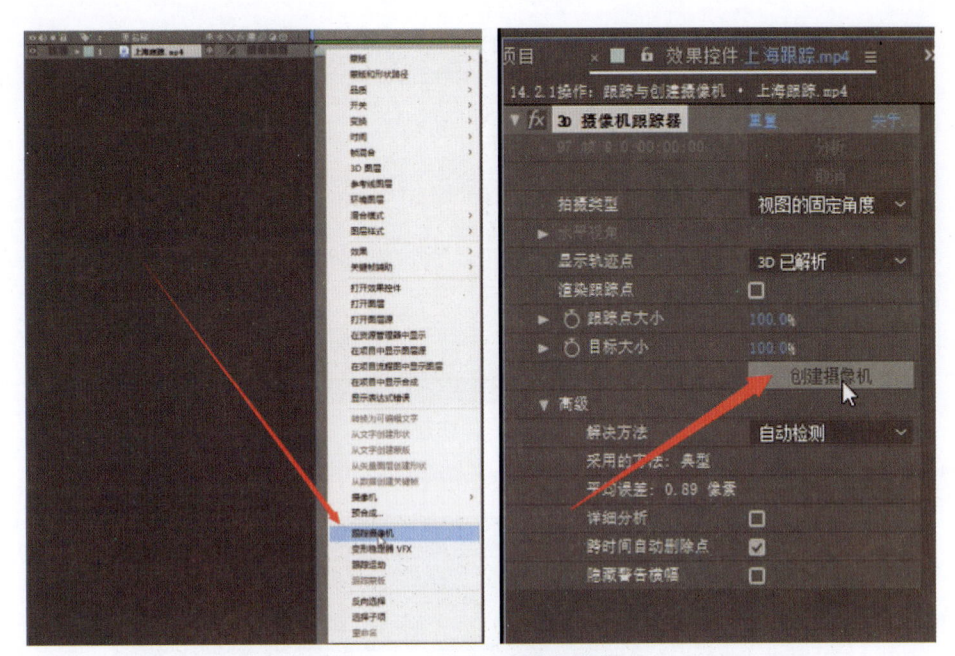

图9-59 跟踪与创建摄像机

新建文本，打开3D图层开关可查看运动轨迹。

4）操作：创建跟踪文本

将视频拖入合成，选中图层右击选择跟踪摄像机，在效果控件中创建摄像机。

选中塔上的一个跟踪点右击选择创建文本和摄像机，更改文本内容，文本就会随着摄像机的移动而移动，如图9-60所示。

图9-60 创建跟踪文本

5）操作：详细跟踪解决方法

将视频拖入合成，选中图层右击选择跟踪摄像机，在效果控件中的高级选项下，将解决方法切换为典型并勾选详细分析，如图9-61所示。

图9-61 详细跟踪

选择地面中间的一个点右击选择创建空白和摄像机，如图9-62所示。

图9-62 创建空白和摄像机

从项目面板拖入Adobe图标，打开3D开关，选择空对象的位置属性，复制再选中Adobe图标粘贴，放大图像并调整Y轴的位置，将图标放置于图像位置点的上部，图标将会随着地面的晃动而晃动。

6）操作：跟踪替换画面

将平板移动视频拖入合成中，选中图层右击选择跟踪摄像机，使用Ctrl键选中平板屏幕的四周，右击选择创建实底和摄像机，如图9-63所示。

图9-63 创建实底和摄像机

选中纯色层，按住Ctrl键选择壁纸1拖到纯色层上释放，然后调整大小和位置与平板对应，再将壁纸1放置到底层，选择效果菜单下的Keylight，屏幕颜色选择平板屏幕颜色并更改参数，如图9-64所示。

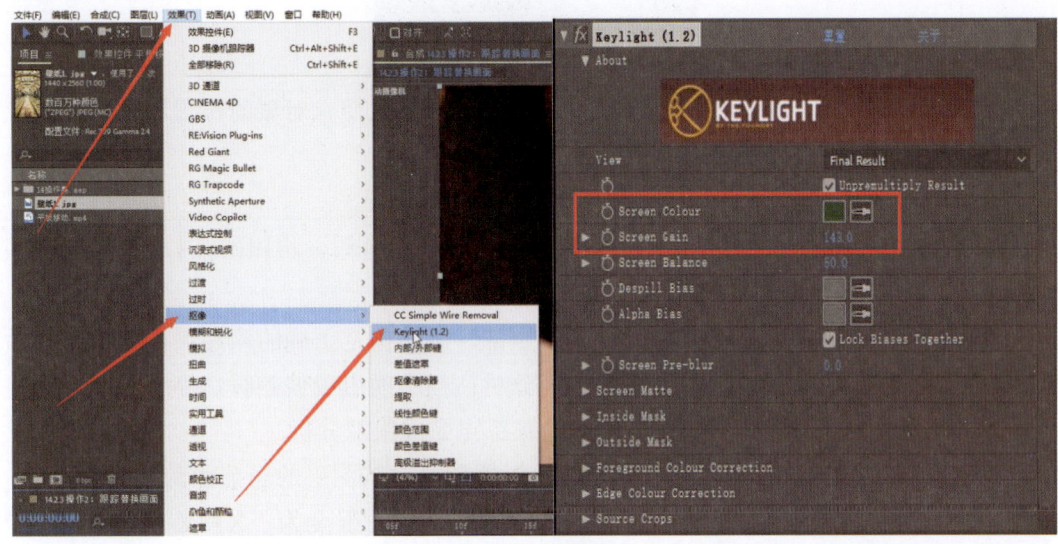

图9-64　调整

7）操作：位置稳定

将手动稳定视频拖入合成中，在窗口下调出跟踪器面板，单击面板中的"稳定运动"，画面中会出现跟踪点，将跟踪点放到与画面有明显对比的位置，单击"开始"按钮，然后单击"应用"按钮，如图9-65所示。

图9-65　位置稳定

最后采用放大图层到满屏的方法来完成操作。

8）操作：综合稳定

将飞行视频拖入合成中，单击跟踪器面板中的稳定运动，勾选位置、旋转和缩放，将跟踪点1和跟踪点2分别放到两个反差较大的地方然后单击开始按钮，再单击应用按钮，选择应用维度为"X和Y"，如图9-66所示。

图9-66　综合稳定

建立空对象，将飞行的父级层设到空对象层，然后改变空对象的位置和缩放来消除边缘产生的空隙。

9）操作：变换跟踪

将山顶视频拖入合成中，单击跟踪器面板中的稳定运动，将跟踪点1放置到人物头部然后单击开始按钮，再单击应用按钮。

当中途分析出错时，直接将时间轴移至尾部，手动指定正确的跟踪点，单击分析后的第二个按钮进行逆向分析，从两端向中间分析；当中间出现偏差时，停止分析，删除有偏差的跟踪关键帧，然后手动校正中间的跟踪点完成跟踪分析。

新建文本层放在跟踪点附近，然后选择山顶图层，该图层的当前跟踪为跟踪器1，编辑目标为登山者，然后单击"应用"按钮，选择应用维度为"X和Y"，如图9-67所示。

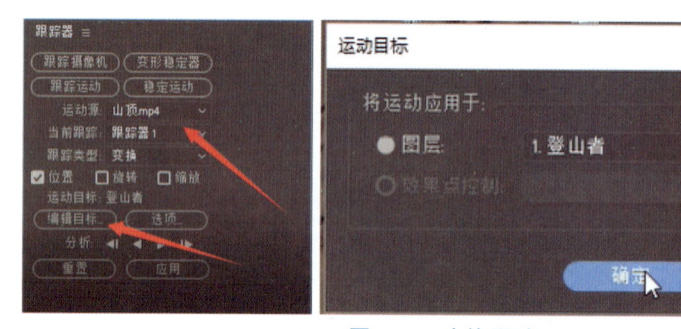

图9-67　变换跟踪

10）操作：透视边角定位跟踪

将相框和向日葵照片拖入合成中，选中相框A进行跟踪运动，将跟踪类型选择为透视边角定位，如图9-68所示。

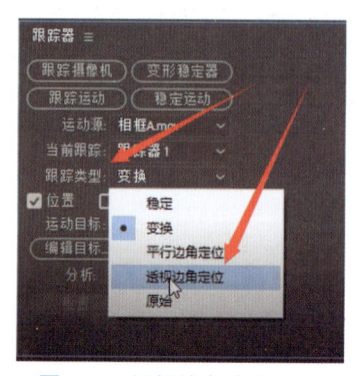

图9-68　透视边角定位跟踪

将4个跟踪点调整到相册的四个边角，并将附加点调到相框内的四角位置进行分析；将运动目标改为向日葵照片，然后单击应用按钮进行应用。

11）操作：蒙版跟踪

将电路板视频拖入新合成中，新建一个调整图层，选中调整图层然后使用钢笔工具在电路板上勾画出蒙版1，选中蒙版1右击选择跟踪蒙版，如图9-69所示，此时跟踪器面板就会弹出来。

图9-69 蒙版跟踪

在跟踪器面板中将方法改为透视，然后单击分析后的第三个按钮，如图9-70所示。

图9-70 透视

在效果中选择生成→填充，将颜色选择一个与蒙版区近似的颜色，如图9-71所示。

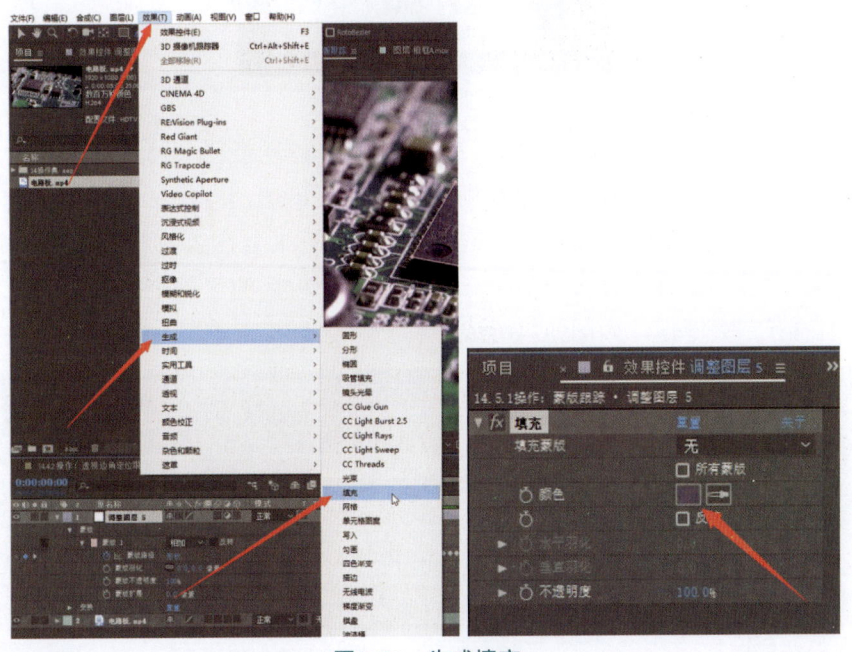

图9-71 生成填充

设置蒙版羽化，消除边缘痕迹，这样就可以将芯片上的文字消除了，如图9-72所示。

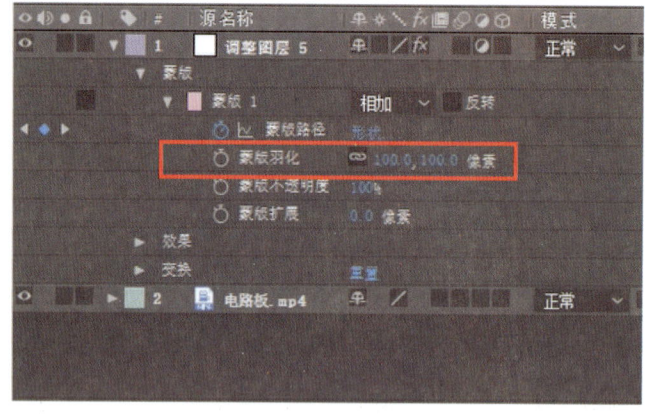

图9-72 蒙版羽化

12）操作：脸部跟踪

将跑步视频拖入新合成中，新建调整图层，使用钢笔工具在人物的脸部绘制出椭圆蒙版，选中蒙版右击，选择跟踪蒙版，此时跟踪器面板就会弹出来，将方法改为脸部跟踪（仅限轮廓），然后单击分析后的第三个按钮，如图9-73所示。

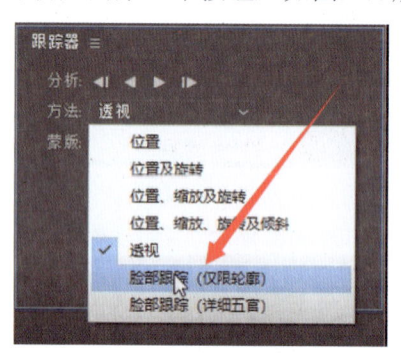

图9-73 脸部跟踪

此时就可以为蒙版添加效果。例如，在效果中选择风格化→马赛克效果，然后调整蒙版羽化和扩展即可为人物脸上打马赛克。

关闭调整图层，新建一个调整图层，同样用钢笔工具在人物的脸部绘制出椭圆蒙版，将方法改为脸部跟踪（详细五官），然后单击分析后的第三个按钮，此时在图层下就会有详细的五官关键帧，如图9-74所示。

图9-74 五官关键帧

13）操作：对象填充

将云中楼视频拖入合成中，选择钢笔工具将视图中露出的楼宇绘制出不规则的蒙版，并查看视频，使楼体一直处于蒙版内，并将蒙版模式改为相减，如图9-75所示。

图9-75 对象填充

选择窗口中的内容识别填充调出面板，并更改填充方法为对象，范围为工作区，然后单击生成填充图层，如图9-76所示。

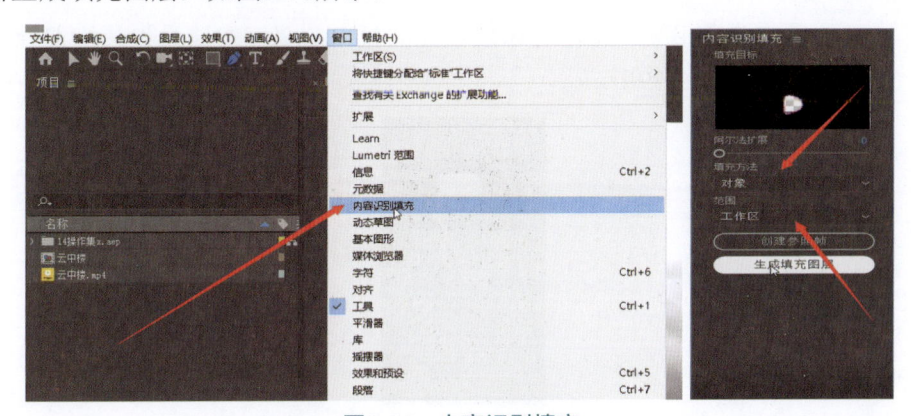

图9-76 内容识别填充

此时，在合成中就会出现填充图层以此来完成内容识别填充。

14）操作：表面填充

将环岛视频拖入合成中，选择钢笔工具在视图中选择三个物体绘制一个不规则蒙版，并将蒙版模式改为无，在跟踪器面板中将方法改为位置、缩放及旋转，然后单击分析后的第三个按钮，如图9-77所示。

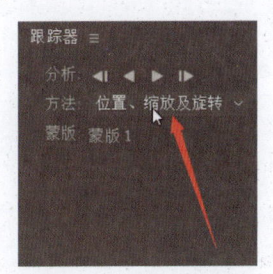

图9-77 表面填充

将蒙版1的模式改为相减，将内容识别填充面板中的填充方法设为表面，然后单击生成填充图层，如图9-78所示。

图9-78　表面填充

此时，在合成中就会出现填充图层，以此来完成内容识别填充。

15）操作：边缘混合填充

将路牌视频拖入合成中，选择钢笔工具在视图中文字周围绘制一个不规则蒙版，将蒙版模式改为无，在跟踪器面板中将方法改为位置、缩放及旋转，然后单击分析后的第三个按钮。

将蒙版1的模式改为相减，将内容识别填充面板中的填充方法设为边缘混合，然后单击生成填充图层，如图9-79所示。

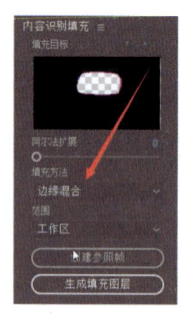

图9-79　边缘混合填充

此时，在合成中就会出现填充图层，以此来完成内容识别填充。

新建一个700×300的合成，并在合成中创建文字，调整至合适的大小和位置，将此合成作为图层添加到原来的合成中，如图9-80所示。

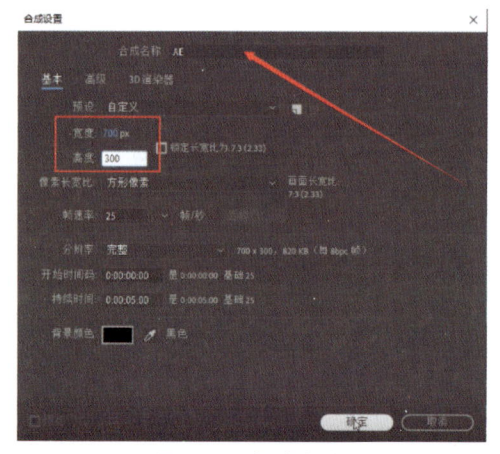

图9-80　新建合成

在跟踪器面板中将跟踪类型改为透视边角定位，将跟踪点调至合适位置进行跟踪分析，然后将运动目标改为新建的合成文本，单击应用即可，如图9-81所示。

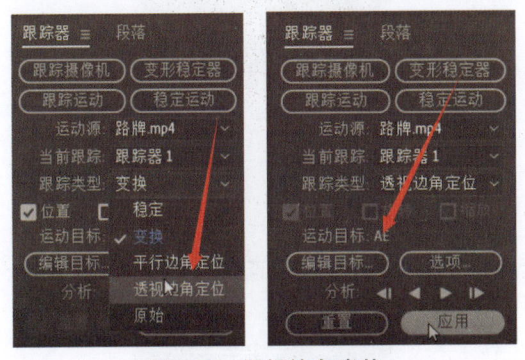

图9-81　透视边角定位

16）操作：参考帧填充

将茶园视频拖入合成中，选择钢笔工具在视图中绘制两个不规则蒙版，将蒙版模式改为无，选中两个蒙版，在跟踪器面板中将方法改为位置、缩放及旋转，然后单击分析后的第三个按钮。

将两个蒙版模式改为相减，将内容识别填充面板中的填充方法设为对象，然后单击生成填充图层，如图9-82所示。

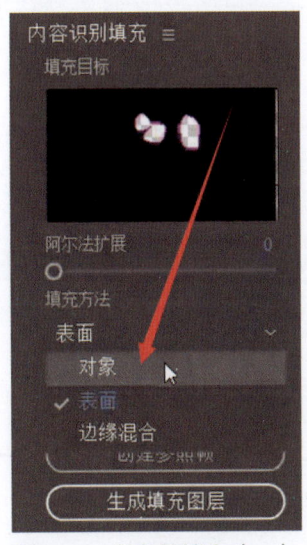

图9-82　参考帧填充（一）

此时，在合成中就会出现填充图层，查看效果发现视频中出现模糊现象，然后删除填充图层，选择茶园视频图层，将两个蒙版模式改为无，单击内容识别填充面板中的创建参照帧，此时合成中会出现一个引用帧图层并启用Ps软件中的修补工具或者仿制图章工具来将人物去除，在Ps中保存后返回至Ae软件，此时引用帧对应的画面会自动更新，如图9-83所示。

图9-83　参考帧填充（二）

将两个蒙版模式改为相减，在内容识别填充面板中单击生成填充图层即可。

9.4.2.2　实例：制作捧出图标动画

将双手视频和Adobe图标拖入合成中，Adobe图标置于双手视频上。

跟踪设置：因为视频开始是模糊的，所以将游标移至视频尾部，选中视频右击选择跟踪运动，在跟踪器面板中将跟踪类型选择为变换，并勾选位置、旋转和缩放，如图9-84所示。

图9-84　跟踪设置

将两个跟踪点放到合适的跟踪位置，单击分析后第二个按钮。

确认运动目标为Adobe图标后单击应用，应用维度为X和Y，这样图标就会随着手的移动而移动。

校正跟踪的图像：选中图标层，在效果菜单中选择扭曲效果，将时间移至尾部，在效果控件中调整图标的位置和大小，如图9-85所示。

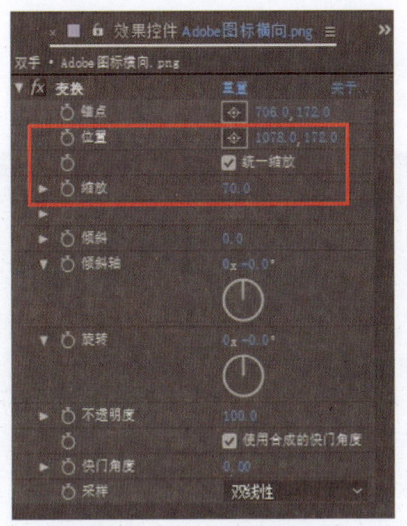

图9-85 校正跟踪的图像

选中图标层,在效果和预设中为图标添加摄像机镜头模糊效果并调整参数,模糊半径(第0帧为35,第1秒10帧为0)以达到图标和视频开始都是模糊的效果,如图9-86所示。

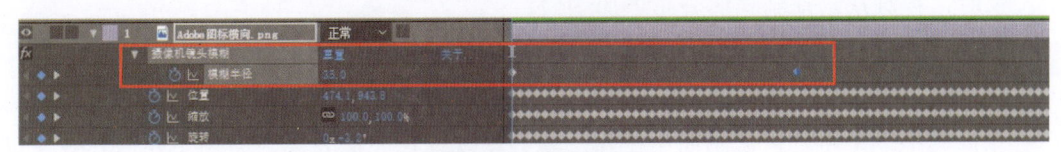

图9-86 模糊半径

9.4.3 中级调色的工作流程与技术要点

9.4.3.1 相关操作

1)操作:使用色阶校正对比和偏色

在合成中放入城市素材,添加32位的色阶效果,如图9-87所示。

图9-87 添加色阶效果

效果控件里右边的两个小圆点是直方图显示效果，上面代表全部显示，下面代表单色显示。首先选择单色显示，然后在通道处选择红色通道，将直方图下两边的小三角对齐红色范围，绿色通道和蓝色通道也是同样操作，如图9-88所示。

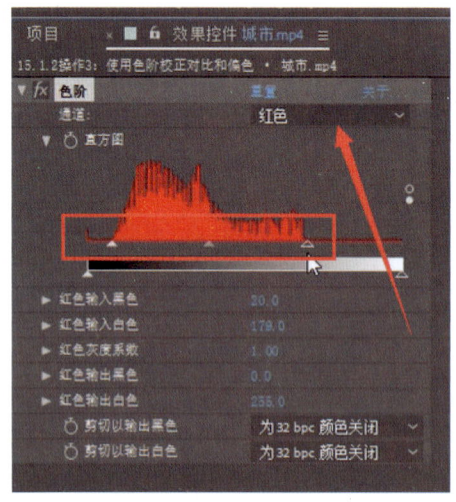

图9-88 单色显示

这时，视频从暗部到亮部分布更加均匀。

2）操作：使用色阶调整色彩通道效果

将合成中放入光斑视频，为其添加32位的色阶效果，选择红色通道，将直方图下的小三角向右拖动，将红色从画面中排除，就会呈现绿色光斑效果，如果想要恢复效果可以打开绿色通道，将直方图下的小三角向右拖动，就会出现橙色调效果。

3）操作：自动调色效果

在合成中拖入星空下的树和沙滩素材，执行快捷键Ctrl+Shift+D分割视频为每秒一段，放置7段，前3段为沙滩，后4段为星空下的树，将自动色阶、自动对比度、自动颜色依次添加到前3段视频进行自动分析和处理，如图9-89所示。

图9-89 自动色阶、自动对比度、自动颜色

为第4段素材添加阴影高光效果，为第5段素材添加色调均化效果，为第6段素材添加色调效果，为第7段素材添加黑色和白色效果，这些都可在效果控件里进行手动调节来达到自己想要的效果。

4）操作：基本的明暗对比

在合成中放置三段梯田素材，在第1段添加亮度和对比度效果，控件里可改变参数调整效果，如图9-90所示。

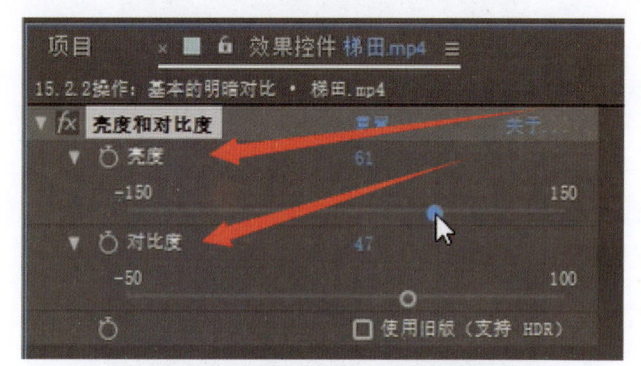

图9-90　添加亮度和对比度效果

在第2段素材中添加曝光度效果，效果控件里可改变参数调整效果。

在第3段素材中添加曲线效果，并在效果控件里调整曲线以达到想要的效果。

5）操作：替换颜色

在合成中放入三段素材，在第1段素材添加更改为颜色效果，在效果控件里用吸管工具改变颜色，调整容差值即可完成替换颜色效果，如图9-91所示。

图9-91　调整容差值

在第2段素材添加更改颜色效果，在效果控件里用吸管工具吸取想要改变的颜色，并调整相应的色相变换及匹配柔和度数值，匹配颜色改为使用色相，如图9-92所示。

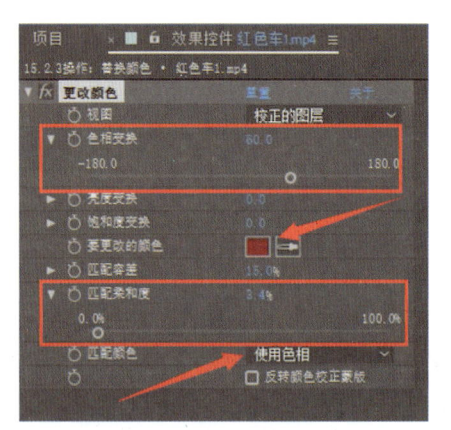

图9-92 调整相应的色相变换及匹配柔和度数值

在第3段素材添加保留颜色效果,在效果控件里用吸管工具吸取想要保留的颜色,并调整相应的脱色量、容差,匹配颜色改为使用色相,如图9-93所示。

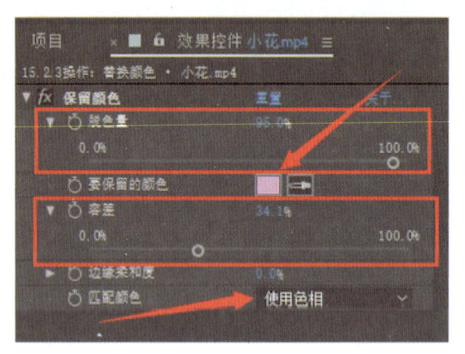

图9-93 调整相应的脱色量、容差

6)操作:颜色饱和度、色相调整、为画面重新上色

在合成中放置雪地、山林、场景、鸟巢素材,为第1段素材添加色相饱和度效果,增加主饱和度,如图9-94所示。

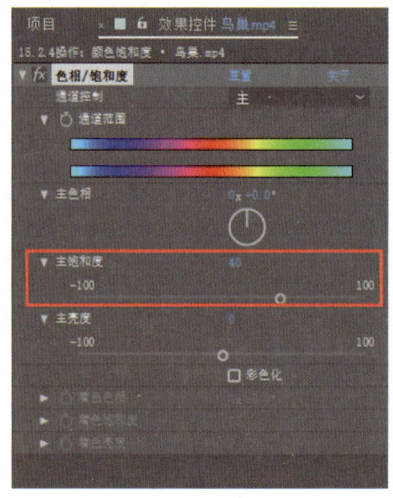

图9-94 增加主饱和度

第 9 章 视效合成

在第2段素材添加更改颜色平衡（HL8）效果，增加饱和度数值；

在第3段素材添加自然饱和度效果，在效果控件里更改自然饱和度和饱和度数值；

为第4段素材添加色相饱和度效果，在效果控件里将通道控制改为蓝色，调整蓝色饱和度达到想要的效果，如图9-95所示。

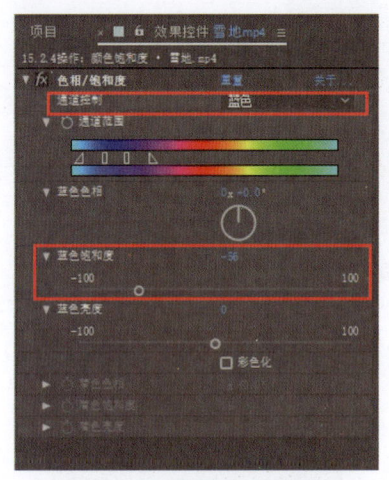

图9-95　调整蓝色饱和度

7）操作：Lumetri基本校正

在合成中拖入向日葵和雪地素材，为向日葵素材添加Lumetri颜色效果，并在效果控件里调整白平衡的颜色、对比度和白色数值，如图9-96所示。

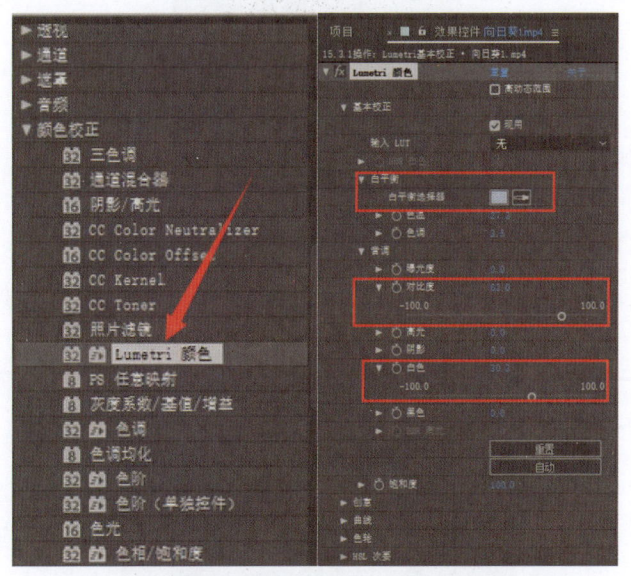

图9-96　调整白平衡的颜色、对比度和白色数值

同样，雪地素材也可以如此操作，并加强高光效果。

8）操作：Lumetri创意、曲线、色轮、HSL次要、晕影

在合成中放入视频素材，添加Lumetri颜色效果，并在效果控件里选择创意下的属性，在Look后添加预设SL BIG HDR，然后调整分离色调即可，如图9-97所示。

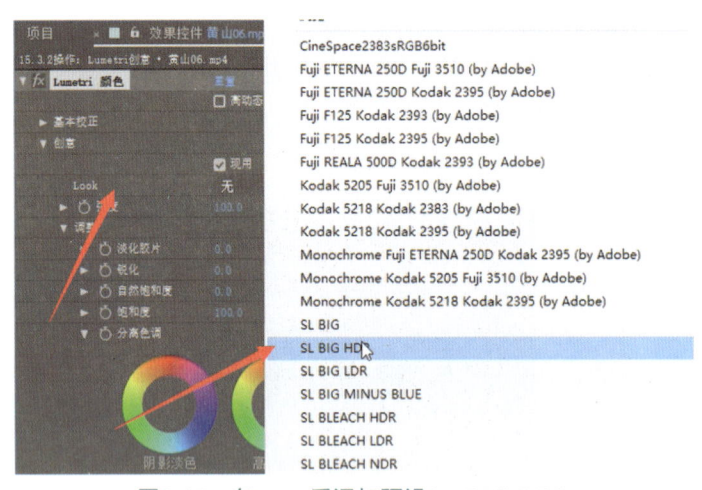

图9-97 在Look后添加预设SL BIG HDR

同样，在效果控件里选择曲线的属性，可以通过调整RGB曲线或者色相饱和度曲线完成调色，如图9-98所示。

图9-98 调整RGB曲线或者色相饱和度曲线

在效果控件里选择色轮的属性，通过调整色轮的位置完成调色，如图9-99所示。

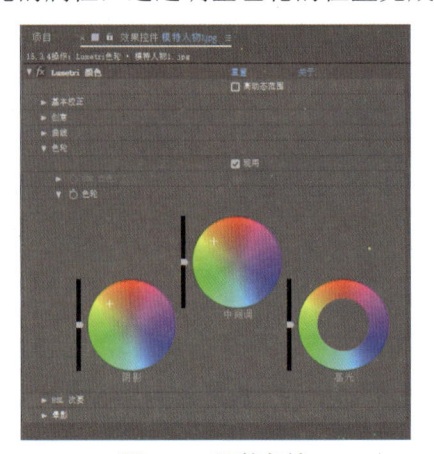

图9-99 调整色轮

在效果控件里选择HSL次要的属性，通过调整HSL滑块的位置完成调色，如图9-100所示。

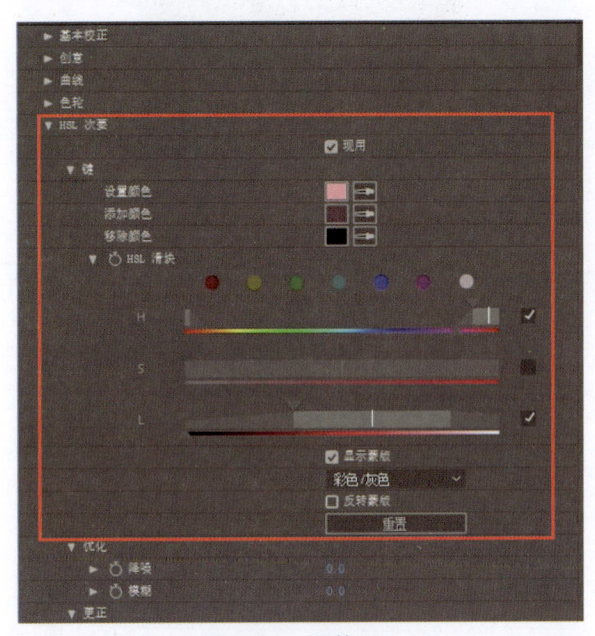

图9-100　调整HSL

在效果控件里选择晕影的属性，通过调整晕影的数量、中点、圆度、羽化完成调色，如图9-101所示。

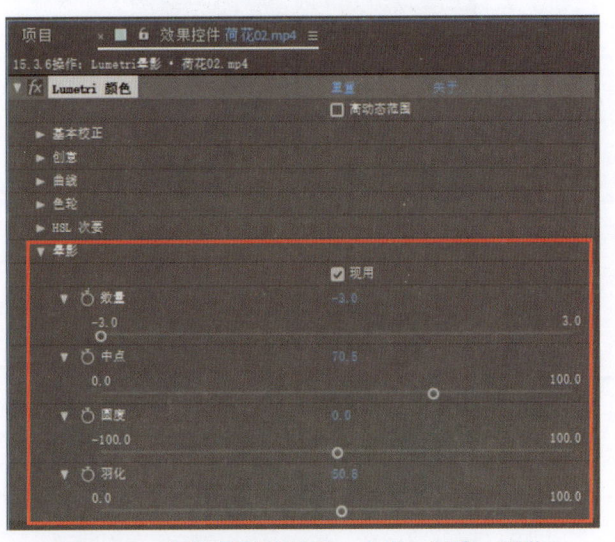

图9-101　调整晕影的数量、中点、圆度、羽化

9.4.3.2　实例：制作树林调色效果

1）春季色调

新建合成，导入树林和音乐素材，执行快捷键Ctrl+Shift+D分割视频为每秒一段，

添加Lumetri颜色效果，在基本校正下调整对比度和饱和度，如图9-102所示。

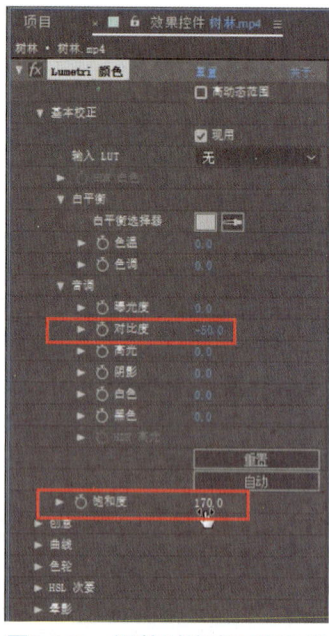

图9-102 调整对比度和饱和度

调整RGB曲线、色相饱和度曲线、黄色曲线、绿色曲线；选择效果→风格化→发光，调整发光效果，如图9-103所示。

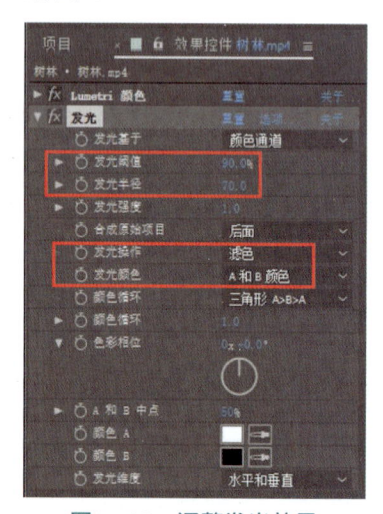

图9-103 调整发光效果

2）夏季色调

添加Lumetri颜色效果，在基本校正下调整对比度和饱和度；

调整RGB曲线、色相饱和度曲线、红色曲线、黄色曲线；

调整色轮的中间调（偏绿色）。

3）秋季色调

添加Lumetri颜色效果，在基本校正下调整饱和度；

调整RGB曲线、红色曲线；

调整HSL次要下的颜色（将绿色改为黄色），如图9-104所示。

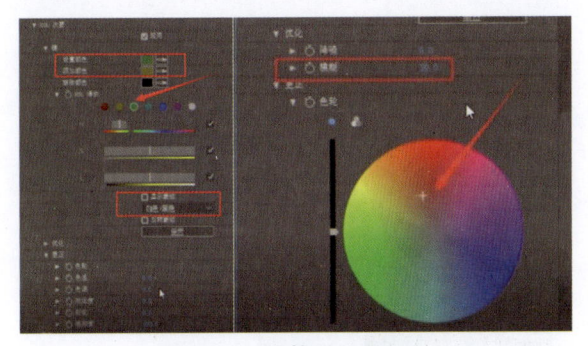

图9-104 调整RGB和HSL

4）冬季色调

添加Lumetri颜色效果；

调整RGB曲线、色相饱和度曲线。

5）夜晚色调

添加Lumetri颜色效果；

调整基本校正下的音调参数，饱和度调整为30，如图9-105所示。

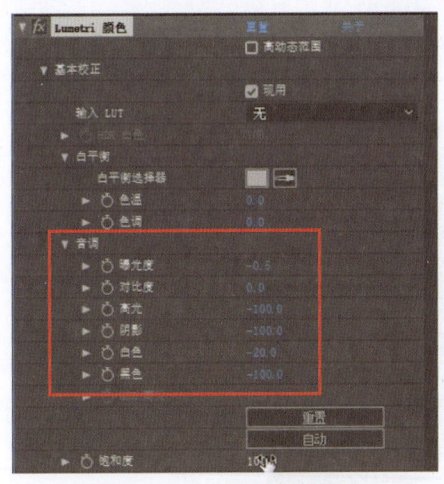

图9-105 调整音调参数

调整RGB曲线、色轮（中间调偏蓝）即可完成。

9.4.4 抠像

9.4.4.1 相关操作

1）操作：简单颜色抠像

在合成中拖入打板和舞台灯光素材；为打板素材添加效果→过渡→颜色键，并将主色颜色改为打板的幕布色，调整颜色容差，薄化边缘和羽化边缘即可完成简单的颜色抠像，如图9-106所示。

图9-106　调整颜色容差

2）操作：抠像和改善边缘

将抠像A1素材拖入新合成，并添加效果→抠像→线性颜色键，将主色改为背景色，调整匹配颜色为使用色度，增大匹配容差和匹配柔和度，如图9-107所示。

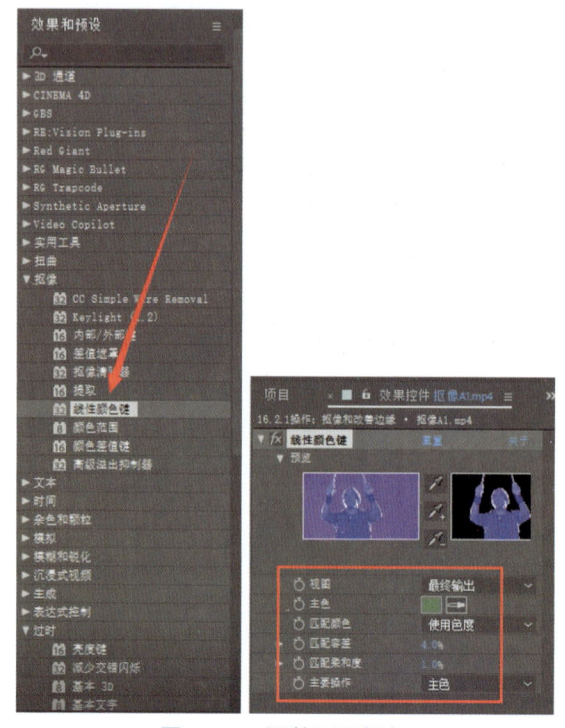

图9-107　调整匹配颜色

第9章　视效合成

此时发现人物周边还有少许绿色，这时再添加高级溢出抑制器效果，抠像效果变得更好，如图9-108所示。

图9-108　添加高级溢出抑制器效果

3）操作：使用蒙版抠像和校色

将办公桌面拖入新合成，并添加效果→抠像→线性颜色键，将主色改为要抠除的颜色，调整匹配颜色为使用色度，增大匹配容差和匹配柔和度。

如果有两种需要抠除的颜色，我们可以将图层创建一个副本，用钢笔工具绘制出一个蒙版，勾选反转，增大蒙版扩展，如图9-109所示。

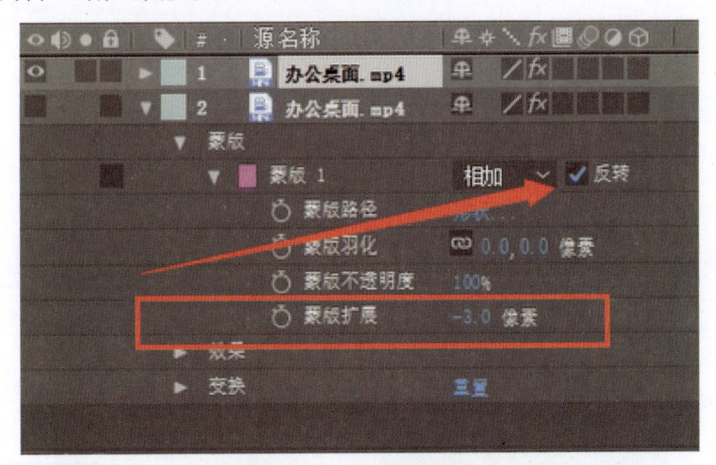

图9-109　增大蒙版扩展

在效果控件里将原来的主色改为要抠除的颜色即可完成。

4）操作：擦除细线

将威亚抠像拖入新的合成中，先用钢笔工具绘制蒙版排除周围其他颜色的干扰，然后添加CC Simple Wire Removal效果，如图9-110所示，此时画面中会出现两个点。

— 327 —

图9-110　添加CC Simple Wire Removal效果

调整两个点到威亚线的两端，然后调整属性Thicknesss的大小；

创建CC Simple Wire Removal副本，同样操作可以消除多条威亚；

抠像：添加效果→抠像→颜色差值键，在效果控件里将主色改为背景色，预览后的第一个吸管可以吸取背景色，第二个可以吸取人物周围残余的背景色，第三个可以恢复人物主体的颜色，如图9-111所示；

添加一个遮罩阻塞工具效果可消除残余色（可调整效果控件里的相关参数），如图9-112所示。

图9-111　抠像　　　　图9-112　调整控件参数

5）操作：高对比提取

将画框素材拖入合成中，并添加效果→抠像→提取，这里我们抠除白色，在效果控件里调整直方图滑块，将通道改为明亮度并调整白场和白色柔和度的效果，如图9-113所示。

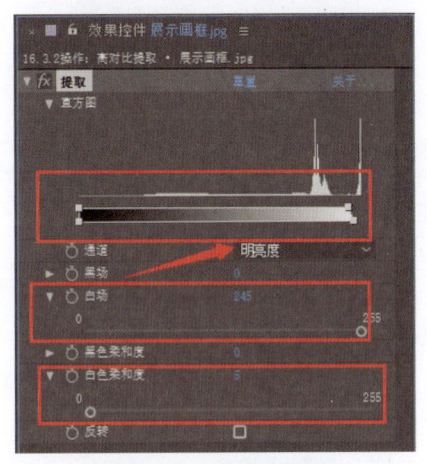

图9-113　调整明亮度

调整后发现主体周围还有残余颜色，此时再添加遮罩下的简单阻塞工具，调整阻塞遮罩数值即可，如图9-114所示。

图9-114　调整阻塞遮罩数值

6）操作：毛发边缘抠像

将狮子素材拖入新合成中，使用钢笔工具绘制两个蒙版（一个位于主体内部，一个位于主体外部），如图9-115所示。

图9-115　绘制蒙版

将蒙版默认的相加模式改为无；选中图层并添加效果→抠像→内部/外部键，即可很好地抠出带毛发的主体，如图9-116所示。

图9-116 添加抠像效果

7）操作：Keylight基本抠像操作

将猫视频拖入新合成中，这里既有毛发又有景深效果，所以添加效果→抠像→Keylight（1.2），如图9-117所示；

调整效果控件里的Screen Colour为背景色，并调整View、Screen Gain、Screen Balance的数值，如图9-118所示。

图9-117 添加抠像效果

图9-118 调整数值

8）操作：Keylight使用蒙版

将抠像B1拖入新合成中，抠除车前的绿色幕布，添加效果→抠像→Keylight（1.2）；

首先调整效果控件里的Screen Colour为背景色，并将View改为Screen Matte，调整Screen Matte下的黑、白数值去除残余背景色，如图9-119所示。

图9-119　添加抠像效果

此时可以将View改为Final Result，查看效果视频中出现闪烁的现象，这时选择钢笔工具在图层画面中抠除部分的外围绘制一个蒙版1，将蒙版1默认的相加模式改为无；

在效果控件里将Inside Mask改为蒙版1，羽化值设为50，勾选Invert，如图9-120所示。

图9-120　设置蒙版

再次将抠像B1拖入合成中，在后视镜处建立一个蒙版，然后在下层放置需要显示的素材，设置轨道遮罩为Alpha轨道遮罩单独制作后视镜画面，如图9-121所示。

图9-121　设置Alpha

最后添加需要显示的视频到合成的底层即可。

9）操作：Roto笔刷工具抠像

将鸟1视频拖入合成中，双击图层可打开视图，使用Roto笔刷工具，调出画笔面板，更改画笔大小（或者按住鼠标左键，上下拖动鼠标滚轮也可控制画笔大小），选出鸟和木桩的选区，并更改画笔大小补充选区，多选的选区可以按住Alt键减选，如图9-122所示。

图9-122　抠图选区

可在透明背景下查看抠图效果，按空格键可以进行每一帧的抠图渲染，一般基础帧可以渲染20帧，此时可以向右拖动鼠标增加渲染范围完成整体抠图，如图9-123所示。

图9-123　抠图渲染

10）操作：Roto调整抠像边缘

将鸟2视频拖入合成中，双击图层可打开视图，使用Roto笔刷工具，调整画笔大小，先选出鸟的选区创建基础帧，然后使用Roto工具下的调整边缘工具，增加羽毛选区范围，如图9-124所示。

图9-124　调整边缘

切换调整边缘X射线细化选区，如图9-125所示。

图9-125　调整边缘

第 9 章 视效合成

使用空格键即可渲染，基础帧渲染完时可以向右拖动鼠标增加渲染范围完成整体抠图。

9.4.4.2 实例：制作平板滑屏动画

1）素材抠像

新建合成，导入素材；

在项目面板里选中滑动平板，右键基于所选项新建合成；

添加效果→抠像→Keylight（1.2），调整效果控件里的Screen Colour为背景色，并将View改为Screen Matte，调整Screen Gain、Screen Balance的数值，调整Screen Matte下的黑、白数值去除残余背景色，如图9-126所示。

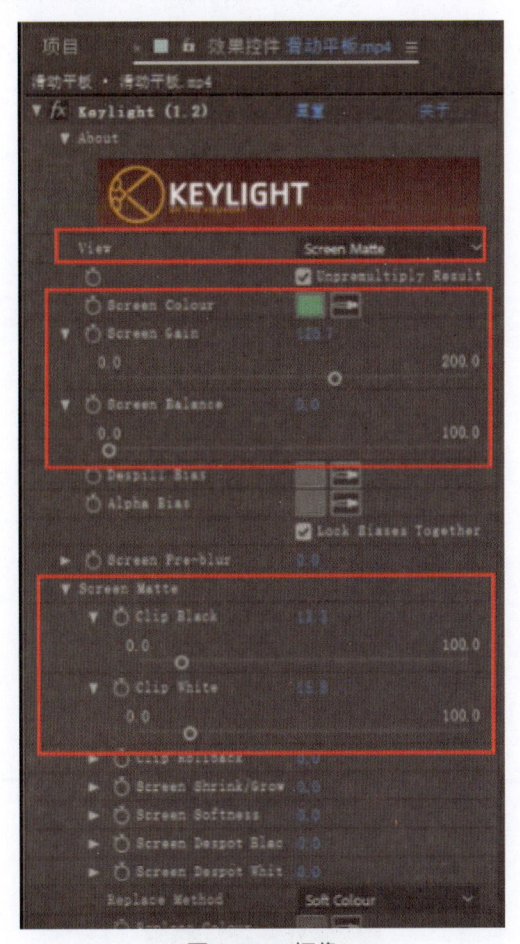

图9-126 抠像

然后可以将View改为Final Result查看效果；

视频中其他颜色受到影响，此时将遮罩下的模式改为来源，可将其他受影响部分的颜色恢复正常，如图9-127所示。

— 333 —

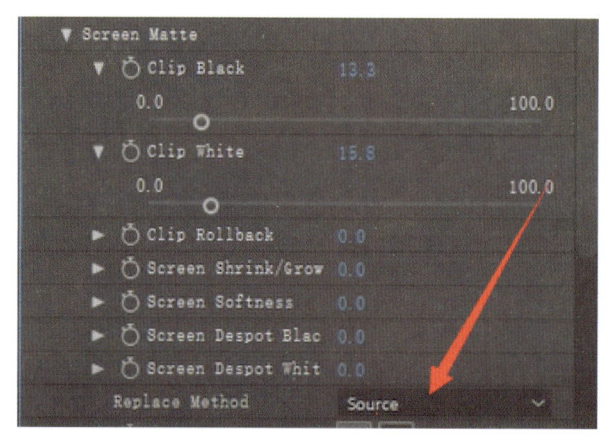

图9-127　恢复颜色

添加遮罩阻塞工具效果改善抠像边缘部分，增大几何柔和度和阻塞来消除边缘过多残余的像素，如图9-128所示。

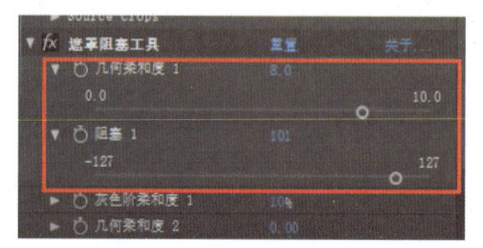

图9-128　增大几何柔和度

2）跟踪画面

将画面A素材放置到合成底层，可以先关闭画面A视图，调出跟踪器面板，选中视频图层，单击跟踪运动，跟踪类型为透视边角定位，将四个跟踪点放置到屏幕的四角位置，进行跟踪分析（如有偏差可手动调整），如图9-129所示。

图9-129　跟踪画面

查看运动目标为画面A，单击"应用"，将画面跟踪应用。

3）嵌套滑动画面的合成

选中画面A进行预合成，命名并选择保留"滑动平板"中的所有属性，如图9-130所示。

第9章 视效合成

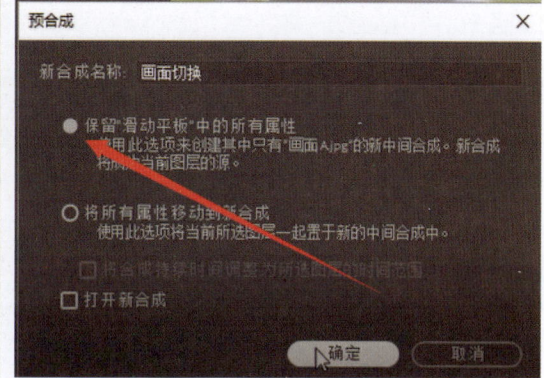

图9-130 预合成

在新合成中拖入画面B，调整位置参数为640、2880（2880为宽+高，即960+1920），如图9-131所示。

图9-131 调整位置参数

设置画面B父级层为画面A；

查看前一合成中切换时间为第1秒10帧，所以为画面添加开始（第10帧处）关键帧640、960，在第1秒10帧是640、700，在第2秒为640、-960，同时可为关键帧添加缓动效果，如图9-132所示。

图9-132 添加关键帧

最后在主合成中添加音乐即可查看完成效果。

-335-

9.5 实操考核项目

本章项目素材可扫描图书封底二维码下载。

1. 项目一

①考核题目：下载附件"人偶工具操作"。在素材的基础上，以给出的图片为范例（如图9-133所示），为素材添加操控点。时间：60分钟。难度：3级。

图9-133 素材范例

②考核目标：使目标人物身体不动，提起箱子。
③考核重点与难点：
重点：添加操控点；网格属性。
难点：固化控点工具。
④考核要素：
整体视觉效果：人物动作流畅。
文件规范：文件格式；文件命名。
⑤参考视频：见素材。

2. 项目二

①考核题目：下载附件"鱼儿游动"。在提供的图片素材"锦鲤"之上（图9-134）进行校正，提交动效视频。时间：60分钟。难度：4级。

图9-134 素材"锦鲤"

②考核目标：能在规定时间内制作出鱼儿游动的视频动效。
③考核重点与难点：

重点：素材校正和鱼身校正。

难点：关键帧数量和时间调整。

④考核要素：

整体视觉效果：鱼儿游动流畅，细节较为丰富。

文件规范：文件格式；文件命名。

⑤参考视频：见素材。

3. 项目三

①考核题目：下载附件"奔跑动画"。在提供的素材"奔跑小人"之上（如图9-135所示）进行动效制作，提交动效视频。时间：60分钟。难度：3级。

图9-135 素材"奔跑小人"

②考核目标：在规定时间内制作动效，整体把握和推进。

③考核重点与难点：

重点：素材调整；人物奔跑的动效调整；时间把握能力和整体推进。

难点：整体造型与局部细节的把握和控制。

④考核要素：

整体视觉效果：还原人物奔跑视频到位；构图合理；动作流畅；有较为丰富的细节。

制作规范：子工具操作；速度持续时间。

文件规范：文件格式；文件命名。

⑤参考视频：见素材。

9.6 评分细则

中级考题根据考察内容分为整体视觉效果、软件操作和特效效果等。具体评分参考考题要素。

- 整体视觉效果占该题总分60%，考核点包括图像追踪较为准确；蒙版效果较为真实；色彩和谐自然；色温舒适；光效氛围良好；效果流畅程度符合题目要求等。
- 制作规范占该题总分30%，考核点包括基本参数、画面构图、曝光程度、颜色调整等符合题目要求等。
- 文件规范占该题总分10%，考核点包括提交文件、命名符合考题要求等。
综合型考题则根据考核侧重点分配分数。

第 10 章 引擎动画

培养目标

掌握引擎动画的标准化流程，熟练掌握引擎中场景搭建、材质表现、粒子特效、动画及视频输出等较为复杂的核心功能，能够独立完成引擎动画应用相关的中小型项目或大型项目关键环节制作，具备熟练的引擎操作、功能实现能力及一定的基础团队协作管理能力，满足引擎动画常规应用和功能实现要求。

就业面向

主要面向引擎动画工作中级岗位，应用领域包括影视、动画、游戏、虚拟展示、VR、MR等。该等级岗位需要具备较为全面的引擎美术知识，熟练掌握引擎主要效果核心功能，作为中小型项目制作的负责人或主要参与者。

10.1 岗位描述

引擎动画在动画领域属于较新的技术手段，其高效的制作流程和良好的效果呈现，在CG动画、游戏过场、商业演示等领域已有广泛应用。引擎动画岗位面对行业、企业和项目更加多样化，由于引擎是基于实时渲染的平台工具，其工作内容、工作重点和工作流程与传统软件存在一定区别，工作内容具有一定的独特性。

10.1.1 岗位定位

中级岗位需要具备独立承担中小型项目制作或大型项目关键环节制作的实践能力，对引擎中复杂材质表现、粒子特效、环境氛围等主要的功能有较为深入的理解，能够熟练运用于项目实践中。

10.1.2 岗位特点

中级能力的岗位人才，往往很难进入复杂、高级的项目制作，但需要具备较为全面的引擎基础能力，以应对大量的资源对接和整合，以及快速预览的相关任务。该岗位特点如下：

- 熟练掌握材质表达式的相关知识和编辑方法，能够制作较为复杂的材质表现效果。
- 熟练掌握粒子工具，能够针对不同应用环节快速制作各类型的粒子特效。
- 熟练掌握引擎动画系统，能灵活应用动画序列、混合空间、状态机等功能。
- 掌握摄像机工具和视频生成工具，能够通过摄像机相关属性设置，实现镜头运动和效果表现，以及独立生成基础展示类视频。

10.1.3 工作重点和难点

重点：需要对引擎的核心功能有较深入的理解，能独立完成项目或项目关键环节的制作。

难点：全面掌握引擎美术相关核心功能，有较强的项目实践能力，能在项目实践之中灵活应用，并具备一定的项目管理能力和协作沟通能力。

10.2 知识结构与岗位技能

引擎动画所需的专业知识与职业技能如表10-1所示。

表10-1 专业知识与职业技能

岗位细分	理论支撑	技术支撑	岗位上游	岗位下游
引擎动画	构图学 色彩学 材质表达式	熟练掌握UE4、Unity3D等引擎 基本掌握Photoshop 图像处理类软件，能应对一些简单修改 Maya、3ds Max、Blender 三维模型类软件	二维制作 三维制作 角色动画	镜头剪辑 视效合成

10.2.1 知识结构

引擎动画中级人才以核心功能实现和视觉艺术表现为主，需要有较强的引擎软件技能、设计理论和审美素养的支撑，能根据项目需求熟练运用引擎各功能模块以达到最终效果。本岗位需要的理论知识如下：
- 构图学。具备一定的空间能力和构图能力，能够良好地还原和实现场景空间布局和视觉效果。
- 色彩学。具备一定的色彩学理论知识，能够良好地还原设定图色彩效果，并协调统一整体色调。
- 材质表达式。熟练掌握材质表达式的基本原理和逻辑，能够灵活运用常用材质表达式实现项目所需效果。

10.2.2 岗位技能

引擎动画中级人才以引擎核心功能运用与实现为主，需要具备较强的相关软件技能，独立承担中小型项目制作或大型项目关键环节制作。本岗位需要的职业技能如下：
- UE4、Unity3D等引擎。需要熟练掌握引擎的核心功能和实现原理，能够灵活运用材质、粒子、动画等功能模块。
- Photoshop。掌握基础使用方法，能够解决一些相对基础的贴图资源素材修改和调整问题。
- Maya、3ds Max、Blender等相关3D软件。掌握相关3D软件，能够解决一些模型导出的基础问题。

10.3 标准化制作细则

由于引擎种类较多，各类大、小型引擎侧重点和优势各有不同，引擎学习要熟练掌握标准化流程和逻辑原理，以应对不同类型的项目。

10.3.1 基于物理的材质

基于物理的材质是引擎材质渲染的重要原理之一，与早期凭直觉使用贴图灰度控制物理反光度的方式不同，基于物理的明暗处理是根据光线与物体表面实际情况而定的，这样可以产生更加准确、更加自然的外观，如图10-1所示，多数引擎已采用基于物理的材质和明暗处理模型。

物理的材质主要基于4个不同属性：底色（Base Color）、粗糙度（Roughness）、金属色（Metallic）和高光（Specular）。不同材质对应的参数值可参考相关文档。

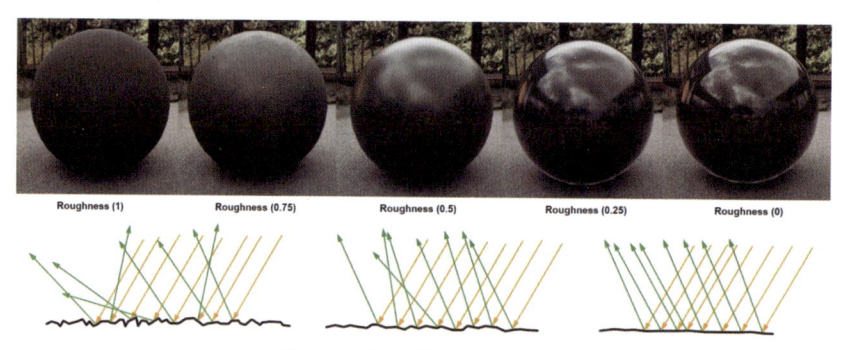

图10-1　漫反射与镜面反射

10.3.2　材质表达式

在引擎的材质球编辑器中，材质表达式节点可以灵活控制，实现材质的各种特殊效果。一些高级材质的材质表达式往往看起来非常复杂，仅靠死记硬背难以记住，需要理解材质表达式的逻辑、思路及目的，通常情况下都是一些常用表达与纹理结合，通过反复的数学运算得到最终所需的效果。材质编辑器如图10-2所示。

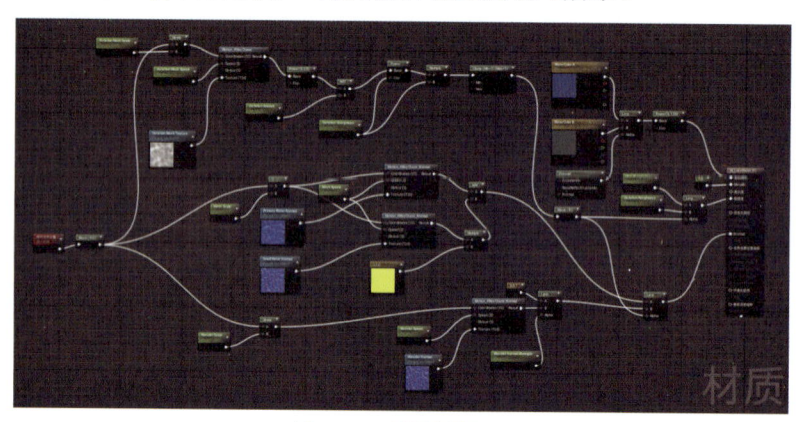

图10-2　材质编辑器

数学表达式：数学表达式通过数学运算组合方式控制和调整贴图的输出数值、强度、范围或形式，如图10-3所示。常用数学表达式包括加（Add）、乘（Multiply）、除（Divide）、幂（Power）、1-x（OneMinus）、限定值（Clamp）、绝对值（Abs）、正弦波（Sine）等。

图10-3　数学表达式

坐标表达式：坐标表达式通过对纹理坐标信息的设置实现一些较为复杂的实时效果，如表面纹理变化、基于纹理对模型表面体积产生变化，如图10-4所示。常用坐标表达式包括纹理平移（Panner）、旋转（Rotator）、平铺（TextureCoordinate）、世界坐标（WorldPosition）、顶点法线（VertexNormalWS）等。

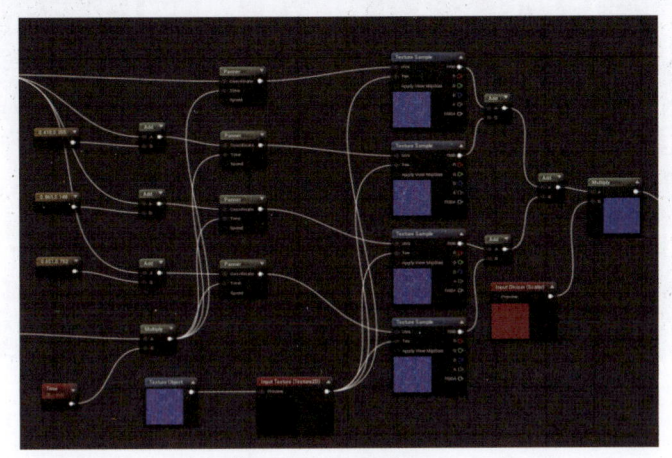

图10-4　坐标表达式

其他常用表达式包括地形表达式（可以控制地形纹理、创建山洞等）、粒子表达式（可以控制粒子的颜色、方向、大小、图像渲染等视觉效果等），以及实用表达式、常量表达式、参数表达式、矢量表达式等（各类细节参考官方文档）。

材质函数：材质函数是一种简化材质编辑器中材质节点网络布局以及材质创建过程的方法，可以将常用部分材质节点网络打包成一个材质函数模块，以方便快速调用和即时访问，如图10-5所示。

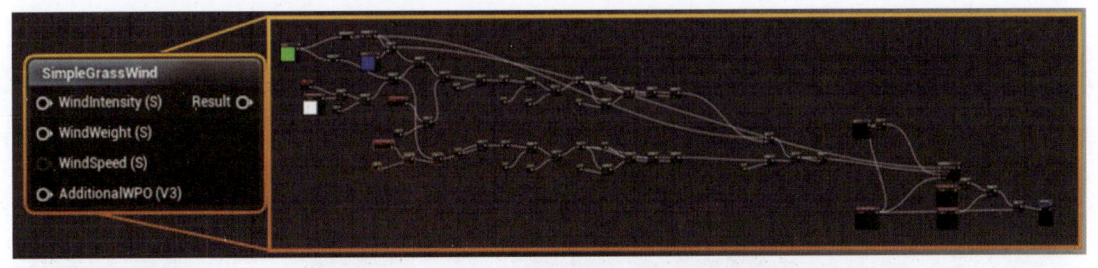

图10-5　材质函数（图片来源：UE4官方文档）

10.3.3　粒子系统

粒子系统是引擎实时渲染机制中视觉表现的重要环节之一，粒子系统的基础应用大致分为两种形式：一种是以序列帧播放形式制作具有随机变化感的视觉效果元素，例如火焰、爆炸、闪电等；另一种是具有一定运动规律的发射型粒子特效，通过设置其数量、位置、运动方向、速度等属性模拟真实效果，例如雨、雪、尘埃等天气特效，飘散的花瓣和落叶，喷射或溅起的水花、火星儿等特效。

— 343 —

有些时候为了表现较为真实的视觉效果和丰富的细节，一个粒子特效中需要使用多种粒子效果组合。例如火焰粒子特效中，火苗为序列帧形式，飞散的火星为发射型粒子特效，还可以添加飘起的烟雾等更丰富的细节表现，如图10-6所示。

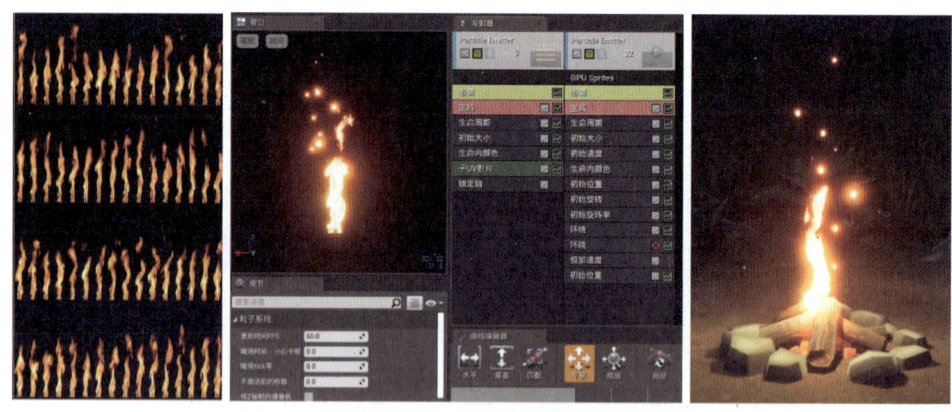

图10-6 火焰粒子特效

10.3.4 动画

角色骨骼：引擎导入动画角色通常使用.fbx格式的带骨骼动画模型，所有骨骼节点命名不能重复，在引擎中使用标准化或规范化的骨骼可以极大地减轻工作量，提高工作效率。动画模型导入引擎后，骨骼与模型是分离的，所有的动画是基于骨骼信息的，这意味着如果多个模型使用的是相同骨骼，则这些模型可以共享所有的动画。通常情况下，模型绑定可以使用引擎官方骨骼结构，在只完成标准姿势绑定的情况下，可以直接使用动作库的所有动作，如图10-7所示。也可以自定义骨骼，如图10-8所示。

图10-7 通用骨骼动作库（MoCap Online）　　图10-8 自定义骨骼

动画蓝图：动画蓝图是一种可视化脚本，可用于创建和控制复杂动画行为，如图10-9所示。动画图表（AnimGragh）通过计算节点图表进行工作，节点在一个或多个输入姿势上执行特定操作，或用于获取、采样其他类型资源（如动画序列、混合空间或动画蒙太奇）。状态机是通过图表网络将站立、移动、跳跃等各种状态的动作串联起来，结合一系列规则和变量，决定角色在相应情况下要表现出的动画状态，如图10-10所示。

图10-9　动画蓝图　　　　　　　图10-10　状态机（UE4官方文档）

混合空间：可以在1D或2D图表中混合多个动画或姿势（需要为同一骨骼网格体），基于多个输入的值进行混合，引擎会自动生成两个动作之间的过渡动画，极大地节省了制作成本。例如，基于方向的瞄准（上、下、左、右）和速度值的站立、走、跑（白点为添加的对应动作，绿点为当前角色运动状态数值），最终的混合动作会在对应参数值的状态下呈现出来，如图10-11所示。

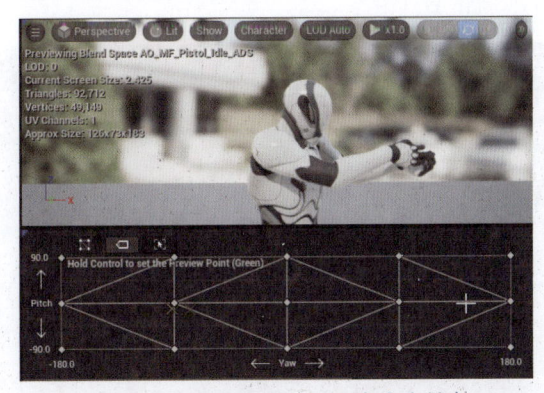

图10-11　混合空间（UE4官方文档）

动画蒙太奇：将多个不同动作的动画素材组合成一套完整动作的动画整合工具，可以将动画素材从资源浏览器中拖到插槽（Slot）轨迹中，如图10-12（a）所示。

在动画蒙太奇中可以定义片段区域，如Start（开始）、Loop（循环）和End（结束），可以通过程序控制来选择播放其中的某个指定片段，或循环播放其中某一个片段，如图10-12（b）所示。

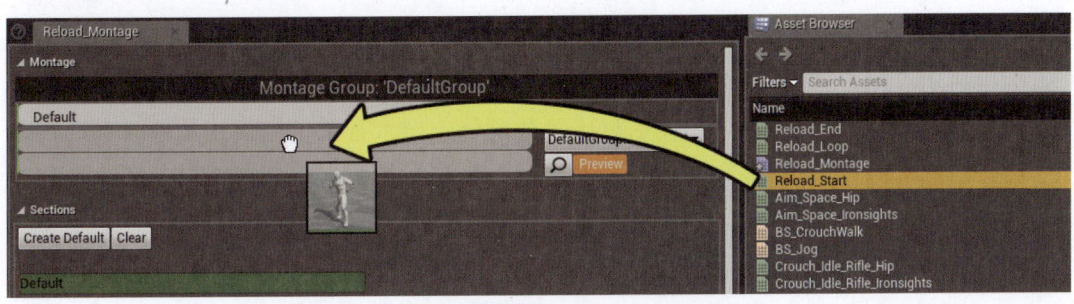

图10-12（a）　动画蒙太奇（UE4官方文档）

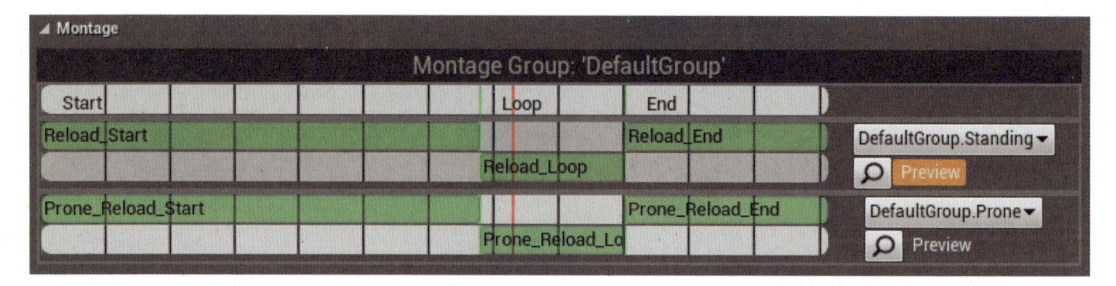

图10-12（b） 蒙太奇片段（UE4官方文档）

10.3.5 摄像机设置

引擎中的摄像机与3D软件中的渲染摄像机属性类似，包括渲染尺寸、光圈、焦距等常规设置，也有一些后期处理效果，如图10-13所示。由于引擎为实时渲染，调整摄像机属性时所看到的虚拟场景画面与实际渲染效果几乎相同，很大程度上减少了传统3D软件中反复调试和预渲染的重复工作。

图10-13 摄像机属性设置

10.3.6 过场动画

引擎中的动画编辑器可以让用户用专业的多轨迹编辑器创建演示动画和过场，如图10-14所示。用户可以定义各摄像机的各项镜头参数、运动方式和对焦方式，可灵活接入角色指定动画，控制物体移动、材质参数变化、导入音乐、音效等。借助引擎实时渲染的优势，动画编辑器能实时创建和预览动画最终视觉效果，极大地提高了动画制作和渲染输出的效率。

图10-14　UE4中的动画编辑器

10.4 岗位案例解析

由于引擎具备实时渲染的特性，所以模拟真实自然环境实时动态效果和视觉特效是引擎视觉表现的优势。在场景和光照构建的基础上，水面纹理波动、植物随风摆动、粒子特效等特殊材质制作和视觉效果优化，是场景美术表现的重点。与初级岗位资源整合和简单场景搭建的任务侧重点不同，如何让场景更加自然和生动是中级岗位需要解决的主要问题。案例效果如图10-15所示。

图10-15　案例效果

10.4.1 材质表达式

水面的波纹和流动效果是水面的体积变化产生的，在引擎材质球中对应模型表面体积变化的节点法线（Normal）和世界位移（World Position Offset），通过坐标表达式和数学表达式控制材质纹理的移动、叠加以及强度控制，模拟出模型表面随机波动的感觉，如图10-16所示。如果想让纹理动态更加自然、细节更加丰富，需要进行更多层级的叠加和运算，并结合粗糙度（Roughness）、金属色（Metallic）、高光（Specular）及折射（Reflection）等材质属性加强水面的质感和表现效果。

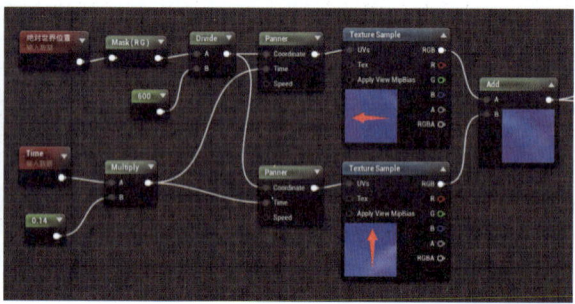

图10-16 水面模型材质中波纹材质参考

风吹草动类似波浪的效果，可以用与水面波浪相同的方式设置，如图10-17所示。由于草的模型形态与水面有区别，所以通常使用绕轴旋转（RotateAboutAxis）表达式。同时，草的顶部与根部摇摆幅度不同，可以叠加一个渐变通道来区分草模型摆动的区域。

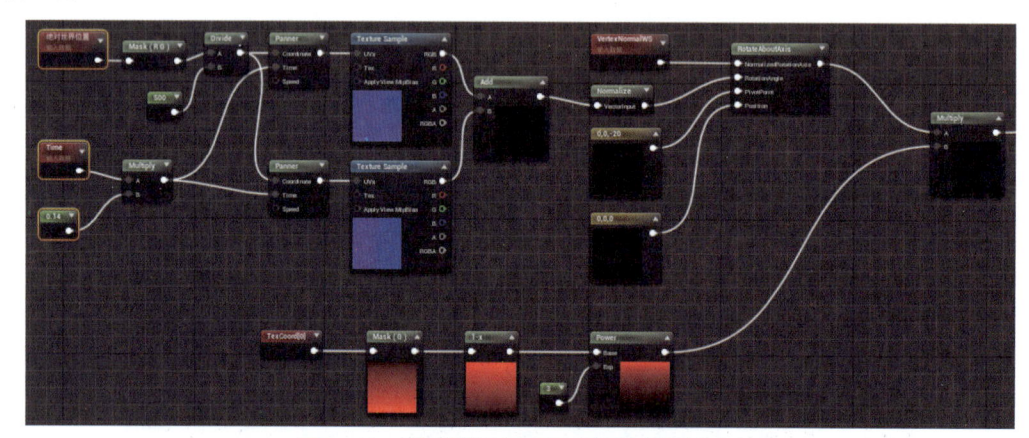

图10-17 草模型材质中风吹摆动材质参考

树木模型的动态效果可以使用类似的材质表达式方法，对树木的枝叶模型制作摆动效果。也可以直接使用SpeedTree软件，制作树木的同时制作出树木受风源影响的状态，并能一同导入引擎中，通过方向风源组件和材质编辑器中的SpeedTree表达式控制场景中树木的动态效果，如图10-18所示。方向风源和SpeedTree表达式只影响SpeedTree资产。

第 10 章 引擎动画

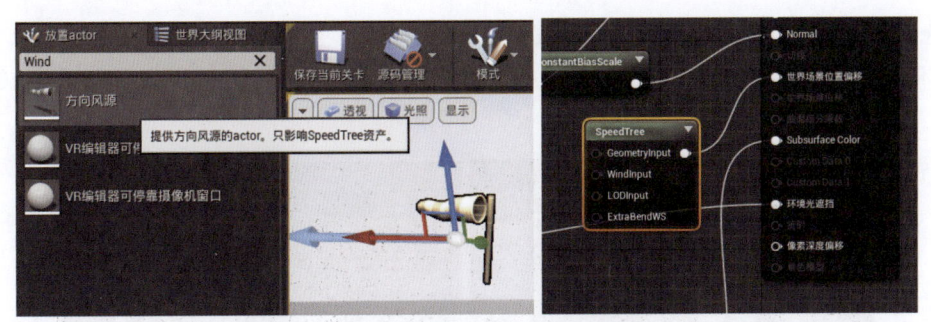

图10-18 方向风源与SpeedTree表达式

10.4.2 粒子

火把中火焰的粒子特效包含两个部分，主体火焰以序列帧形式设置；掉落的火星儿为发射型粒子特效，需要设置向下的速度，同时掉落的火星儿会随着时间的变化慢慢熄灭，所以需要添加大小、颜色随生命而变化的属性参数，如图10-19所示。还可以添加飘起的烟雾等更丰富的细节表现。

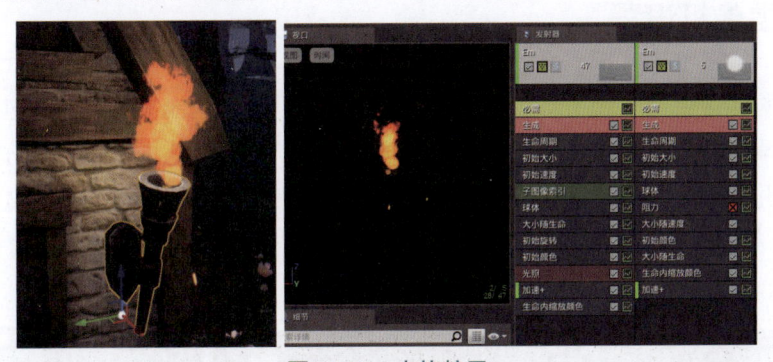

图10-19 火焰粒子

飘落的叶子是在圆柱形空间方位内下落，下落过程中自身会旋转，如图10-20所示。下落主要是设置在z轴负值方向上运动，由于叶子很轻不会以完全垂直的状态掉落，所以需要在x和y轴方向设置区间值模拟叶子飘落的真实状态，x和y轴的区间值还需要考虑风向的因素。

图10-20 树叶粒子

飞舞的小虫是围绕着路灯在球体空间范围内运动，所以位置属性选"球体"。小虫会在环绕灯光飞舞时进行一些不规则的变轨飞行，运动形式可以选择"环绕"或"扰动"，如图10-21所示。

图10-21　飞虫粒子

10.4.3　摄像机设置

引擎中的摄像机与常用3D软件中的属性设置类似，包括画幅比例、镜头设置、聚焦设置等。引擎提供了便利的追踪聚焦方式，可以直接指定角色、模型、粒子等场景中的各种对象，并通过相对偏差的细节属性指定模型局部聚焦点，聚焦点与指定物体的相对位置关系始终保持一致，能有效确保摄像机和对象在移动时的镜头聚焦问题，如图10-22所示。

图10-22　追踪聚焦

根据分镜头设计在场相应位置的摄像机，可以在视图选择菜单中选择指定摄像机视角，这样能够直观地查看画面构图，以及调整镜头设置的实时效果变化，如图10-23所示。

图10-23 指定摄像机视角

10.4.4 角色动画

当摄像机追踪指定动画角色后，此动画角色会在动画编辑器中生成一个轨道，通过轨道可以对物体移动、旋转、缩放属性设置关键帧，同时可以在轨道中插入不同动画序列。如图10-24所示，在轨道中导入相应动作的动画序列，并与时间轴上的角色位置信息、摄像机等关联元素相匹配，最终实现角色动画。图10-25是在轨道中依次导入行走动画、举手过程动画以及手举起状态动画三个动画序列，形成一套完整的连贯动作。

图10-24 在轨道中导入动画

图10-25 形成一套完整的连贯动作

10.4.5 动画编辑器

引擎中的动画编辑器可以将预先架设好的摄像机导入编辑器中，可以在时间轴上对各摄像机位置、选装、光圈、焦距、聚焦等属性设置关键帧，可灵活接入并制作角色指定动画、材质参数变化等。编辑过程中可随时进行播放预览，借助引擎实时渲染的优势，播放效果即为最终效果，极大提高了动画编辑效率。

如图10-26所示，动画编辑完成后可以直接输出.avi的视频文件格式，也可以输出.jpg及.png等图片格式序列帧。此动画也可以直接设定为关卡中的开场动画或触发类过场动画。

图10-26 动画编辑器与影片输出

10.5 实操考核项目

本章项目素材可扫描图书封底二维码下载。

1. 项目一：水面材质

考核目标：创建水坑地形，使用提供的贴图素材制作地面材质、水面材质及水面动态效果，实现图10-27的效果。

考核重点与难点：材质表达式使用准确，动态效果良好。

考核要素：材质表达式。

图10-27 水面材质

2. 项目二：草地材质

考核目标：使用提供的贴图素材制作地面材质、草地材质及动态效果，实现图10-28的效果。

考核重点与难点：材质表达式使用准确，动态效果良好。

考核要素：材质表达式。

图10-28　草地材质

3. 项目三：萤火虫环境粒子

考核目标：根据图10-29，制作萤火虫环境粒子，本项目需要自制贴图素材。

考核重点与难点：粒子运动状态。

考核要素：视觉效果、粒子工具掌握情况和基础应用能力。

图10-29　萤火虫环境粒子

4. 项目四：火焰特效粒子

考核目标：根据图10-30，制作火焰特效粒子，本项目部分贴图需要自制。

考核重点与难点：火焰、火星儿及烟雾视觉效果。

考核要素：粒子工具掌握情况和综合应用能力。

图10-30　火焰特效粒子

5. 项目五：角色动画

考核目标：搭建基础场景环境（可使用项目六的素材），使用提供的动作素材库中的动作结合场景设计一段角色动画，如图10-31所示。

考核重点与难点：场景搭建、角色动画设计。

考核要素：视觉表现、角色动画工具掌握情况，镜头运动。

图10-31　角色动画

6. 项目六：场景动画

考核目标：使用提供的资源素材搭建完整的村庄场景，如图10-32所示，并为场景设计展示动画。

考核重点与难点：视觉效果表现、镜头运用。

考核要素：视觉表现、摄像机设置及视频编辑工具掌握情况。

图10-32　场景动画

10.6　评分细则

总分100分。

工程目录结构合理，各类资源命名规范（15分）。

材质球制作准确，材质表现良好（30分）。

场景布局准确，空间比例合理（25分）。

整体氛围效果良好，包含光照、雾气、粒子等（30分）。

附录A 职业技能等级证书标准说明

一、动画制作职业技能等级标准说明

1. 范围

本标准规定了动画制作职业技能等级对应的工作领域、工作任务及职业技能要求。

本标准适用于动画制作职业技能培训、考核与评价，相关用人单位的人员聘用、培训与考核可参照使用。

2. 术语和定义

动画（Animation）

动画是指逐帧拍摄对象再连续播放而形成的运动影像，也指由计算机图像技术生成的连续运动影像。动画通过创作者的设计与制作，使一些有或无生命的事物拟人化、夸张化，赋予其人类的感情、动作，可将架空或现实的场景加以绘制使其画面化。

动画依制作技术不同可分为手绘动画、定格动画、数字动画等；依传播媒介不同可分为电视动画、电影动画、网络动画、游戏动画等；依创作用途不同可分为商业动画、艺术动画、实验动画、应用动画等。

3. 适用院校专业

1）参照原版职业教育专业目录

中等职业学校： 动漫游戏、计算机动漫与游戏制作、工艺美术、美术绘画、美术设计与制作、网页美术设计、数字媒体技术应用、计算机平面设计、软件与信息服务、数字影像技术、广播影视节目制作、影像与影视技术、服装陈列与展示设计、建筑表现、家具设计与制作、包装设计与制作、平面媒体印制技术、舞台艺术设计与制作、民族美术、民族工艺品制作。

高等职业学校： 艺术设计、数字媒体艺术设计、动漫设计、动漫制作技术、游戏设计、美术、美术教育、公共艺术设计、影视美术、影视动画、影视多媒体技术、影视编导、影视制片管理、视觉传播设计与制作、广告设计与制作、网络新闻与传播、文化创意与策划、人物形象设计、计算机应用技术、计算机信息管理、软件技术、电子商务技术、数字展示技术、数字媒体艺术设计、数字媒体应用技术、数字图文信息技术、图文信息处理、虚拟现实应用技术、展示艺术设计、建筑设计、建筑室内设计、建筑动画与模型制作、建筑室内设计、出版与电脑编辑技术、包装策划与设计、包装艺术设计、印刷媒体设计与制作、产品艺术设计、数字印刷技术、印刷媒体技术、室内艺术设计、环境艺术设计、家具艺术设计、工艺美术品设计、广播影视节目制作、广播电视技术、摄影与摄像艺术、摄影摄像技术、艺术教育、服装与服饰设计、雕刻艺术设计、民族美术等相关专业。

高等职业教育本科学校：影视编导、影视摄影与制作、公共艺术设计、网络与新媒体、美术、环境艺术设计、服装与服饰设计、产品设计、数字媒体艺术、视觉传达设计、工艺美术、虚拟现实技术与应用、数字媒体技术、学前教育、建筑设计。

应用型本科学校：美术、动画、戏剧影视美术设计、数字媒体艺术、数字媒体技术、新媒体艺术、影视技术、艺术与科技、视觉传达设计、公共艺术设计、影视摄影与制作、跨媒体艺术、艺术设计学、计算机科学与技术、网络与新媒体、数字出版、艺术与科技、产品设计、公共艺术、艺术教育、工业设计、传播学、广告学、包装设计、园艺、工艺美术、广播电视学、广播电视编导、戏剧影视导演、新媒体技术、漫画、环境设计、电影制作、电影学、绘画、美术学、雕塑、服装与服饰设计、风景园林、产品设计、建筑设计、影视编导、环境艺术设计、美术、虚拟现实技术与应用等相关专业。

2）参照新版职业教育专业目录

中等职业学校：动漫与游戏设计、工艺美术、绘画、艺术设计与制作、界面设计与制作、数字媒体技术应用、计算机平面设计、计算机应用、数字影像技术、影像与影视技术、软件与信息服务、广播影视节目制作、数字广播电视技术、民族美术、美术绘画、舞台艺术设计与制作、建筑表现、家具设计与制作、包装设计与制作、印刷媒体技术、服装陈列与展示设计、首饰设计与制作、工艺品设计与制作、民族工艺品设计与制作等相关专业。

高等职业学校：艺术设计、数字媒体艺术设计、动漫设计、动漫制作技术、游戏艺术设计、美术、美术教育、公共艺术设计、影视动画、影视多媒体技术、影视编导、影视制片管理、视觉传达设计、广告艺术设计、舞台艺术设计与制作、网络新闻与传播、文化创意与策划、人物形象设计、计算机应用技术、软件技术、计算机信息管理、数字媒体艺术设计、数字媒体技术、数字图文信息技术、数字图文信息处理技术、虚拟现实应用技术、展示艺术设计、建筑设计、建筑动画技术、建筑室内设计、建筑室内设计、出版策划与编辑、包装策划与设计、包装艺术设计、产品艺术设计、印刷数字图文技术、印刷媒体技术、数字印刷技术、室内艺术设计、环境艺术设计、家具艺术设计、工艺美术品设计、广播影视节目制作、数字广播电视技术、摄影与摄像艺术、摄影摄像技术、融媒体技术与运营、网络直播与运营、艺术教育、服装与服饰设计、雕塑设计、雕刻艺术设计、民族美术等相关专业。

高等职业教育本科学校：数字动画、全媒体新闻采编与制作、影视编导、数字广播电视技术、影视摄影与制作、游戏创意设计、展示艺术设计、数字影像设计、公共艺术设计、时尚品设计、舞台艺术设计、文物修复与保护、网络与新媒体、美术、环境艺术设计、服装与服饰设计、产品设计、数字媒体艺术、视觉传达设计、工艺美术、嵌入式技术、虚拟现实技术、数字媒体技术、学前教育、电子竞技技术与管理、数字安防技术、建筑设计、城市设计数字技术。

应用型本科学校： 美术、动画、数字动画、游戏创意设计、展示艺术设计、数字影像设计、戏剧影视美术设计、数字媒体艺术、数字媒体技术、新媒体艺术、影视技术、艺术与科技、视觉传达设计、公共艺术设计、影视摄影与制作、跨媒体艺术、艺术设计学、计算机科学与技术、网络与新媒体、数字出版、艺术与科技、产品设计、公共艺术、艺术教育、工业设计、传播学、广告学、包装设计、园艺、工艺美术、数字广播电视技术、广播电视学、广播电视编导、戏剧影视导演、新媒体技术、全媒体新闻采编与制作、漫画、环境设计、电影制作、电影学、绘画、美术学、雕塑、园林景观工程、城市设计数字技术、服装与服饰设计、时尚品设计、舞台艺术设计、文物修复与保护、产品设计、建筑设计、影视编导、环境艺术设计、美术、虚拟现实技术等相关专业。

4.面向职业岗位（群）

主要面向影视、动画、艺术设计和数字制作相关行业，入职包括影视制作、动画设计、原画设计、计算机制图、三维创意设计与制作、游戏动画制作、虚拟现实设计、数字文化创意与媒体艺术等业务在内的企事业单位，从事包括但不限于分镜脚本、概念设计（角色设计、道具/场景设计、世界观设计）、影像采集（贴图素材采集、影像采集、视频采集、音效采集、影音处理）、二维制作（原画制作、二维动画）、模型制作（模型、贴图、材质）、视效渲染（灯光、摄像机、渲染、输出）、场景动画（IK动画、晶格动画、粒子动画、顶点动画、UV动画）、角色动画（骨骼绑定、动作设计、动作捕捉）、镜头剪辑、影视特效、游戏特效、引擎动画、栏目包装、动画编导、图像处理、资源制作、虚拟现实环境搭建、交互设计（虚拟现实、增强现实、混合现实）、UI设计、APP设计、网页交互等中级岗位（群）的多模块、多流程工作。

二、动画制作职业技能等级证书标准开发说明

为了能够让岗位培训更有系统性，更具有延展性，在原有企业技能培训基础上，将院校系统教学进行融合。采用校企贯通的职业技能培训模式，弥补当下职业教育缺乏实战性，企业培训缺乏长期系统性的问题，加强双方在实战与系统的衔接与优势互补。中国动漫集团先后与国内数十家专业院校以及影视、游戏、VR交互领域不同类型的企业专家，联合制定产教融合大学生实习与实训、教学与生产标准。目前正在使用的标准分为五个核心系统：核心学习能力系统、专业生产能力系统、职业创造能力系统、教师教学能力系统。每个系统分别由若干能力模块构成，共有20个模块大类，而每个模块又由不同岗位技能组成。每个岗位技能吻合匹配高校相关学科，部分内容已量化到知识点，如下图所示。

附录A　职业技能等级证书标准说明

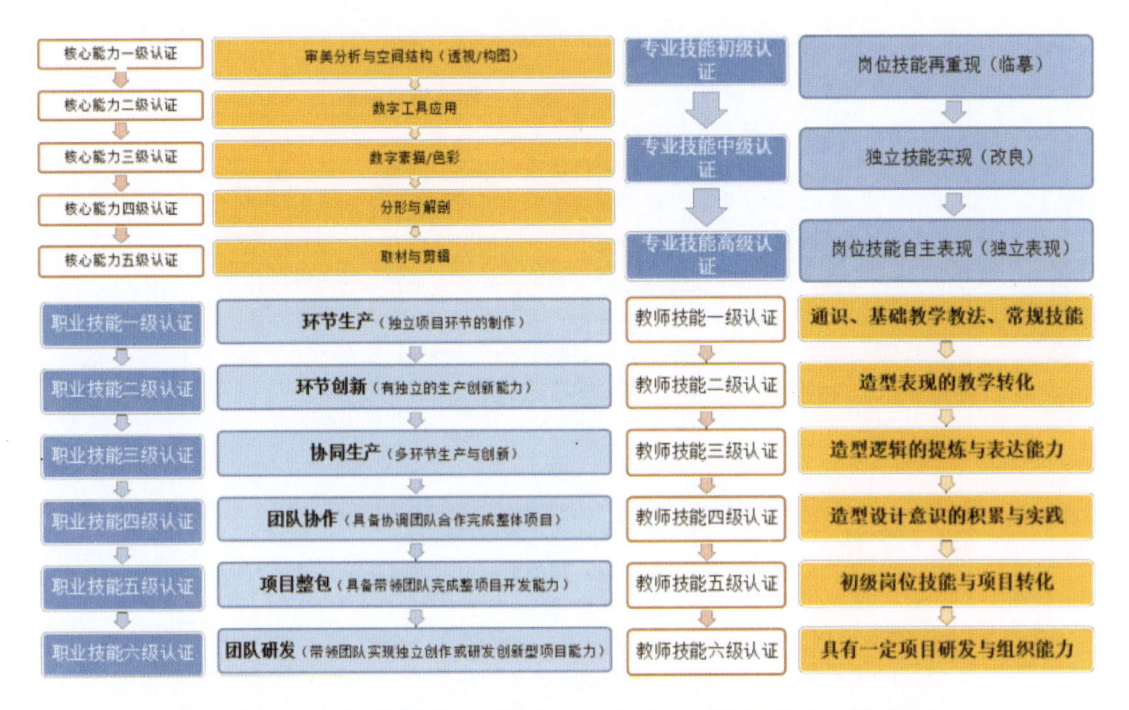

核心能力一级认证	审美分析与空间结构（透视/构图）	专业技能初级认证	岗位技能再重现（临摹）
核心能力二级认证	数字工具应用		
核心能力三级认证	数字素描/色彩	专业技能中级认证	独立技能实现（改良）
核心能力四级认证	分形与解剖		
核心能力五级认证	取材与剪辑	专业技能高级认证	岗位技能自主表现（独立表现）
职业技能一级认证	环节生产（独立项目环节的制作）	教师技能一级认证	通识、基础教学教法、常规技能
职业技能二级认证	环节创新（有独立的生产创新能力）	教师技能二级认证	造型表现的教学转化
职业技能三级认证	协同生产（多环节生产与创新）	教师技能三级认证	造型逻辑的提炼与表达能力
职业技能四级认证	团队协作（具备协调团队合作完成整体项目）	教师技能四级认证	造型设计意识的积累与实践
职业技能五级认证	项目整包（具备带领团队完成整项目开发能力）	教师技能五级认证	初级岗位技能与项目转化
职业技能六级认证	团队研发（带领团队实现独立创作或研发创新型项目能力）	教师技能六级认证	具有一定项目研发与组织能力

三、动画制作职业技能等级证书（中级）核心学习能力基本要求

1. 核心学习能力

熟悉动画制作全流程中分镜脚本、概念设计、影像采集、二维制作、角色模型、场景模型、角色动画、镜头剪辑、视效合成、引擎动画十个核心岗位的主体知识；能根据项目制作流程规范，利用计算机和数位板等工具，在十个核心岗位中任意一个岗位熟练进行常规内容的加工制作；掌握较为丰富的动画制作领域知识，具备较强的动画赏析能力和一定的项目协作能力。

2. 职业技能等级要求描述

表1　动画制作职业技能等级要求（中级）

工作领域	工作任务	职业技能要求
分镜脚本	视效剪辑类软件的使用	• 能够准确辨识常用功能 • 能够使用常用命令进行操作 • 能够使用常规组接手段进行画面之间的串接 • 能够合理使用效果控件进行参数设置
	动态分镜绘制与操作	• 能够在镜头中合理体现运动方向、速度、节奏等的变化 • 能够有效运用蒙太奇技法进行制作 • 能够快速、准确选择恰当方法对镜头进行组接 • 能够合理把握镜头的时间节点

续表

工作领域	工作任务	职业技能要求
分镜脚本	动态分镜项目制作	• 能够用镜头转化成动态镜头 • 能够运用各种素材快速制作动态分镜 • 能够有效根据项目阶段，进行混合元素的动态分镜制作 • 能够在不同情境下，合理使用恰当方式，进行动态分镜制作
概念设计	角色、道具、场景的系统设计	• 能够根据基本设定要求完成真实且复杂的角色设计 • 能够根据基本设定要求完成真实且复杂的道具设计 • 能够根据基本设定要求完成自然场景的设计 • 能够根据基本设定要求完成人工场景的设计 • 能够根据基本设定要求完成人为自然场景的设计
	世界观设计	• 能够了解世界观设定的基本要素，并能根据不同类型的项目做好相应的设计规划 • 能够对故事全景地图进行简单绘制 • 能够简单绘制出不同类型的世界观氛围 • 能够根据不同环境整合相关ICON设计
	综合项目制作	• 能够对Q版、写实等各类角色进行绘制 • 能够对各类道具及饰品进行绘制 • 能够对不同类型的场景描述进行绘制 • 能够根据世界观绘制故事地图
影像采集	软/硬件设备的操作与应用	• 能够熟练操作影像采集设备 • 能够使用相关辅助设备进行操作 • 能够使用不同设备结合操作 • 能够在特殊条件下，利用环境自制简易辅助设备
	动态影像采集	• 能够熟练操作影像采集设备 • 能够使用相关辅助设备进行操作 • 能够使用不同设备结合操作 • 能够在特殊条件下，利用环境自制简易辅助设备 • 能够辅助摄影师做好拍摄后的器材清单和入库工作
	动态影像处理	• 能够对动态/静态物品进行影像采集 • 能够对动态/静态场景进行影像采集 • 能够对动态/静态角色进行影像采集 • 能够对人与景的结合进行图像采集 • 能够对素材进行合理分类、命名并能规范管理
二维制作	二维补间帧动画	• 能够绘制二维动画效果 • 能够制作角色二维动画 • 能够制作物体动画效果 • 能够制作2.5维动画效果
	逐帧动画	• 能够熟练使用设备完成逐帧动画的拍摄 • 能够合理做好拍摄前的准备工作 • 能够提取逐帧拍摄的元素 • 能够制作逐帧特效动画

续表

工作领域	工作任务	职业技能要求
二维制作	视频类动画	• 能够使用骨骼系统制作角色二维动画 • 能够制作MG动画 • 能够使用"三渲二"技术 • 能够剪辑与输出二维视频
角色模型	曲面建模	• 能够制作卡通角色曲面建模 • 能够制作角色头部曲面建模 • 能够制作角色身体曲面建模 • 能够制作弧度较大机械类角色模型
角色模型	模型雕刻	• 能够精细雕刻角色五官 • 能够精细雕刻角色头部 • 能够精细雕刻角色躯干 • 能够精细雕刻角色衣纹
角色模型	复合材质	• 能够区分各类材质属性 • 能够设置各类材质参数 • 能够结合纹理设置材质 • 能够制作复合材质
场景模型	曲面建模	• 能够制作曲线或曲面物体 • 能够制作规则弧度类物体模型 • 能够制作不规则弧度类物体模型 • 能够制作布料类物体模型
场景模型	模型雕刻	• 能够精细雕刻简单纹饰 • 能够精细雕刻浮雕物品 • 能够精细雕刻圆雕类物品 • 能够精细雕刻镂空类物品
场景模型	复合材质	• 能够区分各类材质属性 • 能够设置各类材质参数 • 能够设置各类材质节点 • 能够制作复合材质
角色动画	四足及多足角色动作	• 能够制作四足角色的行走/爬行动作 • 能够制作四足角色的加速跑及特殊动作 • 能够制作多足或无足角色的行走或移动动作 • 能够制作多足或无足角色的特殊动作设计
角色动画	机械类角色动作及群集动画	• 能够制作二足机械类角色的动作 • 能够制作四足机械类角色的动作 • 能够制作多足机械类角色的动作 • 能够制作无足机械类角色的动作 • 能够制作群集动画
角色动画	动作捕捉	• 能够熟练操作捕捉设备 • 能够熟练使用捕捉软件 • 能够提炼优化捕捉数据 • 能够为角色匹配适合的动作文件

续表

工作领域	工作任务	职业技能要求
镜头剪辑	剪辑与组接技巧	• 能够用景别加强视觉效果 • 能够准确对影视素材进行剪切 • 能够合理对素材进行组接 • 能够有效把握色彩关系进行常规校色
镜头剪辑	时间与速度	• 能够使用时间与空间进行镜头的设计 • 能够掌握解构与重组的关系进行镜头设计 • 能够运用时间与速度改变镜头效果 • 能够在剪辑中逐步建立节奏意识
镜头剪辑	综合处理	• 能够根据需求输出相关格式 • 能够合理匹配音乐背景 • 能够合理设置音效 • 能够有效使用效果设置下的常规参数，实现基本效果
视效合成	抠像与追踪	• 能够熟练使用相关视效软件 • 能够使用软件内部或外部插件进行相关的抠像处理 • 能够使用追踪技术处理事物的追踪 • 能够处理角色的追踪与画面抖动
视效合成	烟火、水墨、雷电、水雾、破碎等特效	• 能够使用光效类特效进行制作 • 能够使用雾气类特效进行制作 • 能够使用雷电类特效进行制作 • 能够使用破碎类特效进行制作 • 能够使用音频等方式进行特效制作
视效合成	游戏特效	• 能够使用贴图来营造特效 • 能够使用顶点动画完成特效 • 能够使用顶点颜色制作特效 • 能够IK系统进行特效制作
引擎动画	动画、动力学及动画曲线	• 能够导入各种动画类文件 • 能够在引擎中恰当使用动力学创造常规动画效果 • 能够设置角色的运动 • 能够针对相关物体设置包裹框 • 能够设置动态物品的运动
引擎动画	粒子系统及植被系统	• 能够使用引擎中的粒子发射器完成常规操作 • 能够在引擎中设置烟火类特效动画 • 能够在引擎中制作水面及动画 • 能够利用植被系统进行制作
引擎动画	摄像机控制、灯光、布景及音效	• 能够用摄像机编辑视角动画 • 能够在引擎中合理布置灯光 • 能够在引擎中搭建基本环境 • 能够在引擎中设置音效及背景音乐
知识掌握	岗位基本规范	• 能够清晰理解岗位的边界划分 • 能够与团队上、下游岗位的合作者做好工作内容的协调与对接 • 能够熟练、准确地按照规范开展各项操作 • 能够完整理解岗位下各阶段的生产流程和管理标准

续表

工作领域	工作任务	职业技能要求
知识掌握	赏析能力培养	• 能够具备较强的动画赏析能力 • 能够鉴别作品中技术表现的差异，分析出其设计的目的与优势 • 能够通过对相关作品的借鉴，优化自身项目设计
	运营能力培养	• 能够了解一定的动画产业知识 • 能够了解一定的动画项目运营知识 • 能够根据运营需求，调整项目的各项指标 • 能够根据运营需求，在项目启动前设计合理架构

附录B 职业技能考核培训方案准则

为贯彻落实《国家职业教育改革实施方案》《关于在院校实施"学历证书+若干职业技能等级证书"制度试点方案》等文件精神，推动我国动画制作职业技能人才建设，特制定动画制作职业技能等级证书考核方案。

动画制作职业技能等级证书的考核内容和考核标准由数十位具有丰富实战和教学经验的院校专家以及行业专家共同设计与研发而成。全国数十家动漫、影视、游戏企业提供了自己的用人需求和版权案例应用于标准和题库的开发。

证书考核整合了近年内，动画制作领域用人需求较为集中的10个岗位方向的要求，其中包括分镜脚本、概念设计、影像采集、二维制作、角色模型、场景模型、角色动画、镜头剪辑、视觉特效合成、引擎动画。考核目标的初、中、高级设计，为行业中项目制作对人才能力需求的基本划分。我们在考题设计的时候设计了弹性机制，以年度为单位，根据本年度全国专业院校的实际调研情况，科学、系统、迭代地进行考题难度的逐年提升。

一、考核方式

中国动漫集团有限公司将在1+X动画制作职业技能等级证书官方网站（http://www.asiacg.cn）上发布考核通知。考生按照发布的考核通知通过官方网站自愿报名。

中职与高职、本科考核目标不同，分为两套不同定位的考核题库。中职以升学为主，侧重于基础综合能力的评测；高职、本科以就业为主，侧重于实践能力的测评。

中职考核由理论考试、实操考试两部分组成；高职、本科考核由理论考试、实操考试、答辩三部分组成。理论考试采用机考方式，包含单选、多选、判断等题目。实操考试采用机考实操和直播互动实操两种方式。理论考试和实操考试接续完成。答辩针对高级证书考核中理论考试和实操考试合格的考生通过直播互动的方式进行。理论考试时间不超过30分钟，实操考试时间不超过2小时，考试总时长不超过2.5小时。答辩不超过1小时。

二、考核内容

动画制作（中级）：根据动画制作职业技能等级标准，考核考生动画制作专业生产的能力。能够使用计算机、数位板等工具，熟练地运用多种二维、三维、后期制作以及项目管理软件。根据授权项目的规范化流程要求，利用所学技能在分镜脚本、概念设计、影像采集、二维制作、角色模型、场景模型、角色动画、镜头剪辑、视效合成、引擎动画岗位中任选其一，并在规定时间内完成流程中局部或完整工作任务。具备动画制作岗位需求的卡通形象设计、色彩应用、造型设计、构图、剪辑、动画赏析知识。具备较为丰富的动画产业知识，了解国内外动画产业发展情况，对动画市场环境有一定认知。

三、考核成绩评定

理论考试满分为20分，实操考试满分为80分，总分为100分。

中级：总分超过60分，可以获得中级证书。中职可获得相应岗位行业技能等级二级技能标签；高职、本科可获得四级技能标签。

四、考核组织

考试时间：每年两次正常考试，分别在4月—6月、10月—12月期间参考学校教学考试时间安排进行。考试时间将提前3个月在官方网站发布。

考试方式：由培训评价组织从题库中抽选题目组卷，在全国的考点进行统一考试。

成绩查询：中级证书考试15个工作日后可在官方网站查询成绩及是否通过。

补考：每年每次考试后1个月左右，由培训评价组织针对没有通过的考生安排一次补考。补考采用全线上机考方式进行，考核成绩评定规则与正常考试相同。中级证书补考后15个工作日后可在官方网站查询成绩及是否通过。补考未通过者即为本次考试未通过。

证书发放：各级别考试成绩通过且经核查无误后，由培训评价组织按规定通过系统生成电子证书予以发放。

五、认定办法

动画制作职业技能等级证书分为初级、中级、高级三个级别。高级别涵盖低级别职业技能要求。考生考试通过后，发放相应等级的证书。

考生可根据自身动画制作职业技能水平选择考试级别。初级证书和中级证书考试，所有考生均可直接参加。高级证书考试，考生需具有中级证书才可报名参加。

参加多次考试的考生，动画制作职业技能按其所通过的最高级别的证书予以认定。